玛湖凹陷西斜坡断裂结构及其对油气成藏的控制作用

支东明　吴孔友　阿布力米提·依明　秦志军　等著

石油工业出版社

内 容 提 要

本书对准噶尔盆地玛湖凹陷达尔布特断裂带断裂特征做了详细介绍,对断裂带结构划分及成岩封闭作用进行了论述,进一步分析了断裂控藏作用机理。

本书可供从事油气勘探工作的科研人员参考使用。

图书在版编目(CIP)数据

玛湖凹陷西斜坡断裂结构及其对油气成藏的控制作用/支东明等著. —北京:石油工业出版社,2017.3

(准噶尔盆地油气勘探开发系列丛书)

ISBN978 – 7 – 5183 – 1812 – 4

Ⅰ. 玛…

Ⅱ. 支…

Ⅲ. 准噶尔盆地 – 断裂带 – 油气藏形成 – 研究

Ⅳ. P618.130.2

中国版本图书馆 CIP 数据字(2017)第 041593 号

出版发行:石油工业出版社

(北京安定门外安华里 2 区 1 号楼　100011)

网　　址:www.petropub.com

编辑部:(010)64523543　图中营销中心:(010)64523633

经　　销:全国新华书店

印　　刷:北京中石油彩色印刷有限责任公司

2017 年 3 月第 1 版　2017 年 3 月第 1 次印刷

787×1092 毫米　开本:1/16　印张:10.5

字数:251 千字

定价:80.00 元

(如出现印装质量问题,我社图书营销中心负责调换)

版权所有,翻印必究

《玛湖凹陷西斜坡断裂结构及其对油气成藏的控制作用》编写人员

支东明　吴孔友　阿布力米提·依明

秦志军　李国欣　郑孟林　郭文建

覃建华　刘　寅　顾绍富　薛晶晶

序

  准噶尔盆地位于中国西部,行政区划属新疆维吾尔自治区。盆地西北为准噶尔界山,东北为阿尔泰山,南部为北天山,是一个略呈三角形的封闭式内陆盆地,东西长700千米,南北宽370千米,面积13万平方千米。盆地腹部为古尔班通古特沙漠,面积占盆地总面积的36.9%。

  1955年10月29日,克拉玛依黑油山1号井喷出高产油气流,宣告了克拉玛依油田的诞生,从此揭开了新疆石油工业发展的序幕。1958年7月25日,世界上唯一一座以石油命名的城市——克拉玛依市诞生。1960年,克拉玛依油田原油产量达到166万吨,占当年全国原油产量的40%,成为新中国成立后发现的第一个大油田。2002年原油年产量突破1000万吨,成为中国西部第一个千万吨级大油田。

  准噶尔盆地蕴藏着丰富的油气资源。油气总资源量107亿吨,是我国陆上油气资源当量超过100亿吨的四大含油气盆地之一。虽然经过半个多世纪的勘探开发,但截至2012年底石油探明程度仅为26.26%,天然气探明程度仅为8.51%,均处于含油气盆地油气勘探阶段的早中期,预示着巨大的油气资源和勘探开发潜力。

  准噶尔盆地是一个具有复合叠加特征的大型含油气盆地。盆地自晚古生代至第四纪经历了海西、印支、燕山、喜马拉雅等构造运动。其中,晚海西期是盆地坳隆构造格局形成、演化的时期,印支—燕山运动进一步叠加和改造,喜马拉雅运动重点作用于盆地南缘。多旋回的构造发展在盆地中造成多期活动、类型多样的构造组合。

  准噶尔盆地沉积总厚度可达15000米。石炭系—二叠系被认为是由海相到陆相的过渡地层,中、新生界则属于纯陆相沉积。盆地发育了石炭系、二叠系、三叠系、侏罗系、白垩系、古近系六套烃源岩,分布于盆地不同的凹陷,它们为准噶尔盆地奠定了丰富的油气源物质基础。

  纵观准噶尔盆地整个勘探历程,储量增长的高峰大致可分为西北缘深化勘探阶段(20世纪70—80年代)、准东快速发现阶段(20世纪80—90年代)、腹部高效勘探阶段(20世纪90年代—21世纪初期)、西北缘滚动勘探阶段(21世纪初期至今)。不难看出,勘探方向和目标的转移反映了地质认识的不断深化和勘探技术的日臻成熟。

  正是由于几代石油地质工作者的不懈努力和执著追求,使准噶尔盆地在经历了半个多世纪的勘探开发后,仍显示出勃勃生机,油气储量和产量连续29年稳中有升,为我国石油工业发展做出了积极贡献。

  在充分肯定和乐观评价准噶尔盆地油气资源和勘探开发前景的同时,必须清醒地看到,由于准噶尔盆地石油地质条件的复杂性和特殊性,随着勘探程度的不断提高,勘探目标多呈"低、深、隐、难"特点,勘探难度不断加大,勘探效益逐年下降。巨大的剩余油气资源分布和赋存于何处,是目前盆地油气勘探研究的热点和焦点。

由新疆油田公司组织编写的《准噶尔盆地油气勘探开发系列丛书》在历经近两年时间的努力,今天终于面世了。这是第一部由油田自己的科技人员编写出版的专著丛书,这充分表明我们不仅在半个多世纪的勘探开发实践中取得了一系列重大的成果、积累了丰富的经验,而且在准噶尔盆地油气勘探开发理论和技术总结方面有了长足的进步,理论和实践的结合必将更好地推动准噶尔盆地勘探开发事业的进步。

系列专著的出版汇集了几代石油勘探开发科技工作者的成果和智慧,也彰显了当代年轻地质工作者的厚积薄发和聪明才智。希望今后能有更多高水平的、反映准噶尔盆地特色地质理论的专著出版。

"路漫漫其修远兮,吾将上下而求索"。希望从事准噶尔盆地油气勘探开发的科技工作者勤于耕耘,勇于创新,精于钻研,甘于奉献,为"十二五"新疆油田的加快发展和"新疆大庆"的战略实施做出新的更大的贡献。

新疆油田公司总经理
2012.11.8

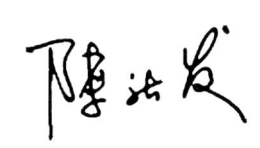

前 言

断裂是含油气盆地中最重要的构造类型之一,在油气运聚成藏方面起关键控制作用。通常情况下,断裂并非为一个简单的"面",而是具有复杂内部结构的三维"体",可以划分为滑动破碎带和诱导裂缝带两大结构单元。不同结构单元的岩石破碎程度不同,导致油气在其中的运移规律也有明显的差异,因此,深入了解断裂带内部结构的发育特征对于探讨断层封闭性及油气分布规律具有重要的理论和现实意义。玛湖凹陷西斜坡属于准噶尔盆地西北缘的一部分,是准噶尔盆地油气最为富集的地区。由于该区地处扎伊尔山山前,受达尔布特断裂走滑作用、克拉玛依—百口泉断裂逆冲作用的影响,断裂极为发育,断块型圈闭为最主要的含油气圈闭类型,这也使得分析断裂在油气运移、成藏中的作用显得尤为重要。然而,受到研究资料和方法的限制,在该区关于断裂带内部结构特征及油气成藏的研究较少。

针对断裂带结构在油气成藏中的重要作用和目前的研究现状,本书对玛湖凹陷西斜坡主要断裂的构造特征、内部结构、形成机理、封闭性等方面进行了深入剖析,并详细地分析了断裂对油气成藏的控制作用,主要内容分为六章。第一章为构造特征及演化背景。在分析准噶尔盆地结构及玛湖凹陷西斜坡构造背景的基础上,分别探讨了超剥带、断褶带、单斜带内部的构造发育特征,并利用构造物理模拟实验,分析了玛湖凹陷西斜坡的构造演化。第二章为达尔布特断裂走滑特征及活动期次。西斜坡内发育的达尔布特断裂是玛湖凹陷西斜坡重要的断裂,其走滑作用在一定程度上控制了西斜坡构造的发育及演化,本书中综合利用野外地质调查、地球物理、物理模拟实验等方法,分析了达尔布特断裂的发育特征、演化活动历史及形成机理。第三章高角度断裂特征及形成机理。主要分析在达尔布特断裂走滑作用影响下,西斜坡发育的高角度断裂构造特征及形成机理。第四章为断裂结构划分及成岩封闭作用。在断裂构造发育特征研究基础上,利用野外、地震、测井、岩心等多方面资料,对断裂带内部结构进行了详细的研究。在此基础上,分压实、充填、胶结作用等方面对断层封闭性进行了评价。第五章断裂控藏作用则分别对高角度断裂、低角度断裂的控藏作用进行了探讨。最后,第六章为得到的主要认识和结论。

从构造特征看,玛湖凹陷西斜坡可划分为超剥带、断褶带和单斜带三个构造单元,不同构造单元构造特征差异明显。受达尔布特断裂走滑作用的影响,在西斜坡发育大量的高角度断层,剖面上构成了明显的"花状构造",平面上形成典型的扭动断裂体系,构成了复杂的平、剖面组合样式。断裂结构研究结果表明,不同规模的断裂其内部结构发育程度有所差异,级别越高、活动时期越长的断裂,内部结构越完整,断裂带的宽度也越大,且断裂带的厚度与垂直断距呈指数关系。成岩胶结作用对断裂带的封闭性影响巨大,不同结构单元封闭能力和封闭历史也有所不同。西斜坡断裂带内胶结作用强、胶结物类型多,胶结物的来源与原岩密切相关。在断裂控藏作用上,低角度断层控制了西斜坡主力烃源岩的分布、储层及各类圈闭的发育,而高角度断裂的形成期与油气生成期匹配合理,构成了垂向良好的油气运移通道。静止期,在断面应力、泥质充填和泥岩涂抹作用下封闭性较好,高角度断裂能够形成有效的油气圈闭,空间上构成"墙角式"和"花状"两种成藏模式。经过综合研究,提出了高角度断裂围限的断块、断鼻是西斜坡下一步油气勘探的重点目标。

  本书是在系统总结新疆油田玛湖凹陷西斜坡多年勘探成果的基础上而成,成书过程中参阅了大量中、英文资料,七易其稿,精心编著。在压性断裂带结构划分、差异性评价技术及其控藏作用研究方面形成创新性成果。该书不仅可以为在压性盆地工作的石油地质工作者提供参考,也可为高校研究生学习提供一定的指导。然而,由于篇幅与时间关系,书中错误与纰漏在所难免,欠妥之处敬请读者不吝赐教,以作改进之动力。在书稿写作的过程中得到中国石油天然气集团公司新疆油田分公司各级领导、专家的悉心帮助和大力支持,为本书的顺利出版提供了强有力的支持,再次表示衷心感谢。在本书的修改过程中,得到了中国石油勘探开发研究院吴晓智高级工程师的宝贵建议,在此深表谢忱。

CONTENTS 目录

- 第一章　构造特征及演化背景 …………………………………………………………（1）
  - 第一节　构造背景 ………………………………………………………………（1）
  - 第二节　构造特征 ………………………………………………………………（5）
  - 第三节　构造演化 ………………………………………………………………（18）
- 第二章　达尔布特断裂走滑特征与活动期次 …………………………………………（28）
  - 第一节　达尔布特断裂特征 ……………………………………………………（28）
  - 第二节　达尔布特断裂活动历史 ………………………………………………（39）
  - 第三节　达尔布特断裂带形成机理 ……………………………………………（44）
- 第三章　高角度断裂特征及形成机理 …………………………………………………（48）
  - 第一节　走滑构造的基本概念 …………………………………………………（48）
  - 第二节　高角度断裂特征 ………………………………………………………（52）
  - 第三节　高角度断裂形成机理 …………………………………………………（55）
- 第四章　断裂带结构划分及成岩封闭作用 ……………………………………………（58）
  - 第一节　断裂带结构特征 ………………………………………………………（58）
  - 第二节　压实作用与充填作用对断层封闭性的影响 …………………………（70）
  - 第三节　胶结作用对断层封闭性的影响 ………………………………………（96）
- 第五章　断裂控藏作用分析 ……………………………………………………………（134）
  - 第一节　低角度断裂控藏作用 …………………………………………………（134）
  - 第二节　高角度断裂控藏作用 …………………………………………………（147）
- 第六章　结论与认识 ……………………………………………………………………（150）
- 参考文献 …………………………………………………………………………………（152）

第一章 构造特征及演化背景

准噶尔盆地是中国西部重要的含油气盆地,勘探面积近 $13\times10^4\mathrm{km}^2$。该盆地位于新疆北部,属于欧亚板块的一部分。受古生代的古亚洲体系域、中—新生代的特提斯构造体系域和环西太平洋构造体系域 3 大构造体系域的共同作用(朱夏,1983),形成了极为复杂的构造特征。

玛湖凹陷西斜坡属于准噶尔盆地西北缘的一部分,具体是指扎伊尔山至玛湖凹陷之间的区域。准噶尔盆地西北缘的构造变形主要受准噶尔盆地及周边地区古生代以来区域构造应力场控制,特别是受西准噶尔板内造山带(扎伊尔山—哈拉阿拉特山)对准噶尔盆地的挤压作用以及西准噶尔板内造山带与准噶尔盆地西部之间的剪切作用影响。在复杂的区域应变场中,西北缘主要表现为逆冲收缩构造变形,同时也有走滑构造变形的表现。这种山前复杂断裂带的构造特征对油藏的分布有着重要的控制作用。早在 20 世纪 80 年代初就已开始系统总结准噶尔盆地西北缘的构造变形特征及其控油规律(尤绮妹,1983;张国俊等,1983;林隆栋,1984;谢宏等,1984),建立起了西北缘逆掩断裂带模式,总结出了四大找油领域,即推覆体下盘掩伏带及前沿、推覆体前沿断块带、推覆体上地层超覆尖灭带和推覆体主体,同时还认识到近东西向的构造调节带(变换带)是富油气聚集带(尤绮妹,1983;张国俊等,1983)。20 世纪 90 年代,开展了西北缘油区第二次油气资源评价,利用当时的二维地震勘探资料进行了系统的连片成图,使西北缘断裂带及部分斜坡区的构造轮廓整体展现出来。何登发等(2004)利用西北缘冲断带中发育的北西向横断层将该逆冲推覆带划分为红山嘴—车排子(红—车段)、克拉玛依—百口泉(克—百段)及乌尔禾—夏子街(乌—夏段)三段,并分别阐述了冲断带内构造发育特征及对西北缘构造演化的重要作用。近年来,随着石油勘探的进行,在准噶尔盆地西北缘构造(何登发等,2004)、构造与沉积的关系(雷振宇等,2005)、构造与油气成藏的关系(陶国亮等,2006;蔚远江等,2007;匡立春等,2007)等方面又都取得了重大进展,所得的成果及认识有效地指导了西北缘的油气勘探。目前已在同处于西北缘造山带的哈拉阿拉特山山前掩覆带发现了油气资源(2013 年钻探掩覆带的哈深 2 井和哈深斜 1 井先后获得工业油流),显示着西北缘掩覆带的良好勘探前景。近年来,实施了跨山的二维地震测线及时频电法测线,为开展扎伊尔山山前掩覆带地质结构研究补充了重要的资料。

本章通过结合多年研究成果及前人认识,力图系统地展现玛湖凹陷西斜坡构造特征及演化模式。

第一节 构 造 背 景

一、准噶尔盆地构造背景

在大地构造上,准噶尔盆地夹持在塔里木板块、西伯利亚板块和哈萨克斯坦板块之间(图 1-1)(王鸿祯等,1990)。该盆地周缘为褶皱山系所环绕,形似三角形,西北缘为扎伊尔山和哈拉阿拉特山,东北缘为阿尔泰山、青格里底山和克拉美丽山,南缘为天山山脉的博格达山和

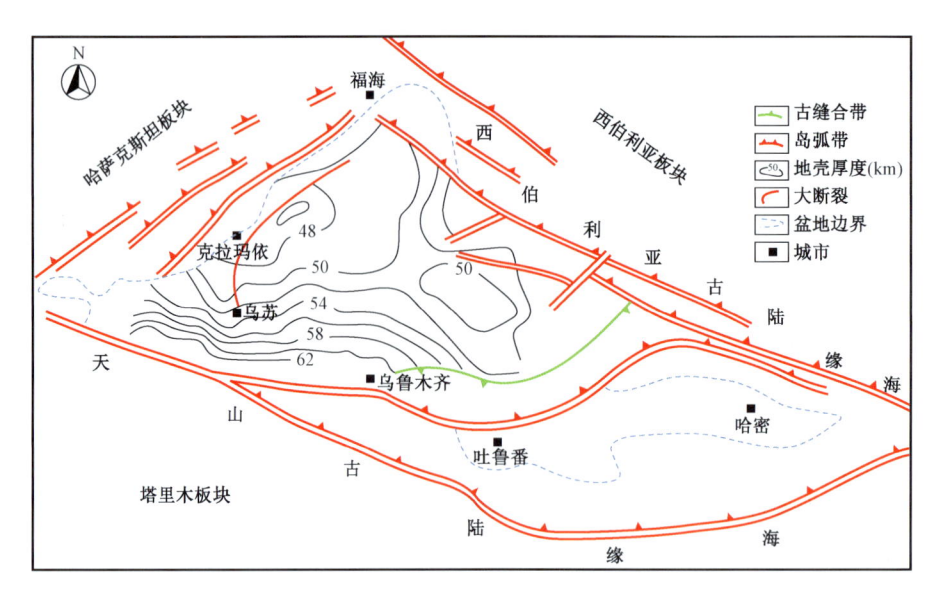

图 1-1　准噶尔盆地大地构造位置(据中国科学院地学部,1989)

依林黑比尔根山。关于准噶尔盆地(地块)与哈萨克斯坦板块的关系存在两种观点,一是认为准噶尔板块最初为哈萨克斯坦板块的一部分,后期板块演化过程中逐渐分离再会合(张耀荣,1988;肖序常,1992;康玉柱,2003;陈业全等,2004;陈发景等,2005;张朝军等,2006);二是认为准噶尔地块本来就是独立的,是漂移于古亚洲洋中的一个古老中间地块(杨宗仁等,1987;吴庆福,1987;涂光帜,1993)。

根据准噶尔盆地现今大地构造位置及构造形态,结合盆地重、磁、电勘探结果,准噶尔盆地更应该属于哈萨克斯坦板块的东延部分,即古生代及其以前时期,盆地基底介于古西伯利亚板块与古塔里木板块之间,其北侧与西伯利亚板块之间、南侧与塔里木板块之间存在一个广阔的大洋(吴孔友等,2010)。

二、准噶尔盆地结构及基底组成

准噶尔盆地是晚古生代至中—新生代持续发育的多旋回大型叠合盆地,由基底、盖层构成双层结构。基底部分由石炭系组成,盖层部分包括二叠系—第四系。目前的研究中关于准噶尔盆地盖层的内容较为丰富,地震勘探资料良好,完整地揭示了盖层的结构,但是关于基底的研究尚处于起步阶段,由于在准噶尔周缘尚未发现有古老基底岩石的出露,因此,关于该盆地的基底性质仍存在较大争议。总结来看,目前关于该盆地基底性质主要有四种观点。

第一,有研究者认为,准噶尔盆地具有前寒武纪变质结晶基底(吴庆福,1987;Jun 等,1998;Huang 等,2014),费鼎和张新生(1987)通过对准噶尔地区航磁异常进行解释认为,在该盆地内有一个范围比盆地略小的以前寒武系为基底的稳定地块。张前锋等(1996)利用 Sm-Nd 同位素测得东准噶尔小石头泉出露的变质岩年龄为(670±81)Ma,认为存在有晚震旦世早期的变质岩残块。李亚萍等(2007)在准噶尔盆地东北缘卡拉麦里组砂岩中发现了前寒武纪碎屑锆石信息,推断其物源区可能为前寒武纪基底。Long 等(2012)对准噶尔盆地东缘黄草坡组和库布苏组硬砂岩碎屑锆石年龄测试表明,其内部由 950—740Ma、2.0—1.7Ga 和约 2.7Ga

三组前寒武纪年龄峰,显示了其可能具有前寒武纪基底来源。Xu 等(2015)通过对准噶尔盆地东北缘 Taheir、Dazigou、Shuangchagou 地区进行年代学研究认为,准噶尔地体存在有三个前寒武纪基底单元,包括 2.7—2.1Ga 的 Taheir - Kalamaili - Dazigou 改造型太古宙地壳、2.5—1.8Ga shuangchagou - Luliang 地壳以及 1.86—1.7 Ga Tianshan 地壳。

第二种观点认为,准噶尔盆地基底为大陆地壳,但是并非为前寒武纪基底,例如,He 等(2013)对准噶尔盆地莫索湾凸起莫深 1 井石炭系安山质凝灰岩进行了年代学研究,获得锆石结晶年龄为(331.7 ± 3.8)Ma,而地球化学研究结果表明这些安山质凝灰岩产出于岛弧环境,据此认为准噶尔盆地的基底可能为新生地壳。此外,在研究中还获得了一颗前寒武纪锆石,年龄为 1243.2Ma,但分析认为其可能为捕获围岩中的锆石。Chen 和 Jahn(2004)对准噶尔盆地周缘碰撞后花岗岩进行了地球化学研究认为,该盆地的基底也为一个新生的大陆地壳,并且与早古生代洋壳和岛弧在晚古生代的俯冲增生有关。

第三种观点认为,准噶尔盆地的基底为洋壳。例如,Carroll 等(1990)认为在准噶尔盆地前寒武纪基底从未出露,盆地的基底应为洋壳组成。江远达(1984)对准噶尔盆地内五个大岩体中的 2910 个捕虏体进行了统计,在这些捕虏体中未发现一个属于前寒武系—前震旦系及古老变质岩系的捕虏体,而超过 99.9% 为洋壳性质的捕虏体。其中,大约 45.1% 的捕虏体为大洋中脊岩石的捕虏体如橄榄岩类、辉长岩类、闪长岩类及其蚀变产物;29.2% 的捕虏体为标准洋壳岩石的捕虏体,如玄武岩类、安山岩类、凝灰岩类及其蚀变产物;25.6% 的捕虏体属于典型的深海硅质、泥沙质建造及其蚀变产物。Chen 如 Arakawa(2005)通过对庙沟和克拉玛依岩体的地球化学研究认为西准噶尔褶皱带下部基底为古生代岛弧和洋壳。

此外,还有一种观点认为,准噶尔盆地的基底为多个小型的岛弧或地体增生而成。郑建平等(2000)根据 Sr - Nd 同位素及锆石年龄分析认为准噶尔盆地的基底是由环绕哈萨克斯坦板块、塔里木板块和西伯利亚边缘的岛弧系统组成。王方正等(2002)也支持这种观点认为准噶尔盆地基底火山岩主要为玄武岩和安山岩,并且该基底由分属于周边的哈萨克斯坦、塔里木和西伯利亚板块的年轻岛弧增生地体拼合而成。曾广策等(2002)也认为准噶尔盆地的基底是由三部分拼合而成,分别为哈萨克斯坦板块东南部边缘、西伯利亚板块西南部边缘和塔里木板块的北部边缘。

通过总结前人的研究认为,虽然目前尚无确切的证据表明准噶尔盆地深部存在有前寒武纪基底,但是随着近年来研究手段和研究资料的日益丰富,不能完全排除前寒武纪基底的存在。此外,关于该盆地基底为洋壳还是陆壳争议仍较大,彭希龄(1994)从火山岩的化学成分和年龄、放射虫硅质岩的沉积环境、深部地球物理资料响应、火山岛弧区域洋盆地壳区别、盆地沉积充填演化、蛇绿岩套的分布和规模等方面,结合野外资料,认为该盆地的基底很可能为陆壳。大地电磁测深资料显示,在准噶尔盆地深部电性层具有阻值低、横向稳定、水平延伸范围广等特点,显示了该盆地基底应该有稳定古老基地的存在。因此,综合研究,本书倾向于认为该盆地基底应属于陆壳性质。

三、准噶尔盆地玛湖凹陷西斜坡构造背景

准噶尔盆地西北缘是指位于扎伊尔山—哈拉阿拉特山东南侧的盆山过渡区,是盆地内油气最为富集的构造带。其东邻玛湖凹陷,西部为扎伊尔山和哈拉阿拉特山,南部为中拐凸起,

北至夏子街,长约250km,宽20～30km,总面积约5000km²,总体呈北东向展布(图1-2)。玛湖凹陷西斜坡为准噶尔盆地西北缘的一部分,是指扎伊尔山至玛湖凹陷之间的部分。西斜坡的南部为中拐凸起,北临夏子街,整体呈狭长形沿北东—南西向展布,长约100km,宽45km。

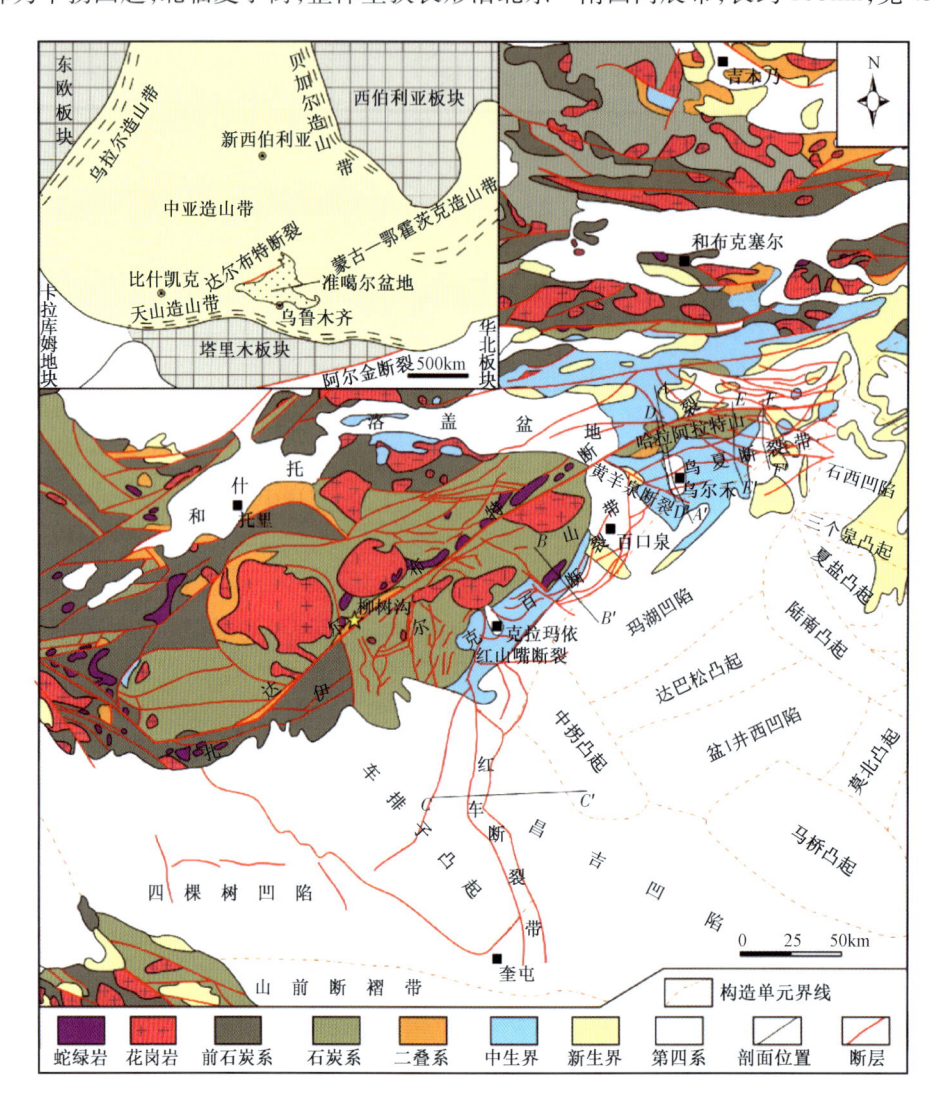

图1-2 准噶尔盆地西北缘及邻区地质简图(据隋风贵,2015)

在大地构造分区上,准噶尔盆地西北缘属于哈萨克斯坦—准噶尔板块准噶尔微板块之唐巴勒—卡拉麦里古复合沟弧带和东南角准噶尔中央地块(肖序常,1992)。整个西北缘不仅受哈萨克斯坦板块内部的地块间相向运动的影响,还受西伯利亚板块、哈萨克斯坦板块、塔里木板块之间相互作用的影响,构造背景极为复杂。

在构造位置上,准噶尔盆地西北缘处于西准噶尔造山带与准噶尔地块之间(Wu等,2013),构造位置属前陆冲断带,是古生代晚期—中生代早期发展起来的大型冲断推覆系统(张国俊等,1983)。根据最为明显的北西向横断层(红山嘴东侧断裂和黄羊泉断裂),可将西北缘冲断带由西南向东北分割为南北向的红—车断裂带、北东向的克—百断裂带与北东东—

东西向的乌—夏断裂带三段(何登发等,2004)。在构造演化上,由于西北缘紧邻准噶尔界山,其形成与演化受造山带的控制。西准噶尔界山(扎伊尔山和哈拉阿拉特山)是准噶尔地块与哈萨克斯坦板块相互碰撞拼接的缝合线(陈业全等,2004;吴孔友等,2005;张朝军等,2006)。扎伊尔山原属巴尔喀什地块陆缘古生代沉积区,后经逆冲推覆于准噶尔地块西北边缘,现今以异地推覆体的形式存在,其间发育巴尔勒克、托里、哈图及达尔布特等岩石圈深大断裂,以东部的达尔布特断裂与准噶尔盆地分界(马宗晋等,2008;曲国胜等,2009)。沿达尔布特断裂分布着西准噶尔典型的蛇绿岩套(侵位时间为早石炭世末期)(冯益民,1986;张弛等,1992;徐新等,2006;陈石等,2010),盆地西北缘克拉玛依—乌尔禾断裂带(克—乌断裂带)属达尔布特断裂带的一个分支断裂(中国科学院地学部,1989),是A型俯冲带上的薄皮构造(吴庆福,1985;张恺,1989)。界山上最新的地层为下石炭统较典型的蛇绿岩建造。泥盆系以中酸性火山岩、火山碎屑岩及海相碎屑岩建造为特征。

第二节 构 造 特 征

关于玛湖凹陷西斜坡的构造特征前人进行了一定的工作,提出了不同的构造解释方案,如逆冲推覆模式(张传绩,1983;林隆栋,1984;何登发等,2004;冯建伟等,2007;管树巍等,2008;况军等,2008;孟家峰等,2009)、走滑或压扭模式等(徐怀民等,2008;邵雨等,2011;张越迁等,2011;汪仁富,2012)。这些工作都为解释该区构造特征做出了有益的尝试,随着近年来勘探的不断深入,走滑兼具挤压的压扭模式逐渐引起了人们的重视,取得了丰硕的成果。

从剖面上看,在玛湖凹陷西斜坡多构造层叠加现象明显。根据准噶尔盆地西北缘2013年最新部署的切穿扎伊尔山中段和北段的两条二维电磁测线KX2013TFEM-02(图1-3a)和KX2013TFEM-05(图1-3b)的解释结果来看,玛湖凹陷西斜坡由三部分叠加而成,包括扎伊尔山上构造层、扎伊尔山下构造层及盆地沉积区。其中,盆地沉积区构造样式较为简单,并未发生强烈的断层活动,不同时期沉积地层仅在扎伊尔山上、下构造层断层活动的影响下发生侧向加厚或减薄的现象,在时频电磁剖面中呈现明显的低阻特征(蓝绿色);扎伊尔山上构造层发育多个纵向叠置的大型逆冲推覆体,断层产状相对较缓,推覆距离远,断层发育位置表现为次高阻特征(黄、橙色),而推覆体内部为具高阻特征(红色)的石炭系,在上构造层前缘表现为次高阻(推测存在少量二叠系残留);扎伊尔山下构造层的断层样式与上构造层具有明显区别,整体表现为深部高阻(红色,石炭系)浅部低阻(黄、橙色,二叠系佳木河组)的特征,且高低阻界面呈现向盆地方向倾斜的波浪状,解译为一系列向盆地方向逆冲的逆断层,产状相对上构造层地层较陡,但断距较小,呈现横向叠置的构造形态,为叠瓦状逆冲断层。

从平面上看,玛湖凹陷西斜坡在西北方向以达尔布特断裂为界,根据构造发育特征,由山前向盆地内,该区域又可以进一步划分为超剥带、断褶带和单斜带(图1-4)(马宗晋等,2008)。超剥带位于山前冲断层上盘,地层剥蚀严重。断褶带为山前冲断层集中发育区,地层变形强烈。单斜带位于冲断层下盘,变形弱,整体呈斜坡状,因其紧邻玛湖凹陷,又称为玛湖斜坡区。超剥带和断褶带距造山带近,构造复杂,断裂发育,油气富集,勘探程度与研究程度均较高,而单斜带因构造简单、埋藏深,勘探程度低。

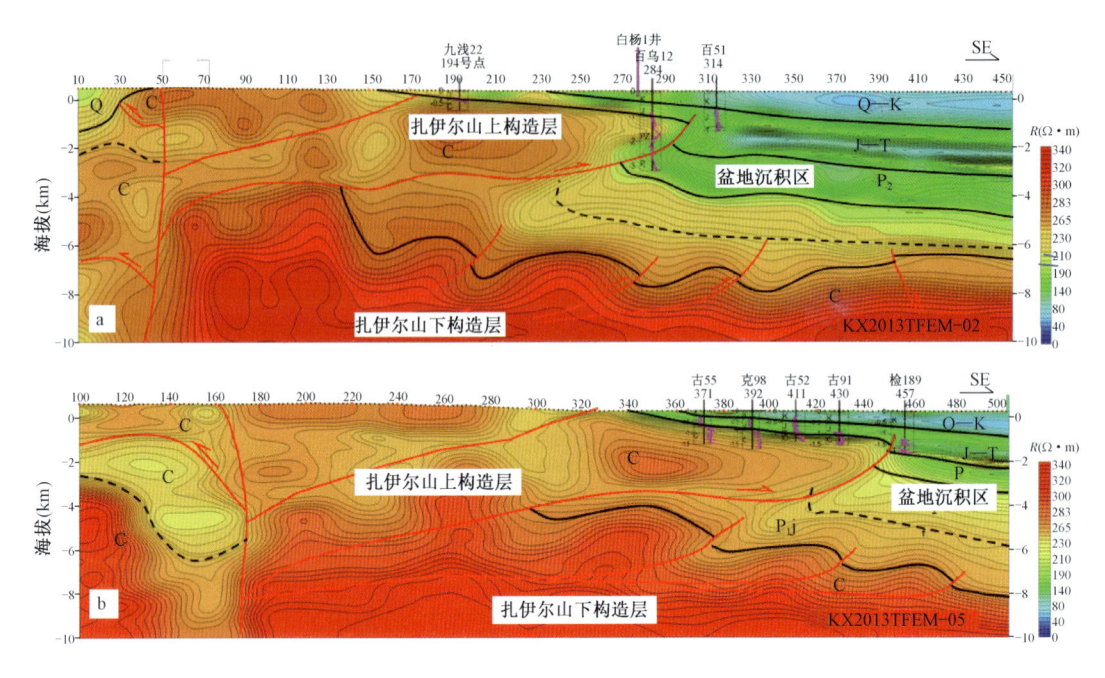

图 1-3　玛湖凹陷西斜坡二维时频电磁剖面解释方案

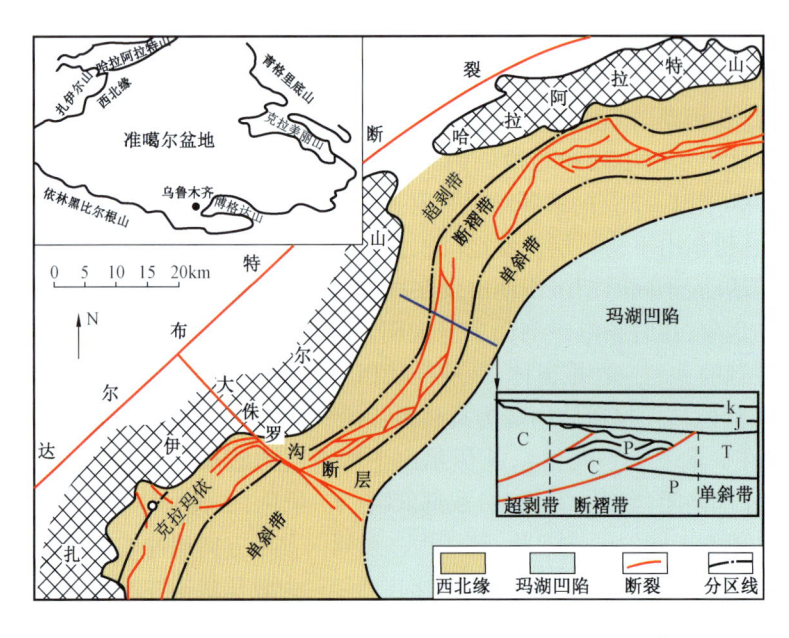

图 1-4　玛湖凹陷西斜坡构造背景及断裂分布图（据吴孔友等，2014）

一、超剥带构造特征

超剥带是一种以地层多次剥蚀和超覆为特点的区带结构类型（沈扬等，2015），属于山前冲断层的上盘。由于超剥带受不整合及断裂双重因素的控制，常常是油气的有利聚集区。整体来看，超剥带比较宽缓，地层、岩性变换比较慢，延伸范围较长。在发育位置上，超剥带一般

— 6 —

在沉积斜坡边缘和古隆起周围比较发育,并且呈现出由凹陷向斜坡依次超覆及顶部剥蚀的特征。在构造特征上,超剥带由于靠近冲断带,受到明显的挤压作用。在剖面上,超剥带具有上下两层结构,上部层系以典型的超覆为特征,三叠系、侏罗系、白垩系沉积范围逐渐扩大,超覆于下部古生代地层之上(图1–5)。在超覆带的顶端,由于受到构造挤压导致隆升进而持续遭受剥蚀。超剥带下部由一系列逆冲断层组成,逆冲方向由北西向南东,断层延伸范围广、长度大,形成了现今多个推覆体纵向叠置的构造形态。这些推覆体均为石炭系断块,其推覆距离约为15~20km,最长达30km。有研究结果表明(王鹤华等,2015),超剥带下部的一系列逆冲断层继续向造山带方向延伸可直接交于达尔布特走滑断裂之上,从而与达尔布特断裂组合形成特殊的"花状构造",而这些逆冲断裂均为"花状构造"的派生断层。准噶尔西北缘二叠纪—三叠纪区域性剪切应力场的存在也为走滑构造的解释提供了可靠的区域应力背景(杨庚等,2011;隋风贵,2015;王鹤华等,2015)。

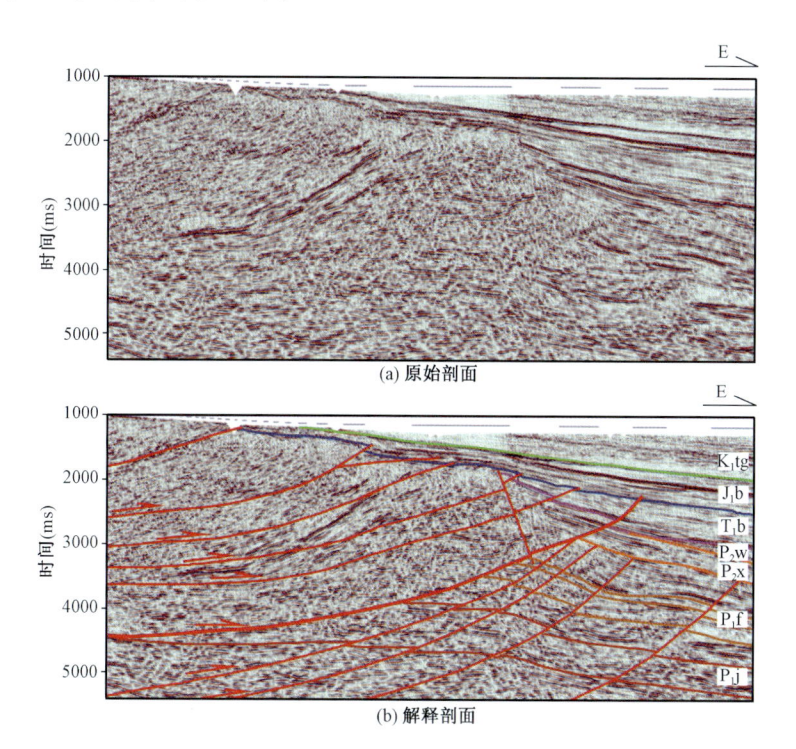

图1–5 玛湖凹陷西斜坡超剥带地震剖面

KB201308测线,测线位置如图1–6所示;K_1tg—吐谷鲁群;J_1b—八道湾组;T_1b—百口泉组;
P_2w—下乌尔禾组;P_2x—夏子街组;P_1f—风城组;P_1j—佳木河组

在平面上,玛湖凹陷西斜坡超剥带紧邻扎伊尔山,大致分布在克—百断裂带的范围内,根据2013年新获取的玛湖凹陷西斜坡高精度二维地震测线的解释结果发现,几套主要地层的剥蚀线与扎伊尔山走向大致相同(图1–6)。各组地层剥蚀线之间大致相互平行。按照地层由老到新的顺序来看,自二叠系下乌尔禾组至侏罗系八道湾组,地层剥蚀的范围向山前逐渐变小,而由八道湾组至白垩系吐谷鲁群,地层剥蚀范围则有所扩大。这是由于超剥带顶部地层遭受剥蚀而引起地层尖灭线后撤所致,显示了超剥带顶部的剥蚀作用对地层的改造。

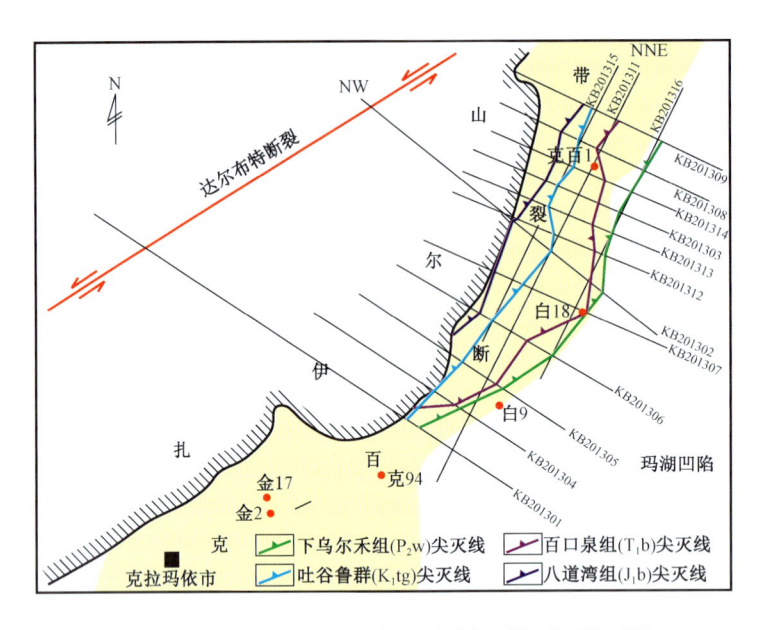

图 1-6　玛湖凹陷西斜坡主要层系超剥线平面叠置图

二、断褶带构造特征

断褶带是玛湖凹陷西环带中山前冲断裂集中发育的地区,在构造位置上紧靠超剥带(图1-4),一般由大规模逆冲断层及与逆冲作用相关的褶皱组成。强烈的逆冲作用会使该带内部地层伴随着构造的发育出现强烈的变形,形成了复杂的构造特征。

1. 主要断裂发育特征

多级别逆冲断裂的发育是玛湖凹陷西斜坡断褶带重要的构造特征之一。根据断层规模、断层对沉积的控制作用等,可将这些逆冲断裂划分为三个级别(图1-7和表1-1)。

(1)一级断裂:断裂延伸长,断距达数千米至十数千米,上下盘的地层分布、成岩变质程度,特别是构造面貌有较明显的差异,难以对比。它们经常是划分隆起区与凹陷或斜坡区的界限,这种断裂两盘的含油层位一般是不同的。克拉玛依断裂、南白碱滩断裂、百口泉断裂皆为一级断裂,断裂上盘无二叠系,是二叠系分布的控制断裂。断裂上下盘构造特点明显不同。

(2)二级断裂:受一级断裂的控制,在断裂的上盘发育有一系列二级断裂。相对于一级断裂而言,二级断裂延伸较长,断距达数千米,上下盘的岩石特征、成岩程度、构造面貌都有一些差别,但两盘的地层是可以对比的。上下盘含油情况的优劣、油藏类型等有差异,含油层位往往不同。区内红3井东侧断裂、红山嘴东侧断裂、克拉玛依西断裂、大侏罗沟断裂都是重要的二级断裂。

(3)三级断裂:三级断裂的发育与一级、二级断裂密切相关,在玛湖凹陷西斜坡发育多条三级断裂。断层延伸的长短不一,断距一般数十米或数百米。两盘的地层分布、岩石特征基本相同。有的是含油块段与非含油块段的界限,有的只是起分割油藏作用,各有不同的油水界面,压力自成系统。

【第一章】 构造特征及演化背景

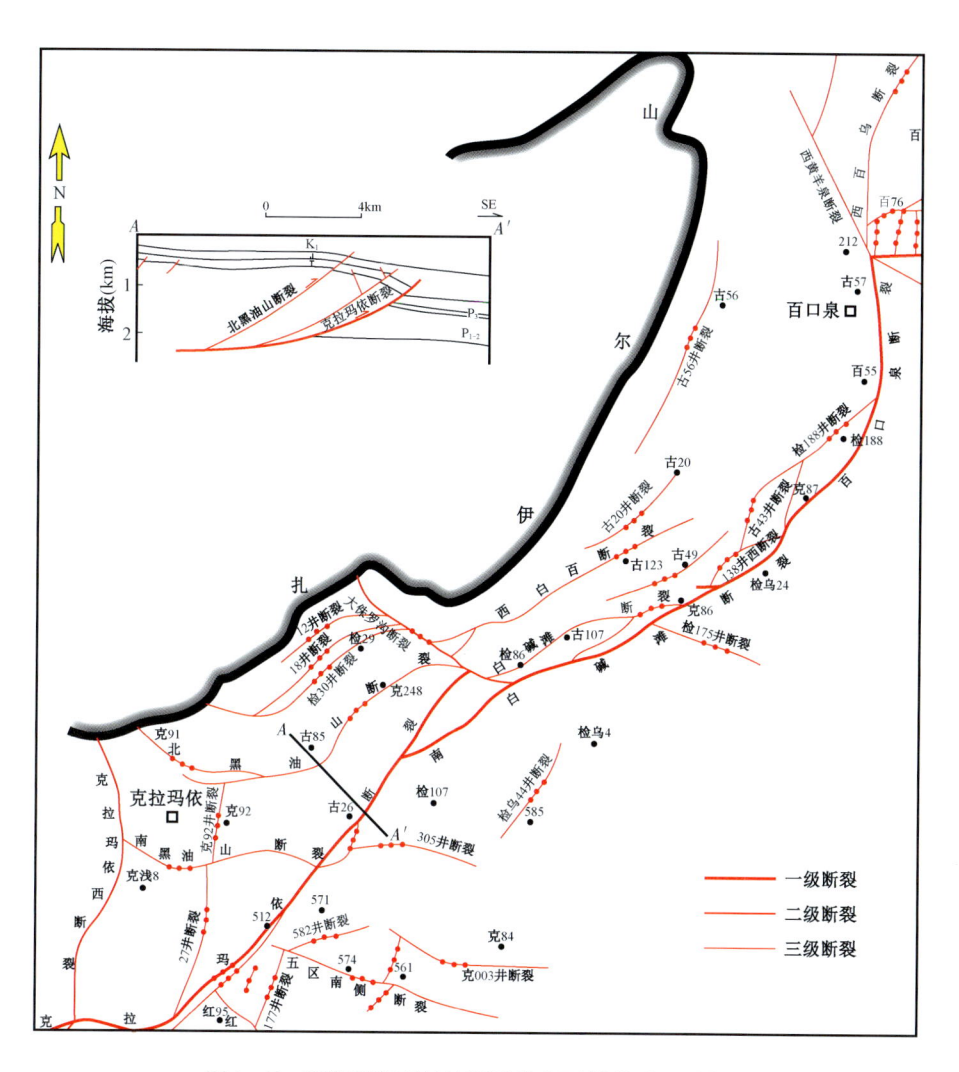

图1-7 玛湖凹陷西斜坡断褶带主要断裂平面展布图

表1-1 克一百地区主要断层断层要素统计表

序号	断层名称	断层性质	走向	倾向	倾角(°)	延伸长度(km)	垂直断距(m) J	T	P_2w	P_2x	P_1f	P_1j	断开层位	断裂级别
1	克拉玛依断裂	逆	NW	NE	30~40	48	200	250					J、T、P、C	一级
2	克拉玛依西断裂	逆	SN	W	20~40	23	80	210					J、T、C	二级
3	南黑油山断裂	逆	EW	N	40	15	50	180					K、J、T、C	三级
4	北黑油山断裂	逆	NEE	NNW	30~40	27	50	300					K、J、T、C	三级

— 9 —

续表

序号	断层名称	断层性质	走向	倾向	倾角(°)	延伸长度(km)	垂直断距(m) J	T	P₂w	P₂x	P₁f	P₁j	断开层位	断裂级别
5	大侏罗沟断裂	压扭	EW	N	40	15	50	240					K、J、T、C	二级
6	白碱滩断裂	逆	NE	NW	15~75	38	200	250					J、T、C	三级
7	百口泉断裂	逆	NNE	NW	50	17	110	300				600	J、T、P、C	一级
8	西百乌断裂	逆	N-NNE	NWW	25~30	18	50	50					J、T、C	三级
9	南白碱滩断裂	逆	NEE	NNW	15~75	20	350	500					J、T、P、C	一级
10	检175井断裂	压扭	NWW	NNE	75	8							J、T、P、C	三级
11	深层44号断层	压扭	EW	N	70	12							J、T、P、C	三级
12	深层45号断层	压扭	EW	N	70	15							J、T、P、C	三级

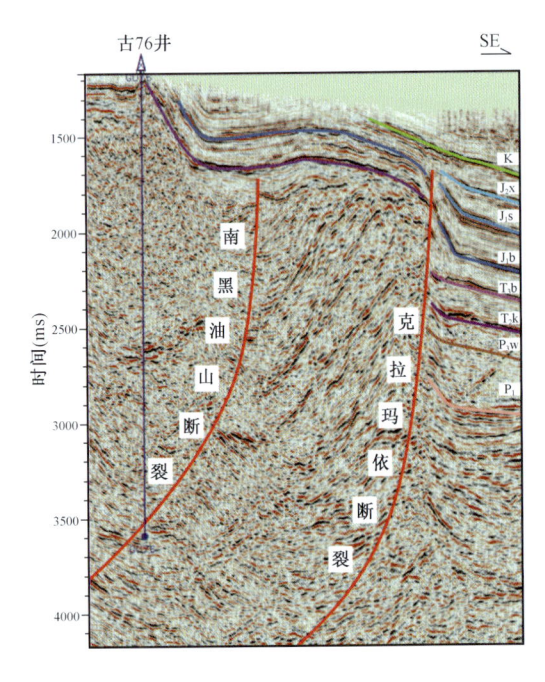

图 1-8 克拉玛依断层地震剖面图

主要断裂发育特征评述如下。

(1) 克拉玛依断层。

克拉玛依断层位于克百断裂带南部，断层总体走向北东，倾向北西，断面为上陡下缓的弧形（图1-8），断层延伸长度23km，与南白碱滩断裂、百口泉断裂、百乌断裂组合成盆地一级断裂，对盆地沉积具有重要的控制作用，是二叠系沉积期间的盆地边界断裂，也影响着三叠系和侏罗系的沉积。

克拉玛依断层为一条长期活动的逆断层，大致以检83井为界分南北两段，南段活动强，北段活动弱。断层主要活动期为 T_{2-3}、J_2t、J_3q。从现今两盘地层分布情况看，对三叠系、侏罗系控制作用明显，但推断二叠系沉积时也起控制作用，只是因为下乌尔禾组沉积后的抬升掀斜作用引起的强烈剥蚀使二叠系遭受剥蚀，地层记录剥蚀殆尽。

克拉玛依断裂与南白碱滩断裂现今为限

制与被限制的关系,前者限制后者。在二叠系沉积期间,推断两者为一条断层,印支期以来,两者逐渐分化,变为两条断层。克拉玛依断裂本身也不是一条断裂,有时被派生断裂复杂化,如西端下盘和中部上盘都有伴生断层,形成冲断席,这些冲断席都可以形成很好的断块型油气藏。

(2)南白碱滩断层。

南白碱滩断裂是克百断裂带的一条一级断裂(图1-9),断裂活动时间长。该断裂总体走向为南西—北东向,倾向北西,向东南呈弧形凸出;断层面上陡下缓呈铲形,延伸长度近30km,上部倾角45°~70°,下部倾角20°,继续向下延伸消失在滑脱面上。西南部断距大,东北部断距小,深部地层垂直断距大,浅部地层垂直断距小,三叠系底垂直断距200~800m,水平断距100~780m;侏罗系底垂直断距250~300m,水平断距30~210m,具有同生逆掩断裂性质。工区范围内延伸长度约8km。断层主要活动时间为二叠纪、三叠纪(吴孔友等,2012)。

该断裂控制着二叠系乃至三叠系百口泉组的沉积,断裂上盘缺失二叠系,对三叠系克拉玛依组及中、下侏罗统沉积有控制作用。二叠纪,该断裂为一条断裂,三叠纪以来,断裂被复杂化,表现出多个断裂的分叉。主断裂上盘被后期断层复杂化。

(3)百口泉断层。

百口泉断裂是克—百断裂带的重要组成部分,属于一级断裂,其南接(限制)南白碱滩断裂、北接(限制)百乌断裂。该断裂活动时期较长,从石炭纪—二叠纪开始持续活动至中侏罗世末期。该断裂总体走向为南西—北东向,倾向北西,呈向东凸出的弧形,断层面上陡下缓,上部倾角60°,下部倾角20°~35°;深部地层垂直落差大,浅部地层落差小,三叠系底垂直断距200~800m,水平断距200~600m;侏罗系底垂直断距50~200m,水平断距30~180m,具有同生逆掩断裂的性质。工区范围内延伸长度约12km。断裂早期与南白碱滩断裂和百乌断裂为一条断层,三叠纪以来,由于受印支、燕山运动引起的平面差异运动的影响逐渐分化成为独立断层。断层上盘发育分叉断层,组合成叠瓦构造(图1-10)。

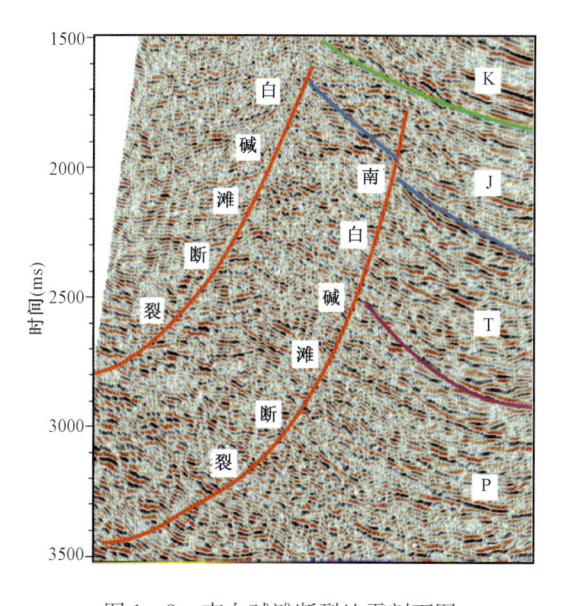

图1-9 南白碱滩断裂地震剖面图

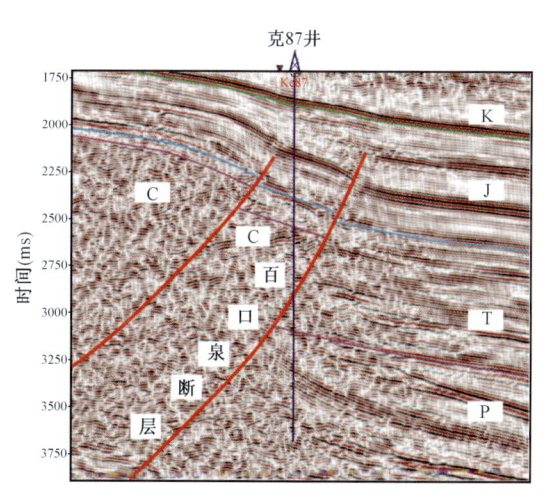

图1-10 百口泉断裂地震剖面

(4)大侏罗沟断层。

大侏罗沟断层位于克乌断裂上盘,走向北北西—南东东向,倾向北东东,倾角较大,从构造上看是克—百断裂带上盘最重要的一条构造分段断裂,从油田开发实际上看,是重要的油田开发单元的分界线,其南为湖湾区,其北为六九区。从现今保存的地层看,上盘扎伊尔山中新生界剥蚀殆尽,但从整个克百地区构造活动情况看,其北部三叠系有局部剥蚀现象,与上覆侏罗系表现出不整合接触关系。而湖湾区这种不整合接触关系不明显,因此,推断其从三叠纪就已开始活动,但鉴于两侧沉积环境差别不大,故推断其活动强度有限,此时表现为以压性断裂活动为主。大侏罗沟断裂的主要活动期为中侏罗世晚期,此时断裂主要表现为右旋走滑扭动,错断了本来连为一体的克拉玛依断裂和白碱滩断裂,断裂的形成与其南北两盘向盆地内部推覆距离不同引起的,是具有调节性质的断层(图1-11)。

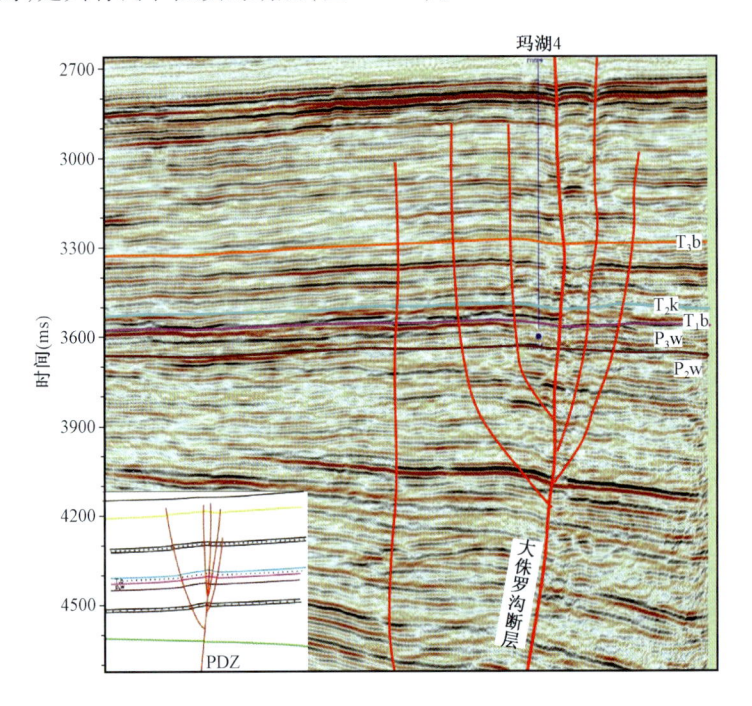

图1-11 大侏罗沟断层地震剖面

(5)南黑油山断层。

南黑油山断裂为克拉玛依断裂上盘发育的断层(图1-8),断层总体走向近东西向,倾向北,平面延伸长约15km,断层面倾角约40°。该断裂平面上呈横卧"S"形展布,西侧和东侧分别受克拉玛依西断裂和克拉玛依断裂限制,属三级断裂。断裂主要活动时间为中侏罗世至早白垩世,但不同地段断裂活动性有所差异,如其西段在各个层位均断距都不大,东段三叠系底垂直断距可达300~400m,侏罗系底垂直断距约100~150m,断裂活动有从东向西扩展的趋势。由于上盘强烈的上冲作用,致使上盘靠近断裂部位缺失中侏罗统头屯河组。

(6)北黑油山断层。

北黑油山断裂发育的构造部位为克拉玛依断裂上盘(图1-12),断层总体走向近东西向,平面上,断裂呈"S"形弯曲,倾向北,断面倾角30°~40°,北东侧受限于大侏罗沟断裂,西北方向延伸终止于扎伊尔山,工区内延伸长度约27km。北黑油山断裂活动时期为侏罗纪—白垩纪,其中,中侏罗世晚期和早白垩世活动比较强烈,强烈的上冲作用引起的地层剥蚀,造成断裂上盘中侏罗统头屯河组的缺失。

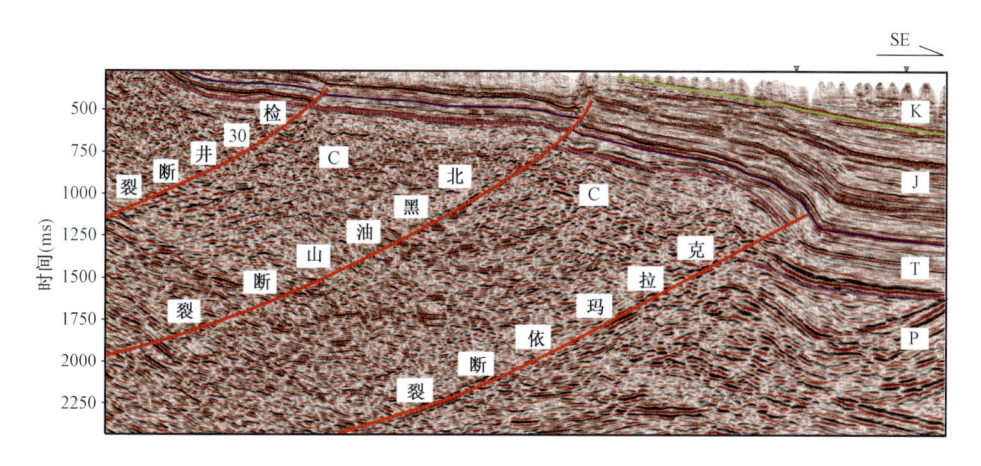

图 1-12 北黑油山断裂地震剖面

(7)白碱滩断层。

白碱滩断裂是克百断裂带上盘的一条重要断裂(图 1-9),断裂活动时期较长,印支期以来作为南白碱滩断裂的分支断层持续活动,但主要活动期表现为中侏罗世晚期。该断裂总体走向为南西—北东向,倾向北西,呈向北西凸出的弧形;断层面上陡下缓,上部倾角60°,下部倾角20°~35°;西部断距大,东部断距小,深部地层垂直落差大,浅部地层落差小,三叠系底垂直断距200~400m,水平断距250~1000m;侏罗系底垂直断距50~250m,水平断距30~180m,为逆掩同生断裂,断开了中侏罗统及以下地层。工区范围内延伸长度约5km。推断三叠纪时,该断裂与克拉玛依断裂的北段相连,为同一条断层,侏罗纪以来,由于大侏罗沟断裂的强烈活动,使其逐渐分化成两段,西段为克拉玛依断裂,东段为白碱滩断裂。

2.断褶带主要构造样式及特征

构造样式是同一期构造变形或同一应力作用下所产生的构造的总和(王燮培等,1991)。Harding 等(1979)首先对构造样式进行了研究,并提出根据构造变形中基底的卷入情况,将构造样式划分为基底卷入型和盖层滑脱型构造。而后,根据构造性质,将基底卷入型构造划分出扭动构造组合、压性断块和逆冲断层、张性断块和翘曲、拱起、穿隆和坳陷,而将盖层滑脱型构造划分出逆冲褶皱组合、正断层组合、盐构造和泥岩构造,共 8 种类型。在现今的研究中,人们更倾向于使用盆地地球动力学标准,将构造样式划分为伸展构造样式、挤压构造样式及走滑构造样式,并通过平、剖面分析构造组合样式。

1)断层平面构造特征及组合构造样式

玛湖凹陷西斜坡断褶带内由于受到多期构造运动的影响,断层构造特征复杂,组合构造样式类型众多。从平面上看(图 1-7),断层组合类型有平行式等 6 种类型(图 1-13)。

一般来说,平行式断层反映比较稳定、单一的构造应力场环境,典型代表为白碱滩一带,主断裂上盘可见多条断层相互平行(图 1-7),形成时间为中生代。斜交式为一种常见的构造样式,反映了分支断层的发育受到主断层演化的控制,如黑油山断裂与克拉玛依断裂成斜交式分布。羽状断裂表现为一系列斜交式断层被一条主断层限制,如52井断裂、18井断裂、检30井

类型	代表	类型	代表
 平行式	白碱滩断裂 西白百断裂	 半月式	如古26井附近，未命名断裂与克拉玛依断裂形成半月式构造样式
 斜交式	较常见，如南黑油山断裂与克拉玛依断裂斜交	 辫状	438井西断裂、古43井断裂、检188井断裂与克拉玛依断裂共同组成辫状构造样式
 羽状	52井断裂、18井断裂、检30井断裂与北黑油山断裂呈羽状交于大侏罗沟断裂之上	 "X"形	27井断裂、克92井断裂、南黑油山断裂共同组成"X"形构造样式

图1-13 玛湖凹陷西斜坡断褶带主要平面构造组合样式图

断裂与北黑油山断裂呈羽状交于大侏罗沟断裂之上。半月式构造样式是由一条主断裂与一条弯曲的分支断裂组成的，中间所夹持的为半月状冲断片。辫状构造样式是由相同倾向或不同倾向的多条断层相互交织而成，断层间存在着一定的位移的传递，如438井西断裂、古34井断裂、检118井断裂与克拉玛依断裂共同组成了辫状构造样式。"X"形断裂反应的既可以是同期形成的共轭断裂，也可以是非同期形成的断裂相互交叉和切割，如27井断裂、克92井断裂均为北东走向，而南黑油山断裂为北西走向，两组方向断裂共同组合成了"X"形构造样式。

2) 断层剖面构造特征及组合构造样式

受多期构造运动影响，在剖面上形成了多种断裂组合样式，最主要两种为叠瓦状逆冲断层组合及伴生的断层相关褶皱。

(1) 叠瓦状逆冲断裂组合。

叠瓦状逆冲断裂是断褶带内最常见的组合构造样式，特征明显（图1-14）。

其中，逆冲断层数量多、规模较大，整体上较为平缓，呈铲式，上部倾角稍大，约为45°~60°，向底部，倾角渐趋平缓，约为30°~45°，向下归并到10~13km的滑脱面上（何登发等，2004）。这些逆冲断层共同组成了准噶尔盆地西北缘重要的逆冲断裂系，构成了大型的叠瓦冲断推覆系统，其中克拉玛依断裂为该大型逆冲断裂系统的前锋断层。除了玛湖断裂为一隐伏断裂外，其余均为显露型冲断层（何登发等，2004）。这些逆冲断裂多形成于石炭纪，向上切入侏罗系八道湾组，还有部分断裂向上可切入白垩系，显示出了断裂长期活动的特点。

位于叠瓦状逆冲断层上盘为一系列逆冲推覆体，其主要是由石炭系组成。逆冲推覆体的推覆距离巨大，通过对玛湖凹陷西斜坡KB201301、KB201306、KB201302及KB201308测线的计算发现（剖面位置如图1-6所示），它们上盘推覆体的累计推覆距离分别为35~40km、30km、30km、25km，从而呈现出扎伊尔山山前推覆体由南向北推覆距离依次减小的特点。在逆冲推覆体的顶端通常覆盖有薄层的侏罗系和白垩系。推覆体断裂根部可能向北西方向收敛于达尔布特走滑断裂。

(2) 断层相关褶皱。

众所周知，断裂和褶皱是自然界最为常见的两种构造样式，它们分别代表了不同的岩石变形过程，断裂为岩层不连续的脆性破裂变形，而褶皱则表现为岩层的连续韧性变形。对于断褶带而言，其断裂与褶皱均十分发育，并且两者之间具有密切的关系。断层在发育过程中，两盘

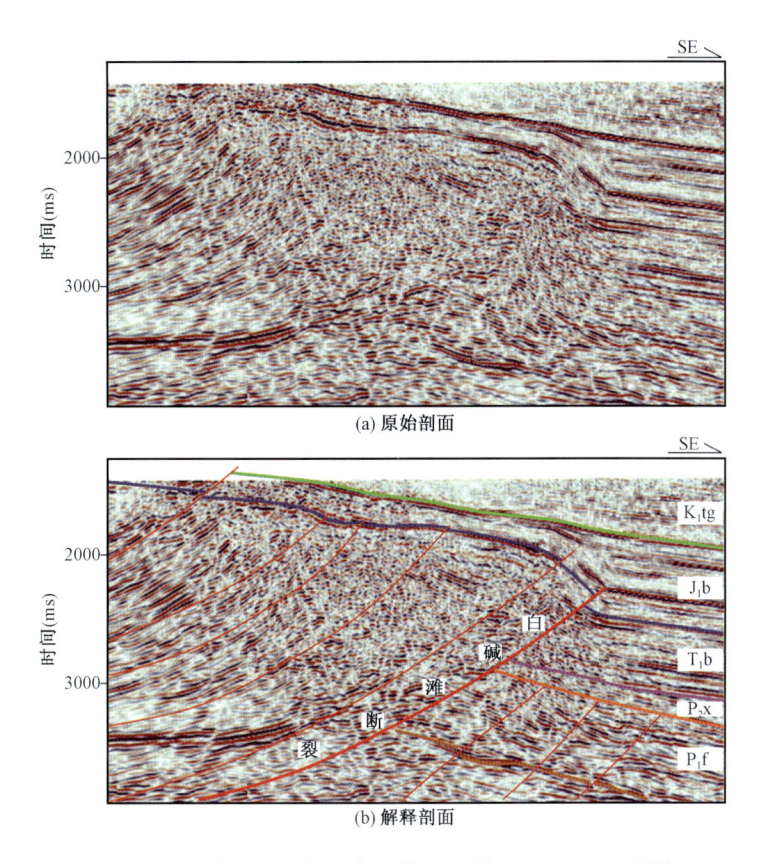

图 1 – 14 玛湖凹陷西斜坡断褶带地震剖面（KB201305 测线）

受到强烈的构造应力作用，使得地层发生弯曲变形，从而形成一系列褶皱。由多条叠瓦状逆冲断层及变形的逆冲推覆体共同组成了特征鲜明的玛湖凹陷西斜坡断褶带。关于断层与褶皱之间关系的探讨最早可追溯到 1934 年，Rich(1934) 在研究阿巴拉契亚山低角度逆掩断层时，首先提出了断层转折褶皱几何学。Suppe(1983)、Hardy 等(1994) 随后分别对断层转折褶皱、断层传播褶皱和断层滑脱褶皱进行了研究，并建立了断层形态与褶皱形态之间的几何学关系，以及断层发育与褶皱形成之间的动力学模型。近年来，随着研究的不断深入，有关断层相关褶皱的理论也日臻完善(Mitra,1990；Erslev,1991；Groshong 等,1994；Hardy 等,1997)，为理解前陆盆地断褶带的构造发育特征提供了重要的理论依据。

断层相关褶皱强调的是断层在发育过程中，由于断层两盘的相对运动而产生平面和剖面上的剪切作用促使岩层发生变形，而形成褶皱。这类褶皱包括断层转折褶皱、断层转播褶皱和断层滑脱褶皱(图 1 – 15)。

断层转折褶皱，也称为断弯褶皱，是指断层上盘沿着冲断层滑动，在上升过程中断层上盘弯曲而形成的褶皱。上盘的岩层通常是以膝折带式褶皱来调节断层面的滑动(Suppe,1983)。一般来说，断层转折褶皱的断坡倾角较小，所形成的褶皱两翼倾角也较小，岩层变形较弱，完整性好，容易形成良好的圈闭(张进等,1999)。

断层传播褶皱，也称为断展褶皱，这种褶皱发生在逆冲断层的端点处，褶皱的形成与下伏逆冲断层的断坡密切相关，并且是与断坡同时或者近于同时形成的(张进等,1999)。这类褶

(a)断层转折褶皱

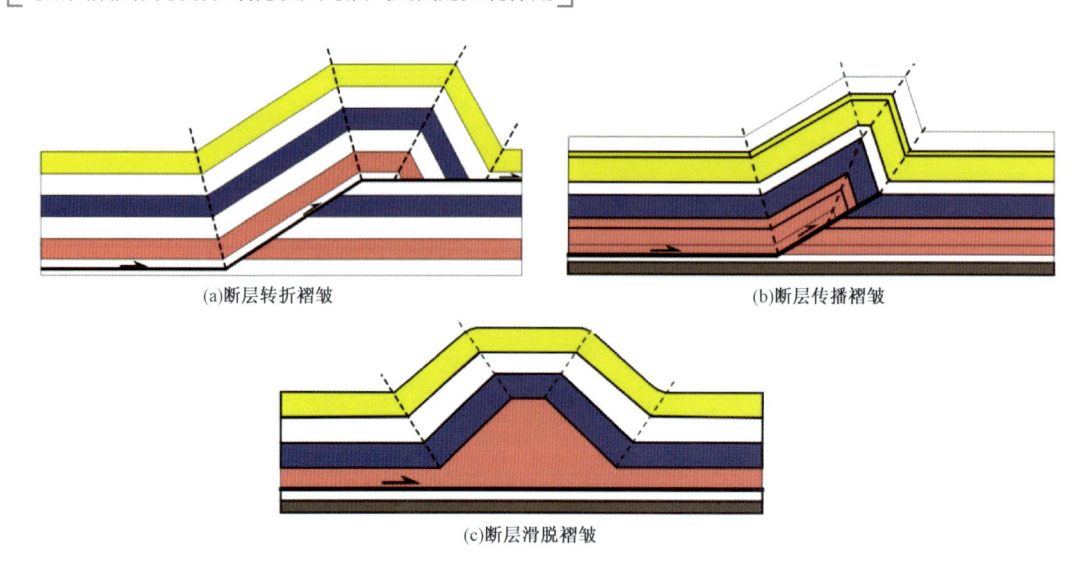

(b)断层传播褶皱

(c)断层滑脱褶皱

图 1-15　断层相关褶皱模式图

皱的基本特点是,褶皱的形态不对称,前翼陡、窄,而后翼宽、缓,向斜"固定"在断层端点处,随深度加大褶皱越来越紧闭,背斜轴面的分叉点与断层端点在同一地层面上,背斜轴面在断面上的终止点和断层转折点之间的距离即是断层的倾向滑动量,断层滑动量向上减小(何登发等,2005)。

断层滑脱褶皱,又称为断滑褶皱,这类褶皱是岩层顺层滑脱的结果,与下伏逆冲断层的断坡无关。一般来说,这类褶皱具有四个基本特征:① 底部软弱层,在褶皱核部发生加厚;② 底部为滑脱断层;③ 褶皱发生前的能干性地层,在变形过程中厚度、长度不变;④ 同生长地层向褶皱顶部厚度减薄,褶皱翼呈扇状旋转(何登发等,2005)。

通过对切穿扎伊尔山的多条二维地震剖面的解释发现(图 1-16),在玛湖凹陷西斜坡断

类型	地震剖面	代表
拖拽褶皱或蛇头构造		克拉玛依断裂上盘,KB201307测线
断层传播褶皱		克拉玛依断裂上盘,靠近北黑油山断裂处
冲起构造		克拉玛依断裂上盘,KB201308测线

图 1-16　玛湖凹陷西斜坡断褶带剖面构造样式

褶带内的部分逆冲推覆体会出现轻微的变形,出现拖拽褶皱的特点,而在逆冲断层的顶点处,侏罗系可见明显的挠曲但未被断层错断,又具有断层转播褶皱的特征,白垩系以上的地层则未见明显的变形。此外,在断褶带逆冲断层的上盘还会发育有一些小规模的反向逆冲断层,与主断层共同组成冲起构造。

三、单斜带构造特征

单斜带在构造位置上位于冲断层下盘,处于玛湖凹陷与断褶带之间(图1-17),总体来看单斜带内地层平缓,变形较弱。从多条地震剖面解释的结果来看,单斜带内最为突出的特征有二:第一,地层接触关系为超覆沉积加正常沉积。以下三叠统百口泉组为界,下部中二叠统乌尔禾组和夏子街组呈现明显的超覆,而上部侏罗系、白垩系则呈正常的沉积。第二,深部浅部构造发育情况有所区别。深部下二叠统掩覆带内有叠瓦状逆冲断层发育,但断距较小,地层变形不明显,而三叠系以上断裂发育较少,地层基本无变形。

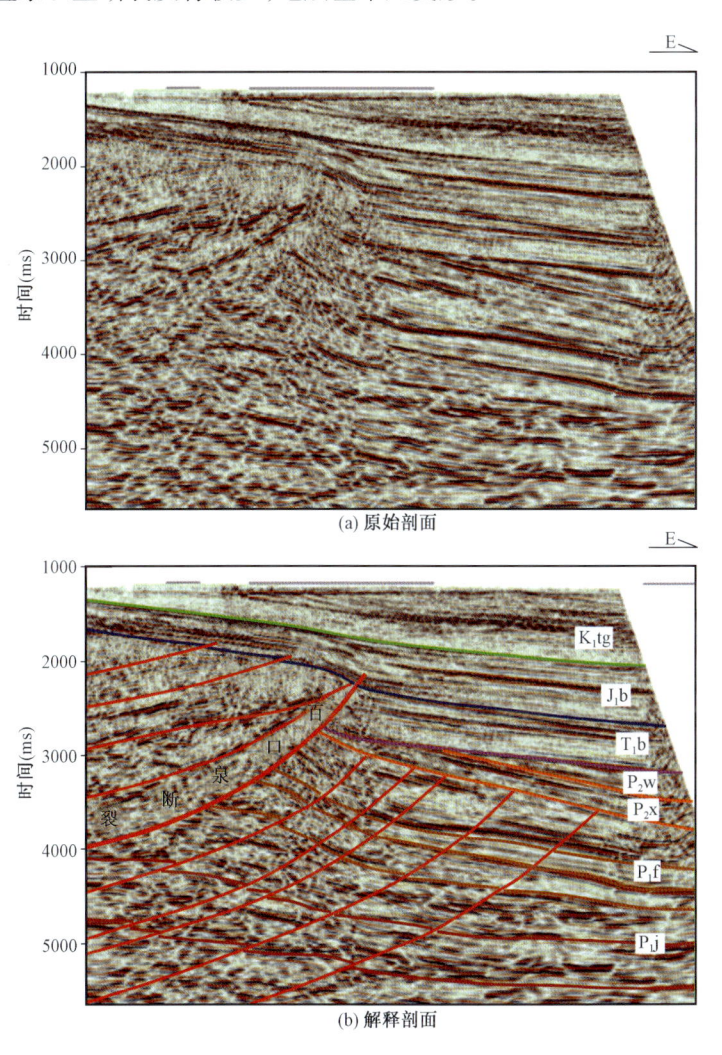

图1-17 玛湖凹陷西斜坡单斜带地震剖面(KB201303)

第三节 构造演化

准噶尔盆地处于多个板块的交界处,哈萨克斯坦板块、西伯利亚板块、塔里木板块交替作用于准噶尔地块,这也就导致该盆地的构造演化过程异常复杂。玛湖凹陷西斜坡属于准噶尔盆地西北缘的一部分,其形成演化与盆地演化密切相关。

一、准噶尔盆地构造演化

准噶尔盆地的构造演化受到地质工作者的广泛关注,自 20 世纪 80 年代以来开展了大量的地球物理和地质研究工作,提出了不同构造演化的观点。赵白(1992)将盆地演化划分为 4 个阶段,即二叠纪为断陷阶段,三叠纪为断陷、坳陷阶段,侏罗纪至古近纪为坳陷阶段,新近纪以后为萎缩上隆阶段。张功成等(1998)认为该盆地晚石炭世至二叠纪为碰撞前陆坳陷发育阶段,三叠纪至侏罗纪为古造山带复活期前陆坳陷继承发展阶段,白垩纪至古近纪为天山山前统一前陆坳陷均衡沉降阶段,新近纪以来为天山山前统一前陆盆地强烈沉降阶段。陈新等(2002)根据基底分层结构和近期研究成果,将准噶尔地体及盆地演化分为两大时期和 6 个阶段,其中盆地演化时期包括前陆盆地(二叠纪至三叠纪)、陆内坳陷(侏罗纪至古近纪)和再生前陆盆地(新近纪至第四纪)3 个阶段。赖世新等(1999)进一步将晚石炭世至二叠纪准噶尔前陆盆地的演化分为:周缘前陆盆地阶段(晚石炭世至早二叠世)、破裂前陆盆地阶段(早二叠世上佳木禾组沉积时期与风城组沉积时期)和前陆盆地消亡阶段(晚二叠世)。陈发景等(2005)根据准噶尔盆地及其邻区的构造演化及岩浆活动研究认为洋—陆转换时限应为早石炭世末,中、晚石炭世裂陷槽是由于造山期后伸展塌陷作用产生的;根据陆内盆地的鉴别标志,提出了二叠纪盆地为陆内裂谷—裂谷期后弱伸展坳陷—弱缩短挠曲坳陷,三叠纪、侏罗纪、白垩纪和古近—新近纪为弱伸展或稳定大陆内坳陷和陆内前陆坳陷或弱缩短挠曲坳陷交替的叠合盆地。曲国胜等(2009)认为前陆冲断带—前陆凹陷—前缘隆起带—中央隆起带构成了晚二叠世—早三叠世准噶尔盆地的整体变形格局;晚三叠世—中侏罗世末期盆地基底—盖层经历了东西向挤压—盆地剪切拉分—南北向挤压的动力学环境;晚侏罗世西北缘推覆构造为南北向挤压造成,盆内陆梁隆起以斜冲—走滑构造变形为特征;喜马拉雅运动期盆地周缘构造定型为 6 个样式不同的构造段。

上述划分意见的主要分歧在于对准噶尔盆地盆山耦合关键时期,即晚石炭世至二叠纪盆地性质的认识。孙肇才(1998)主张应该放弃早期盆地是塌陷或张性的认识,将该盆地看作是一个在石炭纪—二叠纪前陆基础上,经过三叠纪—侏罗纪陆内进一步沉降,白垩纪以来,主要是新生代后期才统一起来的典型复活前陆盆地。而蔡忠贤等(2000)认为盆地早期(二叠纪)为裂陷盆地,中期(三叠纪至古近纪)为克拉通盆地,晚期(新近纪以来)为冲断山前坳陷盆地。

综合构造特征及前人研究成果,可将准噶尔盆地的构造演化划分为 5 个阶段。

1. 晚石炭世碰撞—成盆阶段

晚石炭世,准噶尔地体的古地理位置为 35°~50°(陈新等,2002),与塔里木板块、西伯利亚板块、哈萨克斯坦板块、伊利地体、中天山地体具有相近的古纬度。晚石炭世,准噶尔地体与哈萨克斯坦板块聚合(陈书平等,2001),开始了陆—陆碰撞的过程,碰撞首先在西北缘开始

（吴孔友等，2005，2010）。在陆—陆强烈的碰撞下，准噶尔北部地幔物质上涌，形成众多的火山弧，同时伴随岩浆的上拱也产生一些规模较大的逆断层，如陆南断裂等，使准噶尔北部总体成为一个隆起区，在盆地西部形成一个晚石炭世的海相盆地（赖世新等，1999），构成准噶尔盆地的雏形。

2. 石炭纪末期—早二叠世压陷—挠曲阶段

石炭纪末期，准噶尔地体南缘的北天山—准噶尔洋开始闭合（尹继元等，2015）并在局部发生陆块碰撞，受其影响，西北缘、东北缘早期褶皱造山带强烈隆升，并向盆地逆冲，构成叠瓦状前陆冲断推覆构造（王平在等，2002）（图1-18a和b），同时准噶尔地块前缘向造山带下俯冲产生A型俯冲（王伟锋等，1999）。二叠纪早期，准噶尔地块受造山带产生的垂直载荷作用岩石圈发生挠曲，西北缘和东北缘两个周缘前陆盆地开始形成（赖世新等，1999）。该期造山带快速隆升并遭受剥蚀，已构成主要物源区，海水可能已退出该区，仅残存盆地东南博格达海槽伸入盆地并与外海沟通，发育了一套厚达4000余米的海陆过渡相火山—火山碎屑—沉积岩磨拉石建造（吴孔友等，2005）。早二叠世晚期风城组沉积时期，受天山晚期运动的影响，塔里木板块与准噶尔地块强烈碰撞，盆地周缘海槽全部褶皱成山，博格达海槽关闭，海水退出准噶尔地区，此时，准噶尔盆地才真正形成。在陆—陆碰撞过程中，北天山强烈隆升，并发育冲断推覆构造（图1-18c），随着断片堆叠造山，其负荷引起准噶尔地块南缘前陆区岩石圈挠曲下沉，在山前形成周缘前陆盆地（王伟锋等，1999）。至此，盆地已明显分出3大前陆盆地系统：西北缘前陆盆地系统、东北缘前陆盆地系统和南缘前陆盆地系统（图1-19）。西北缘和南缘两个前陆盆地系统隆外凹陷（次前渊）在盆1井西凹陷位置相互叠加，这也是盆1井西凹陷比东道海子北凹陷深的原因，Dickinson（1976）称该类盆地为破裂前陆盆地。随着周缘碰撞造山，盆地北部（主要指陆梁地区）地幔上隆，造成岩浆异常活动，具有较高的地温梯度（邱楠生等，2002），形成众多高角度逆断层，也导致陆梁隆起出现凸、凹相间的格局。晚二叠世，周缘造山作用减弱众多高角度逆断层，也导致陆梁隆起出现凸、凹相间的格局。晚二叠世，周缘造山作用减弱，岩石圈之下的热对流作用消失，地壳的减薄作用停止。随后发生的岩石圈热冷却，导致盆地发生沉陷，沉积范围逐渐扩大，分割局面初步统一，但沉积坳陷仍由于断裂作用所控制的箕状坳陷，形成大小不等的多个沉积中心。沉积厚度仍以玛湖、昌吉、乌鲁木齐一带最大，在五彩湾—大井、阜康、吉木萨尔及三个泉凸起上亦有一定厚度的分布。二叠纪末期，盆地已处于较为平坦的沉积状态，二叠系顶部的上乌尔禾组以较为稳定的厚度在盆地中广泛分布。从整个二叠纪沉积来看，早期在冲断带前缘一般出现粗粒沉积作用，向远处变为细粒沉积，冲积扇由造山带向盆地推进，呈现冲积扇、辫状河流和湖泊沉积的楔状互层；晚期随冲断带被剥蚀，出现应力松弛挠曲回弹，楔状沉积被席状沉积所代替，盆地不对称性逐渐消失（刘和甫，1995）。

3. 挠曲—坳陷阶段

该阶段主要指三叠纪，是盆地性质的转化时期。二叠纪末盆地原来隆坳错落的格局已基本填平；三叠纪初，盆地整体抬升遭受剥蚀，随后进入了整体沉积—抬升的震荡发展阶段。准噶尔盆地已成为统一的浅水湖盆，下三叠统主要为红色干旱条件下的冲积体系和河流体系，中三叠统为滨浅湖相组成的湖泊体系，晚三叠世早中期湖侵达到最大，晚期收缩，变为潮湿条件

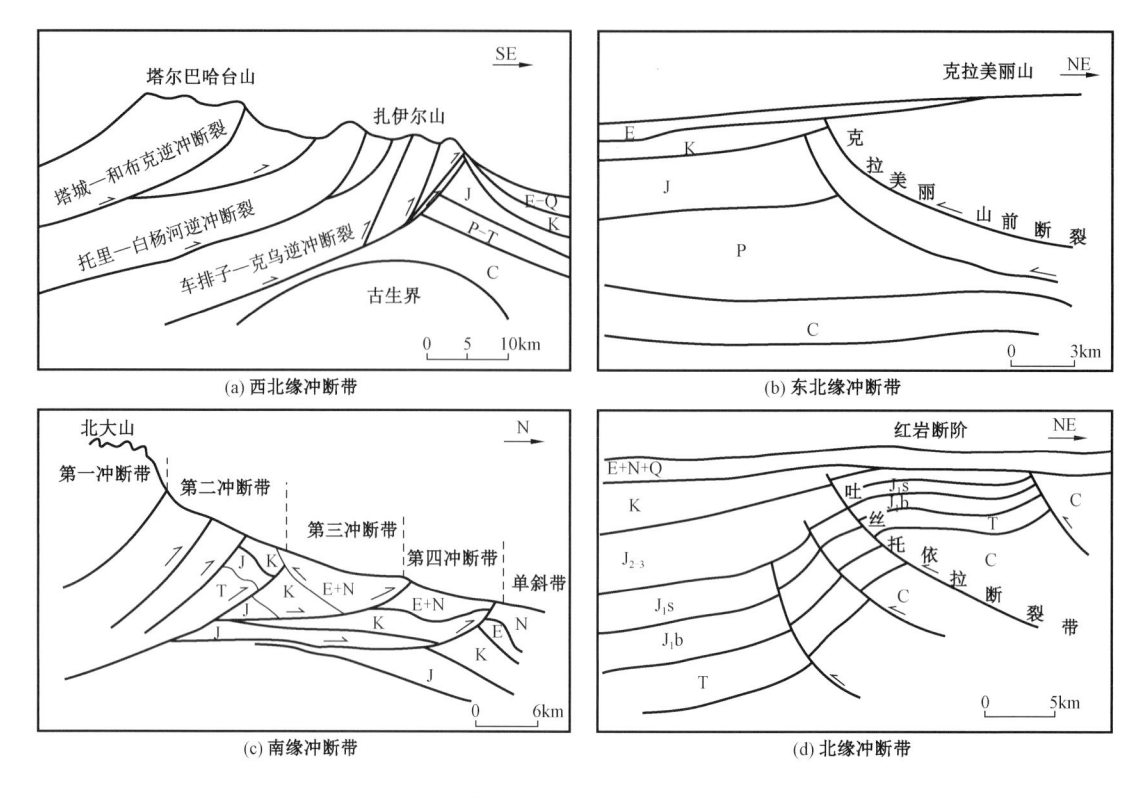

图 1-18　准噶尔盆地周缘前陆盆地冲断带构造地质横剖面（据吴孔友等，2005）

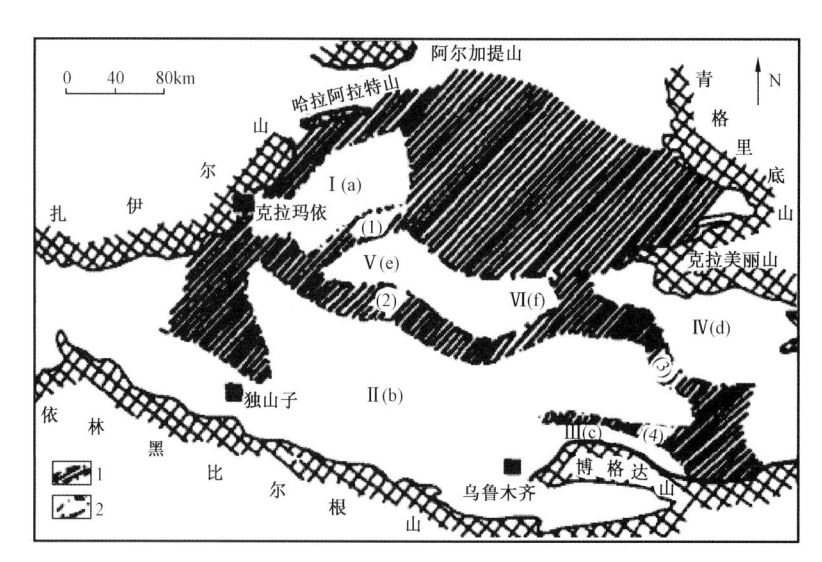

图 1-19　准噶尔盆地二叠纪前陆盆地系统示意图

1—隆起区；2—坳陷区；Ⅰ—玛湖凹陷；Ⅱ—昌吉坳陷；Ⅲ—博格达山前坳陷；Ⅳ—沙南—梧桐窝子坳陷；
Ⅴ—盆1井西凹陷；Ⅵ—东道海子北凹陷；(1)达巴松凸起；(2)中央隆起；(3)奇台凸起；
(4)三台—古牧地凸起。其中 a、b、c、d 为前陆坳陷；e、f 为隆外凹陷；
(1)、(2)、(3)、(4)为前缘隆起

下的湖沼沉积。尽管这一时期准噶尔盆地边缘造山带活动总体较弱,但对沉积仍有明显的控制作用。准噶尔盆地印支运动的区域主应力主要来自西北和东北两个方向,而且东北方向的作用力较大(王伟锋等,1999)。在此背景下,三叠纪早期北部古老的阿尔泰造山带重新活动,山前形成红岩断阶带,呈叠瓦状向盆内俯冲(图1-18d)。逆冲带构造载荷使准噶尔盆地北缘岩石圈发生压陷作用,形成挠曲盆地,乌伦古周缘前陆盆地开始形成,并沉积较厚的三叠系,陆梁隆起对应前缘隆起,中央坳陷位置对应隆外凹陷。东部则将二叠纪形成的走向近东西向的周缘前陆盆地系统改造成凸起和凹陷走向与造山带近正交的分割前陆盆地系统(刘和甫,1995)。西北缘的一些断裂也有较大的活动(陈新等,2002)。此期南缘处于造山后的调整时期,平行于山系的大断裂呈同沉积活动。三叠纪末,盆地发生整体抬升,形成了三叠系与侏罗系之间的区域性不整合。此后进入燕山期的发育和演化阶段。

4. 坳陷—沉降阶段

该阶段盆地进一步扩大,进入统一的坳陷发育阶段,亦称为"泛盆地发育阶段"(赵白,1992)。早—中燕山期,由于北天山的冲断隆升,使北天山山前坳陷进一步扩大并发展成深坳陷,成为该时期盆地最大的沉降中心,沉积厚达4500m的侏罗系。而盆地中北部广大地区沉积水体较三叠纪时更浅,主要为潮湿气候下的河流—洪泛平原及滨浅湖—湖沼相,地层最厚约1500m左右,是重要的成煤期。晚侏罗世末,燕山中期构造运动对盆地产生强烈挤压,盆地变形收缩,形成NNE向褶皱和断裂,伴随部分边界断裂走滑活动,盆地基底由北西向南东掀斜,西北缘表现为抬升剥蚀,断裂活动较弱,东、西隆起区发生相对逆冲形成近SN向的断褶带,广大中部地区变形微弱,局部发育张性断层。该期博格达山前构造活动表现剧烈,阜康断裂强烈逆冲,造成早期的博格达山前坳陷褶皱回返,以增生楔的形式成为博格达山的一部分,同时前缘隆起向北迁移,由三台—古牧地地区迁移致北三台地区,在地震剖面上显示典型的压陷—挠曲盆地结构。燕山运动晚期,以盆地腹部为中心,全盆地缓慢而均衡地下沉,故白垩系厚度与岩性稳定,最大厚度仅为2000m左右,但却覆盖了全盆地下伏所有各层系。该期南缘表现为较强烈的挤压冲断,形成了第1、第2排背斜构造(王伟锋等,1999)。古近纪,盆地保持整体缓慢下沉,虽然南、北缘的岩性与厚度上略有差异,但基本保持了统一性。

5. 再生前陆盆地阶段

该阶段主要时限于新近纪至第四纪。受喜马拉雅运动的影响,源自新特提斯构造域的强大挤压应力使北天山快速、大幅度隆升,并向盆地冲断,产生巨大的构造负荷。准噶尔盆地南缘再次挠曲下沉,形成近EW向的再生前陆盆地。以腹部的陆梁隆起构成前缘隆起,乌伦古坳陷构成隆外凹陷,组成准噶尔盆地演化过程中规模最大、范围最广的一个前陆盆地系统(图1-20)。沉积物由前渊向前隆迅速减薄,盆地几何形态呈楔形,山前堆积了厚达5500m以上的磨拉石建造。晚喜马拉雅期,区域构造应力场较燕山期发生了较大变化,东北方向的作用力明显减小,西北方向的作用力基本消失。受印度板块和欧亚板块碰撞的远程效应影响,使天山北侧大规模逆冲推覆,第1、第2排背斜继续变形,第3、第4排背斜形成(王伟锋等,1999)。盆地其他地区,除北缘边界断裂仍有微弱活动外,整个中部地区基本上为不变形的单斜构造(王伟锋等,1999)。

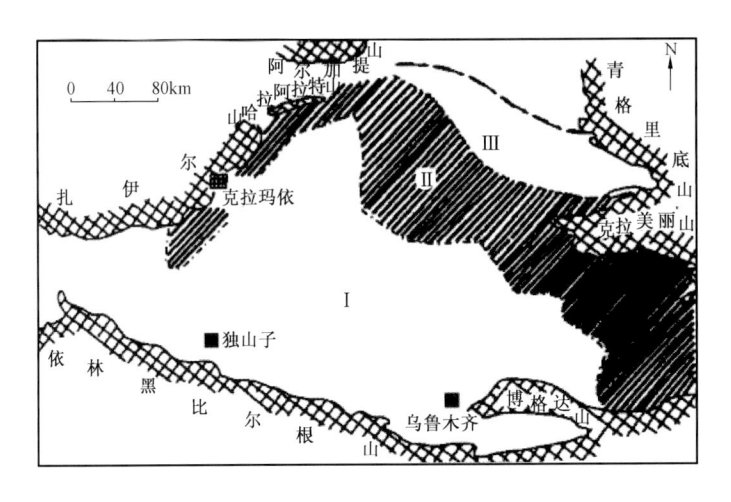

图 1-20 准噶尔盆地新生代前陆盆地系统示意图
Ⅰ—前陆盆地；Ⅱ—前缘隆起；Ⅲ—隆外凹陷

二、玛湖凹陷西斜坡构造演化

玛湖凹陷西斜坡的构造演化与整个盆地的演化密切相关，根据地震、沉积等多方面证据，本书认为该区域的构造演化可以分为以下 4 个阶段（图 1-21）。

1. 石炭纪—早二叠世（二叠系风城组沉积前）

这一时期以发育一系列南东向逆冲的前展式逆断层为典型特征（图 1-21）。此时，哈萨克斯坦板块与准—吐板块发生强烈持续的挤压、碰撞，结束了被动大陆边缘发育历史（赵白，1992；吴孔友等，2005），早期的碰撞带隆升成山（冯益民，1991），并向盆地逆冲，形成了一系列前展式逆断层（图 1-21）。玛湖凹陷西斜坡石炭系的隆升造山，形成了准噶尔盆地早期的盆山边界（吴孔友等，2005）。在二叠系佳木河组沉积时期，盆山边界大致位于现今达尔布特断裂的位置，与现今的西斜坡盆山边界位置相比，可推知西斜坡冲断带的最大推覆距离可达 35~40km。到二叠系风城组沉积时期，盆山边界已与现今西斜坡盆山边界十分接近，相比佳木河组沉积时期的盆山边界已向盆地方向发生大规模的迁移。

2. 中—晚二叠世（夏子街组、乌尔禾组沉积时期）：

中—晚二叠世，乌尔禾组和夏子街组的沉积依然受控于早二叠世形成的逆冲推覆断层（图 1-21）。然而，大地构造背景发生变化，哈萨克斯坦板块和准—吐板块之间由早期的纯挤压作用已转变为压扭性走滑作用（吴孔友等，2005），并沿着板块间缝合线位置开始发育形成早期的达尔布特断裂（杨庚等，2009），在西斜坡走滑断裂系统中充当主位移带（PDZ）。二叠系风城组沉积时期—二叠纪末期，达尔布特断裂发生大规模右行走滑（Feng 等，1989；Allen 等，1995），并派生了一系列小角度次级断裂，属于 Sylvester 简单剪切模式中的 R 剪切面（Sylvester，1988）。早二叠世形成的逆冲推覆断层则在根部会聚于达尔布特断裂，形成西斜坡达尔布特走滑大断裂花状构造的南东一翼（图 1-21）。与早二叠世远距离逆冲推覆不同的是，这些逆冲断层在晚二叠世仅向盆地方向发生有限的逆冲，其断面倾角在断层前缘快速变陡，由早二叠世的横向推覆转变为纵向逆冲，造成扎伊尔山地区加速隆升。

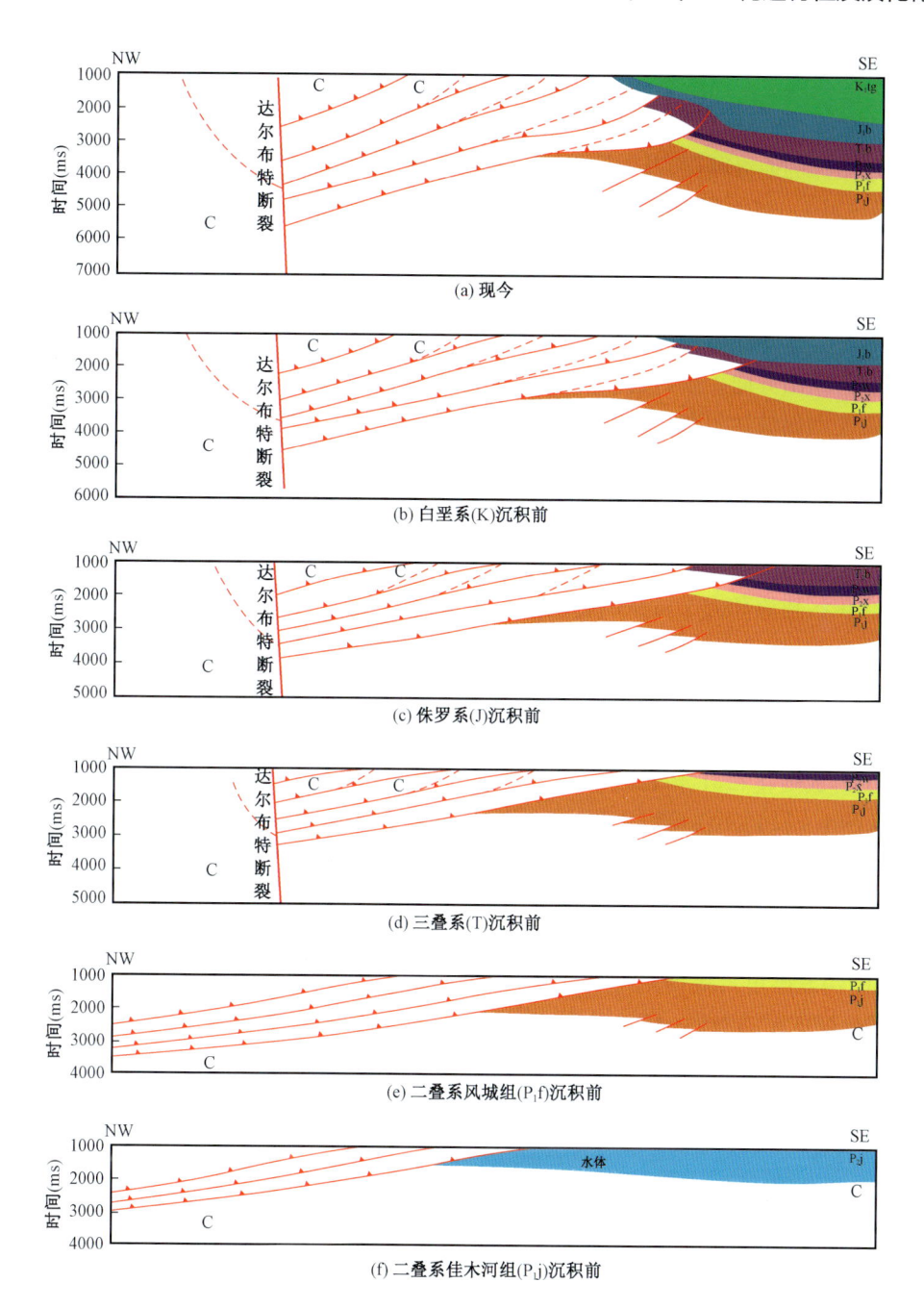

图1-21 过扎伊尔山北西向KB201301测线构造演化图(剖面位置如图1-6所示)(据王鹤华等,2015)

3. 三叠纪

三叠纪,达尔布特断裂发生左行走滑(孙自明等,2008;孟家峰等,2009),派生了第二类大角度次级断裂,属于Sylvester简单剪切模式中的R′剪切面(Sylvester,1988)。在达尔布特断裂的控制下,早二叠世形成的逆冲推覆断层继续向盆地方向推覆,然而由于断层前缘产状变陡,横向推覆距离较小,推覆体沿着高陡的前缘断面快速隆升造山。至此以达尔布特断裂为主断裂面(PDZ)的西斜坡走滑断裂系统逐渐定型(Harding,1985;徐嘉炜,1995),整个印支期走滑体系基本形成。与之前晚二叠世乌尔禾组、夏子街组沉积不同,三叠系的沉积范围不再绝对受控于上盘推覆体的前缘断层,其沉积范围相比乌尔禾组和夏子街组向扎伊尔山方向扩张(3~5km)(图1-21)。这一现象反映了上盘推覆体的逆冲活动已有所减弱,导致上盘隆升变缓,为三叠系沉积提供了更广的沉积空间。

4. 侏罗纪、白垩纪至今

在侏罗纪演化剖面中可以看出,侏罗系和白垩系均未受到断层的明显影响,其沉积范围也进一步向扎伊尔山方向扩张,直接超覆于三叠系沉积和扎伊尔山前缘推覆体之上(图1-21)。这一现象说明西斜坡达尔布特走滑断裂活动在侏罗系沉积时已大幅减弱,至白垩系已基本趋于稳定,西斜坡现今的构造格局形成。

三、构造物理模拟

为进一步探讨玛湖凹陷西斜坡冲断—走滑构造变形的动力学机制和演化过程,本次研究设计出符合该区地质和力学背景的物理模拟实验,在实验室中选取特定的机器装置和材料进行物理模拟实验,通过定量控制各相关参数,再现了西斜坡冲断—走滑构造演化过程。

1. 实验设计

本次实验旨在研究"西斜坡挤压环境中,冲断和走滑不同构造期次下,地层及断层在剖面和平面上的形成演化和组合特点"。实验室选用中国石油大学(华东)研制的SG-2000构造模拟装置(图1-22),不仅可以定量控制挤压和挤压剪切应力场条件(挤压速度和距离、边界条件、厚度、压力);还可观测在不同参数条件下,各阶段变形形态及演化过程。考虑实验的科学真实性,实验材料主要是直径0.2~0.5mm的石英砂(标准层是同材质彩砂)、泥和橡皮泥粉,经过筛分的石英砂和泥以5:1的比率均匀混合后表现出的力学性质与天然岩石最为相似(有大约30°的摩擦角),橡皮泥粉则可以增加材料的塑性,实现软变形。针对扎伊尔山实际情况,选用混杂橡皮泥的湿砂(15%的泥、5%的橡皮泥粉、75%的石英砂、5%的水),充当石炭系,塑性强,易形成褶皱;上覆地层选用无橡皮泥粉的湿砂(16%的泥、80%的石英砂或彩砂、4%的水),刚性强,易形成断裂。

2. 实验过程

借鉴《基底收缩对挤压构造变形特征影响》(周建勋等,2002)中实验设计,本实验选取"单侧基底无收缩单侧挤压剖面"模型完成对前冲断层的模拟。实验过程包含以下三个阶段。

1)实验准备阶段

砂层厚度56mm,各层砂平均厚度都是8mm,其中第2、第4、第6层分别是红色、蓝色和粉色标准层,平整铺放在实验槽中(图1-23,A-a;表1-2,编号1)。

2)实验第一阶段"挤压—冲断"

右侧马达施力,横向活动端以18mm/min的速度稳定向右挤压,挤压位移分别是10mm、20m、30mm、60mm和80mm(图1-23,B-b,C-c,D-d,E-e,F-f;表1-2,编号2-6)。在最左段首先形成褶皱,随着位移的变化,发育低角度推覆断层,断层数量由少变多,断距由短变

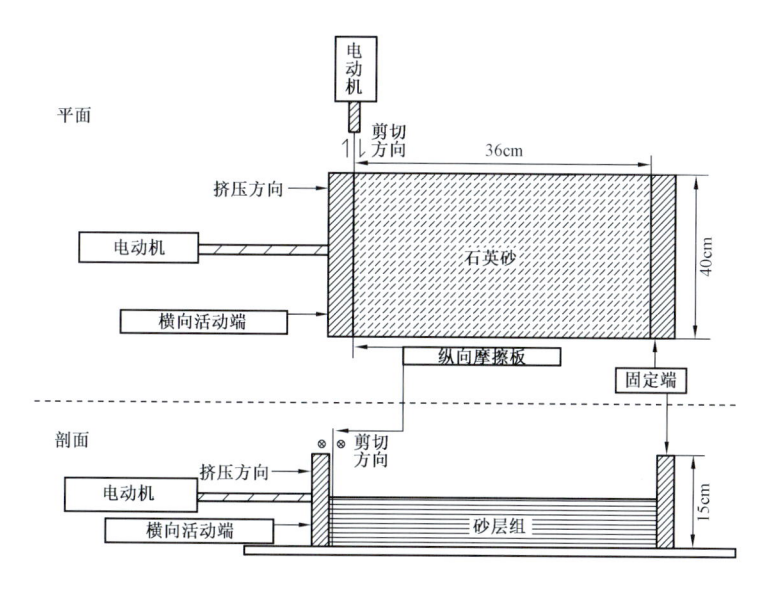

图 1-22 SG-2000 实验装置示意图

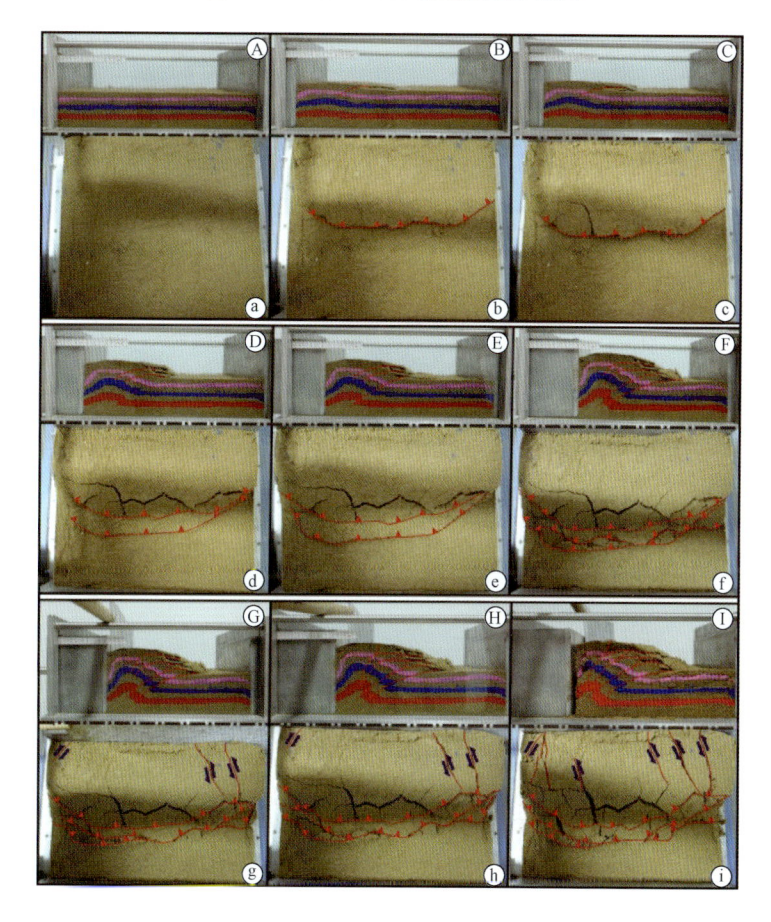

图 1-23 物理实验模拟平面、剖面断裂照片图(剖面:A-I;平面:a-i;)

长,推覆距离由近变远,在平面和剖面上出现明显的位移变化,前冲冲断相关褶皱模式由"滑脱褶皱断层—传播褶皱断层—转换褶皱断层"转变(Suppe,1985)。

3) 实验第二阶段"剪切—走滑"

右侧马达施力变小,同时纵向施加一个剪切力,来实现第二期的压扭构造背景。此时横向活动端以10mm/min的速度再向右挤压,纵向摩擦板以100mm/min的速度对砂层最左侧施加向内的剪切力,来模拟印支期西伯利亚板块对准噶尔地块的剪切力。摩擦板纵向移动100mm、200mm和300mm(图1-23,G-g,H-h,I-i;表1-2,编号7-9),平面上大量发育垂直于剪切面的大角度断裂;剖面中,推覆断层曲率最大点发育高角度断层。

表1-2 物理实验模拟记录表

编号	载荷	位移速度	位移变化（与原点距离）	现象
1	—	—	—	石英砂与彩砂平整铺放且分层明显
2	横向:0.5MPa 纵向:—	横向:18mm/min 纵向:—	横向挤压:10mm 纵向剪切:—	平面上有推覆体并形成推覆断层F_1; 剖面上红蓝层发育滑脱褶皱,粉色层断层F_1断距2mm
3	横向:0.5MPa 纵向:—	横向:18mm/min 纵向:—	横向挤压:20mm 纵向剪切:—	平面推覆距离延伸更长更明显; 剖面上滑脱褶皱曲率变大,F_1断距增加到5mm
4	横向:0.5MPa 纵向:—	横向:18mm/min 纵向:—	横向挤压:30mm 纵向剪切:—	平面上发育第二阶推覆断层F_2; 剖面上F_1断距7mm,F_2断距2mm
5	横向:0.5MPa 纵向:—	横向:18mm/min 纵向:—	横向挤压:60mm 纵向剪切:—	平面上发育第三阶推覆断层F_3; 剖面上F_1断距11mm,F_2断距8mm,F_3断距5mm
6	横向:0.5MPa 纵向:—	横向:18mm/min 纵向:—	横向挤压:80mm 纵向剪切:—	平面上发育第四阶推覆断层F_4; 剖面上F_1断距11mm,F_2断距8mm,F_3断距5mm,F_4断距16mm
7	横向:0.3MPa 纵向:2.5MPa	横向:10mm/min 纵向:100mm/min	横向挤压:85mm 纵向剪切:100mm	平面上发育与主剪切面呈30°的次级剪切面1条,呈近90°的次级断层2条且延伸较远; 剖面上在推覆断层F_3曲率最大点派生出高角度断层F_3'
8	横向:0.3MPa 纵向:2.5MPa	横向:10mm/min 纵向:100mm/min	横向挤压:90mm 纵向剪切:200mm	平面上次级剪切裂缝增加; 剖面上推覆断层F_1、F_2曲率最大点派生出高角度断层F_1'和F_2'
9	横向:0.3MPa 纵向:2.5MPa	横向:10mm/min 纵向:100mm/min	横向挤压:95mm 纵向剪切:300mm	平面上剪切断层增加,与主剪切面呈90°的剪切面尤其明显; 剖面上派生的F'断层切穿上覆推覆断层,呈现独立花状分支

3. 实验结果及结论

两期构造物理模拟结果表明,前冲—走滑断裂的演化规律不是纯粹的前冲断裂模式和简单剪切走滑模式的叠加。在Suppe对冲断相关褶皱阶段划分的基础上(Suppe,1985),加之走滑对模型的剪切作用,本研究对冲断—走滑的阶段划分分为4个阶段:初始阶段、转换褶皱断层阶段、多阶断层阶段和冲断—剪切阶段。

概念图中明确反映演化过程中地层与断层的关系,"初始阶段、转换褶皱断层阶段"两个阶段(图1-24a和b)反映出断层在挤压形成褶皱继而发育逆断层的过程,对应图1-23中A-a、B-b、C-c 3个时间节点;"多阶断层阶段"(图1-24c),反映多阶推覆断层叠加发育形成前冲式断裂的过程,对应图1-23中D-d、E-e、F-f 3个时间节点。

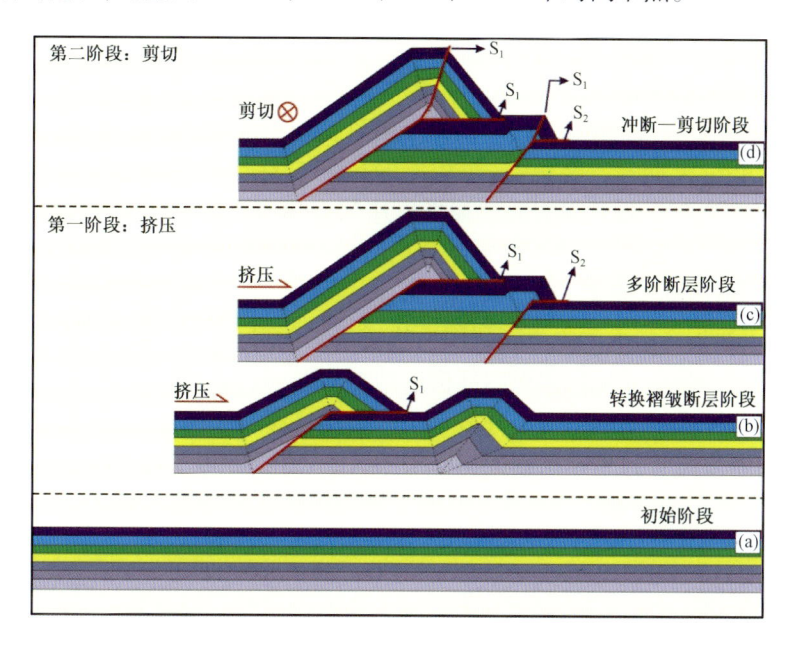

图1-24 冲断—走滑演化模拟阶段概念图解

"冲断—剪切阶段"(图1-24d),属于第二期剪切构造变形阶段,对应实验图1-24,G-g,H-h,I-i 3张照片。平面上发育的剪切面,相当于Sylvester简单剪切模式中的"R'"剪切面(Sylvester,1988),这也印证了达尔布特断裂发育的大侏罗沟次级走滑断裂和克81次级走滑断裂几何形态关系;从剖面中观察到的这些高角度断层,与主剪切面组成了花状构造的一侧。

概念图中两个阶段符合演化剖面(图1-24)的特征与地震解释相吻合,剪切断层在平面上组合成"川"字形样式,为油气向盆地造山带运移提供了通道;高角度和低角度断层在剖面上组合成了"从"字形样式,这种多断层的封闭样式也为冲断带内寻找断块圈闭提供了理论依据。

第二章 达尔布特断裂走滑特征与活动期次

达尔布特断裂是紧邻玛湖凹陷西斜坡,最为重要的控制性区域大断裂,其长约400km,走向约53°NE。断裂整体沿扎伊尔山—哈拉阿拉特山西侧出露,在地貌上将山脉和盆地呈直线状截然分割(图2-1)。达尔布特断裂与西北侧的托里断裂、巴尔雷克断裂共同组成了准噶尔盆地西北缘走滑断裂系统,其发育、演化对准噶尔盆地西北缘构造的形成乃至整个盆地的形成和演化均具有重要影响。邵雨等(2011)指出准噶尔盆地西北缘具有右行走滑变形的性质,走滑构造发育于二叠纪末期—三叠纪,这与相邻的达尔布特断裂右行走滑同步发育。杨庚等(2011)利用大地电磁测深和地震剖面解释指出达尔布特走滑断裂是整个准噶尔盆地西北缘的边界断裂,并控制了西北缘高角度逆冲断裂的分布与性质。吴孔友等(2013)根据扭动构造理论,综合野外及地震勘探资料对横穿玛湖凹陷西斜坡的大侏罗沟断层进行了详细研究,结果表明,该断层属于达尔布特大型走滑断层派生构造。由此可见,种种证据表明,达尔布特断裂的性质和活动对于准噶尔盆地西北缘内部构造的形成及演化具有重要的影响。因此,深入探讨该断裂的发育特征及活动历史对于分析玛湖凹陷西斜坡内部构造发育特征及形成演化机制具有重要意义。本书拟从达尔布特断裂特征入手,深入分析该断裂的性质、活动史、形成演化机理,为探讨玛湖凹陷西斜坡广泛存在的高角度断裂的形成机理奠定坚实的基础。

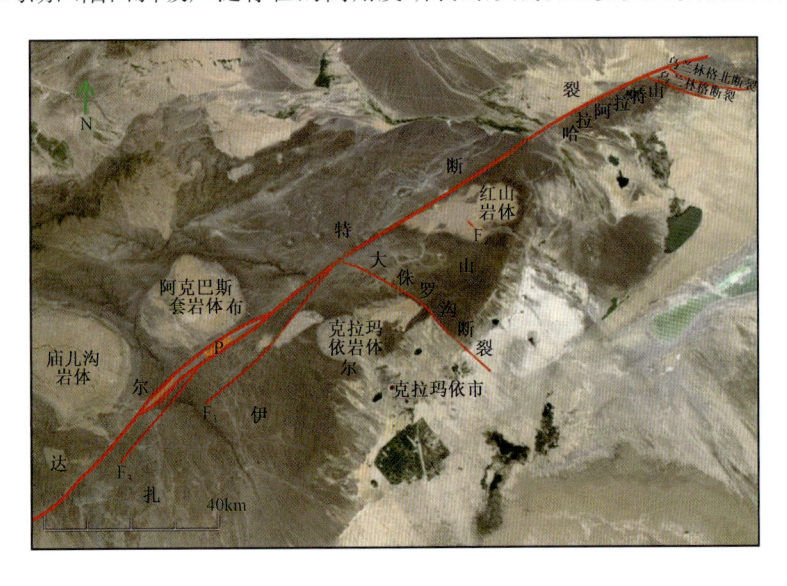

图2-1 达尔布特断裂卫星照片图(底图据 Google Earth)

第一节 达尔布特断裂特征

关于达尔布特断裂的特征及性质,前人进行了一定的研究,有学者认为是以逆冲推覆为特征(尤绮妹,1983;何登发等,2004,2006),随着卫星遥感技术的不断发展,人们在遥感影像上逐渐发现了该断裂的走滑性质(冯鸿儒等,1990,1991)。Allen等(1995)从区域地质特征的角度分析认为达尔布特断层在二叠纪属于右旋走滑断层;孙自明等(2008)则根据断裂对侏罗系残存状况的控制,认为达尔布特断裂在侏罗纪末期曾发生过强烈的压扭走滑活动;杨庚等(2009)认为达尔布特断裂为左行走滑;汪仁富(2012)则认为达尔布特断裂早期为右行走滑,晚期为左行走滑。本书在结合野外及地震勘探资料的基础上,对达尔布特断裂的构造特征进行了分析,探讨断裂的形成机制。

断层两盘相对运动时,互相挤压使附近岩石破裂,形成与断层面大致平行的破碎带,简称断裂带(陆克政等,1996)。大量野外观察表明,大型断裂往往在其两侧形成数百米甚至数千米的破裂带,如郯庐断裂带。断层破碎带内部是断层构造岩和断层识别标志特别发育的区域。断层运动过程中,其两侧往往会发育伴生构造,如伴生褶皱、断层、节理,这些都是识别主断裂性质的重要依据(戴俊生,2006)。野外踏勘和地球物理资料分析是获取断裂带构造特征的重要手段。

一、野外露头特征

达尔布特断裂周缘地区广泛出露石炭系和第四系,局部地区出露奥陶系、志留系、白垩系和古近系,石炭系中发育花岗岩侵入体(图2-2)(贺敬博等,2011;樊春等,2014)。达尔布特断裂带内岩石遭受强烈的挤压破碎,极易风化剥蚀;加之断裂带内包谷图河与达尔布特河的冲刷和搬运作用,现今达尔布特断裂已被侵蚀为一条宽约100m,深约50m绵延数百千米的深谷,谷底为河流搬运的第四系沉积物所覆盖,而山谷两侧出露断裂带内的中—下石炭统。

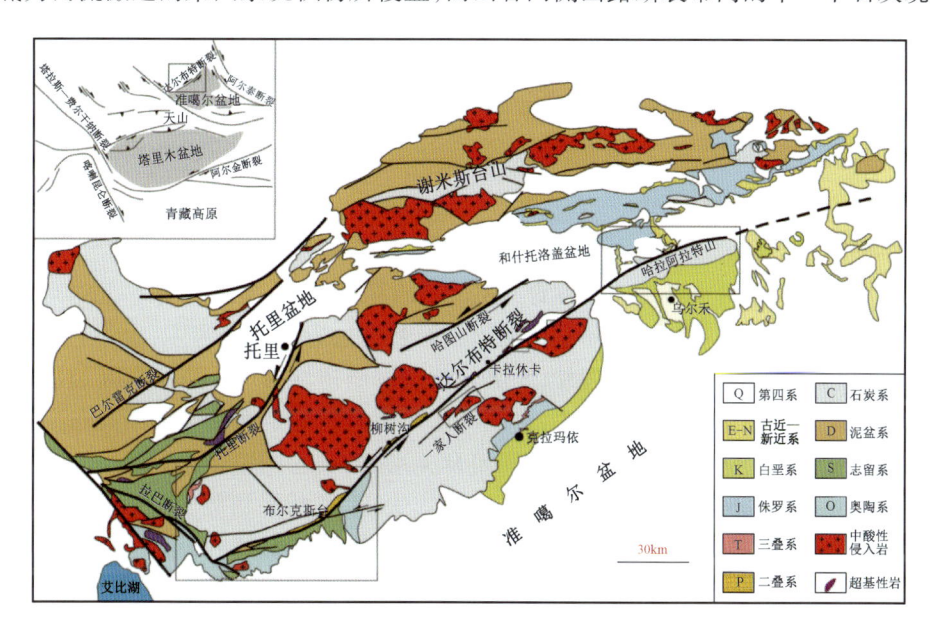

图2-2 达尔布特断裂及周缘地质图(据樊春等,2014)

1. 地层特征

野外露头可见达尔布特断裂错断了奥陶系、志留系、泥盆系、石炭系、二叠系(图2-2)。奥陶系、志留系、二叠系只在断裂两侧局部出露,奥陶系主要出露于达尔布特断裂南东侧扎伊尔山区托哈依克斯套至萨尔喀木斯村一带,志留系主要出露于萨尔喀木斯村至克孜勒阔腊一带,二叠系主要出露于柳树沟一带。达尔布特断裂两侧广泛出露中—下石炭统,其中扎伊尔山地区以下石炭统希贝库拉斯组(C_1x)、包古图组(C_1b)、太勒古拉组(C_1t)为主,哈拉阿拉特山地区石炭系下、中、上统均有出露。白垩系和古近系局部出露于和什托洛盖盆地内。第四系则广泛发育于断裂带内及哈拉阿拉特山北西部的和什托洛盖盆地内。达尔布特断裂两侧的石炭系中发育花岗岩侵入体和中基性岩脉,断裂北西侧发育达尔布特蛇绿混杂岩带。

达尔布特断裂两侧岩层被错断的现象非常明显,尤其以石炭系最为显著。扎伊尔山地区下石炭统被断裂错断,各组间地层界线被断层错开,不再连续。另外,在扎伊尔山地区下石炭统重复出现,也与断层的活动息息相关。在红山岩体一带可以看到断裂带两侧岩石颜色明显不同(图2-1),断裂南东盘的红山花岗岩体被平整切割,并与北东盘石炭系及第四系直接对置,断裂两侧地层不连续。红山花岗岩体侵位于石炭统包古图组(C_1b)和下石炭统希贝库拉斯组(C_1x)中,靠近达尔布特断裂一侧存在左旋走滑形成的"撕裂"现象,内部大规模发育中基性侵入体形成的"环带"。受左旋走滑的影响,红山岩体逆时针旋转,围岩有明显的牵引现象,南部的地层发生区域性宽缓的褶曲。在卫星照片和野外露头都可看到断裂带南东盘的克拉玛依岩体和973号花岗岩体亦被左行错段10km左右。现今的区域地层分布特征及岩体错断特征表明达尔布特断裂为一条大型左旋走滑断层。

2. 线性特征

在卫星照片和地质图上均可看出达尔布特断裂呈北东—南西走向(约53°),切穿扎伊尔山及哈拉阿拉特山,具有十分清晰的线性特征(图2-1)。断裂迹线平直光滑,延伸较远,其北东端终止于夏孜盖附近,南西端在布尔克斯台一带截切布尔克斯台断裂后继续向南西延伸直入艾比湖之中。除达尔布特断裂之外,其两侧发育的派生走滑断裂也具有这种线性展布特征。如图2-1中左旋走滑断层F_1、F_2及右旋走滑的大侏罗沟断层,这些走滑断层的地表迹线也平整错断两侧石炭系或花岗岩体。

3. 分支断层

达尔布特断裂两侧分支断裂非常发育(图2-3),其北西以一系列北东—北东东向断裂为主,次为北西向断裂构造;达尔布特断裂南东形成的断裂以近南北向为主,次为北东、北西向。区内除部分南北向和北东向逆冲断裂外,大部分断裂以压扭性为主。压扭性断裂以北东向左旋走滑断裂和北西向右旋走滑断裂为主,多处可见北西向右旋走滑断裂切断北东向断裂。通过分析断层属性及其与达尔布特断裂的空间组合关系,发现它们符合Sylvester简单剪切左旋走滑模式(Sylvester,1988)。Sylvester简单剪切模式中,走滑断层两侧主要发育R、R′、P三组伴生走滑断裂,这三种断层都不是单独出现而是数条断层呈雁列状展布于主断裂两侧。达尔布特断裂为主走滑断裂,角度略小于主断裂的北东向走滑断裂对应于R断裂,北北东向走滑断裂对应R′断裂,角度略大于主断裂的北东向走滑断裂对应P断裂。

(1)F_1断裂(图2-1):F_1断裂为达尔布特断裂的一条分支断裂,与达尔布特断裂交会于38km处,走向约47°NE,与达尔布特断裂夹角约6°。F_1断裂错断973号花岗岩体,在卫星地图上测得岩体被左行错断约6.5km,野外露头上肉红色花岗岩体与黑色石炭系分界明显,断层面上发育水平擦痕(图2-4)。F_1断裂为一条达尔布特断裂的左旋分支断层。

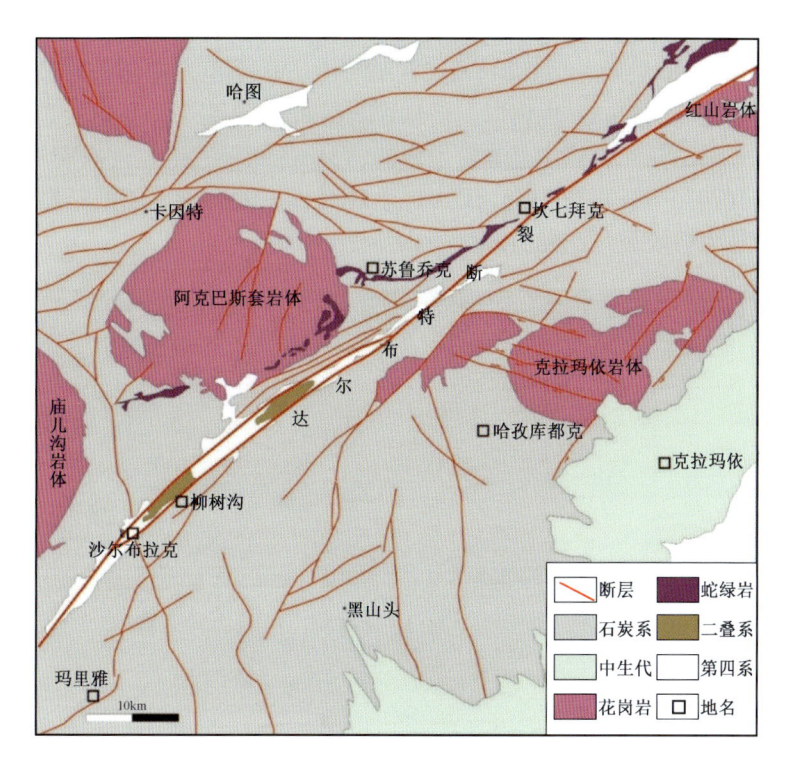

图 2-3 达尔布特断裂周缘断裂体系分布图

图 2-4 达尔布特断裂的分支 F_1 断裂

(2) F_2 断裂(图2-1和图2-5): F_2 断裂发育于红山花岗岩体中,走向约122°SE,与达尔布特断裂夹角约69°。断裂中充填辉绿岩脉,在72°NE方向上也发育两条辉绿岩,并被 F_2 断裂中充填的脉体右旋错断约55m。根据以上信息综合判断, F_2 断裂为一条右旋走滑断层。另外,辉绿岩脉体在整个红山花岗岩体中是非常发育的,野外还测得三组左列右旋排列的辉绿岩脉体,呈现北东走向(70°~90°)。在155°SE方向上还测得一组右旋剪切的长石岩脉,脉体中发育一组剪破裂。这组剪破裂呈左列右旋排列,走向约16°NE。

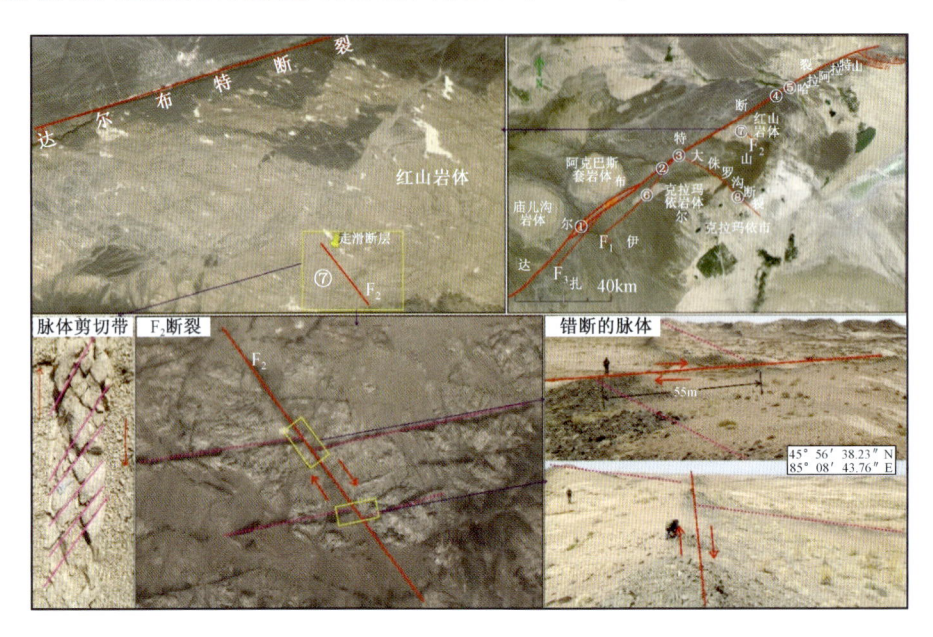

图2-5 达尔布特断裂的分支 F_2 断裂

(3) 大侏罗沟断裂(图2-1和图2-6): 大侏罗沟断裂发育于达尔布特断裂中部、克拉玛依岩体北西侧,岩体北西边界被平整切割。大侏罗沟断裂走向约124°,与达尔布特断裂夹角约71°。

断裂的野外露头发育水平擦痕与阶步。擦痕延伸方向、阶步中的小陡坎指向一致,指示断层发生右旋平移运动。露头平面上发现多组"X"形共轭节理,这也是形成剪切走滑断层的印证之一,共轭剪节理锐角平分线指示最大主压应力方向。大侏罗沟断层北东侧发育一组牵引背斜,背斜弯曲方向指示北西盘向南东方向运动,断裂做右旋平移运动。野外露头显示大侏罗沟断层为达尔布特断裂的一条右旋分支断层。

4. 雁列褶皱

达尔布特断裂南东侧红山岩体北部发育两个雁列排列的牵引背斜(图2-7),拖曳褶皱1轴线82°NE,拖曳褶皱2轴线79°NE。达尔布特断裂走向约53°NE。由于牵引褶皱的弯曲突出方向指示本盘运动方向(戴俊生,2006),而两个褶皱都向北东东向弯曲,故判定达尔布特断裂南东盘向北东方向运动。孟家峰等(2009)发现达尔布特断层西北侧发育拖曳褶皱,野外测量和计算得到的褶皱产状:背斜轴面189°∠86°,枢纽100°∠18°;向斜轴面350°∠86°,枢纽260°∠5°。达尔布特断层走向53°NE,拖曳褶皱枢纽与达尔布特断层走向之夹角 $r \approx 50°$,其指

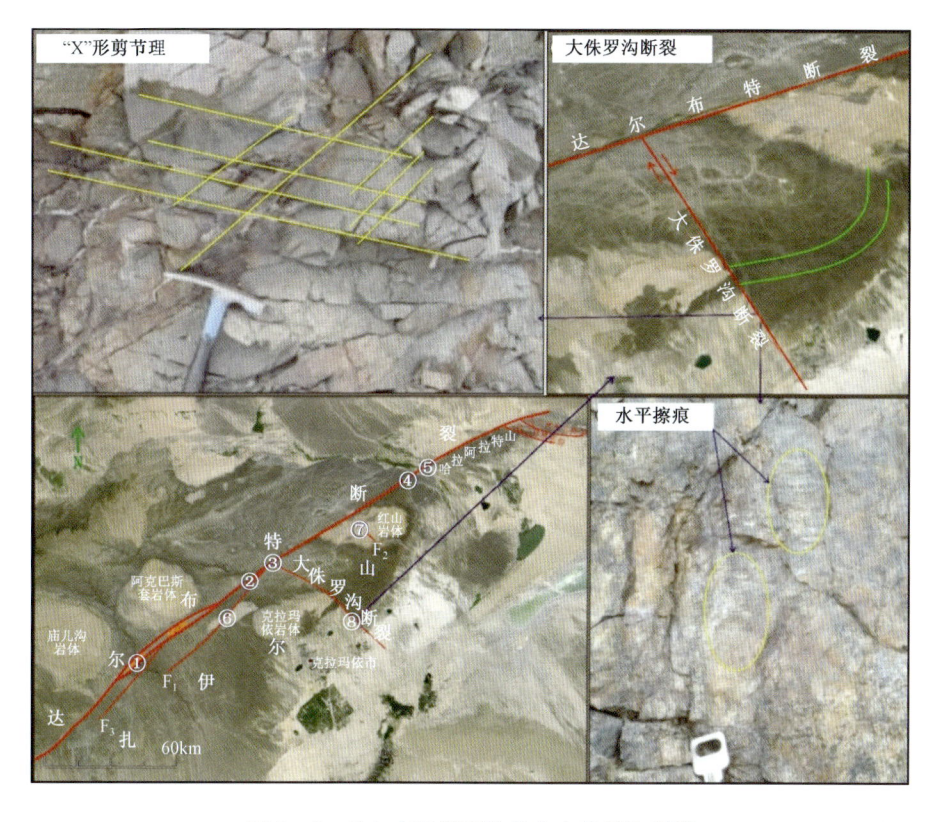

图 2-6 达尔布特断裂的分支大侏罗沟断裂

图 2-7 红山岩体北部的拖曳褶皱

向表明达尔布特断层南东盘的运动方向自南西向北东。拖曳褶皱弯曲方向指示了达尔布特断层的左行平运动移。

5. 正花状构造

花状构造最基本的特征是主断裂近于直立插入基底,分支断裂向下会聚于主断裂,向上撒开呈花状,各分支段片具有逆滑距(葛双成,1995;戴俊生,2006)。

达尔布特断裂带的野外露头观察中,在其南西段、中段、北东段各发现一个正花状构造(图2-8),分别位于柳树沟、973号岩体、白杨河水库。柳树沟处花状构造主断裂陡直约90°,各分支断裂倾角约60°均为逆断层,向下会聚于主断裂,向上撒开。在错断973号花岗岩体的断层露头上可见一正花状构造(N45.69569°、E84.54180°),主断裂近于直立,两侧各发育一个逆冲分支断裂。白杨河水库旁达尔布特断裂露头也发育一个正花状构造,主断裂近于直立,两侧各发育一个逆冲分支断裂,较前两处花状构造倾角变小。花状构造是识别走滑断层的标志性构造样式,断裂岩石块体由于压扭作用上升形成正花状构造。达尔布特断裂露头发育的正花状构造表明达尔布特断裂是一个长期活动的走滑断层。

图2-8 达尔布特断裂的花状构造

6. 马尾状构造

达尔布特断裂尾端发育分支断层,它们向一端撒开,而向另一端收敛于达尔布特断裂组成马尾状构造(图2-9)。在达尔布特断裂南西端布尔克斯台一带,断裂北西盘发育一系列东西向和北东东向断裂,这些断裂斜列分布并向北东收敛于是达尔布特断裂,组成了马尾状构造(帚状构造);而在达尔布特断裂的北东端,断裂南东盘发育一系列近东西向—北西西向断裂,这组断裂呈左列分布,并向北西收敛于达尔布特断裂,组成马尾状构造。马尾状构造是最常见的走滑断层尾端构造,它代表着走滑断层位移的消减甚至消失,是识别走滑断层的重要标志。

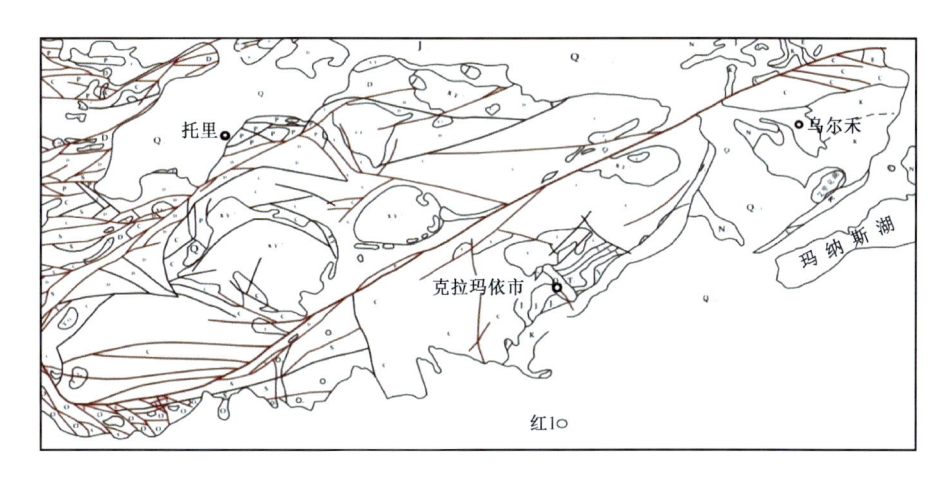

图 2－9　达尔布特断裂尾端马尾状构造

7. 断裂带内部特征

如图 2－10 所示,达尔布特断裂破碎带发育,一般宽 50～100m,最宽处达 1km 以上。断裂带内岩石破碎严重,裂隙大多已被充填,岩性致密。断裂带中岩石揉皱明显,可见裂缝中充填的脉体被揉皱。断裂带中构造角砾岩、断层泥发育,部分岩石出现糜棱化、片理化现象。白杨河水库达尔布特断裂露头发育构造透镜体,构造透镜体方位及其内部发育的剪节理指示断层两盘发生了左旋平移运动。野外观察发现,几乎所有的露头上,达尔布特断裂断面倾角都较陡,近乎直立。部分断面平整光滑,为断层在挤压错动过程中形成的摩擦镜面,如在白杨河水库等处由于露头出露较好均可见光滑的摩擦镜面,摩擦镜面指示断层形成于压性或压扭性应力。在有断面出露的露头上局部可见水平擦痕,是两盘岩石在错动过程中被磨碎的岩屑或岩粉在断面上刻划留下的痕迹,其由粗而深端向细而浅端延伸方向指示对盘的运动方向。部分断面上阶步发育,表现为数毫米高的小陡坎,其延伸方向为竖直方向大致与擦痕垂直,为断层两盘相对运动时的岩层拉断面,指示断层对盘的运动方向。摩擦镜面、水平擦痕和与之垂直的阶步指示的方向显示,达尔布特断裂为压扭性断层,具有左旋走滑特征。

8. 拉伸线理

拉伸线理是岩石组分在变形时发生塑性拉长而形成的线状构造,其拉长的方向与最大主应变轴方向一致(戴俊生,2006)。在达尔布特断裂 38km 处,断裂面上发育拉伸线理(图 2－11),拉伸线理产状近水平,与达尔布特断裂呈小角度相交,说明达尔布特断裂经历了压扭性平移运动。

9. 劈理

劈理是一种将岩石按一定方向分割成平行密集的薄片或薄板的次生面状构造,发育在强烈变形轻度变质的岩石中(戴俊生,2006)。在 38km 等处达尔布特断裂破碎带内可见到岩石被劈理切割成薄片状(图 2－12),这些劈理发育在断裂带中心部位靠近断裂的岩石中,劈理面近于直立并与断层面呈锐角相交。显示最大主应力方向为水平方向,是在达尔布特断裂左旋走滑运动中形成的。

图 2-10 达尔布特断裂带内部特征

图 2-11 达尔布特断裂 38km 处拉伸线理

图 2-12 劈理

10. 空间效应

达尔布特断裂在平面上呈直线状延伸,但断裂性质即活动性沿走向呈现一定的变化。根据平面展布方向,可沿走向将该断裂分为三段:南段位于苏叶克与布尔克斯台之间,断裂走向为北东东向;中段位于布尔克斯台至白杨河之间,断裂走向为北东向;北段位于哈拉阿拉特山北侧,构成和什托洛盖盆地的东南边界,平面上具有舒缓波状分布特点。上述三段活动时期相同,各段之间无变换断裂发育,但是沿走向从南到北,达尔布特断裂不同段落性质不同。南段(苏叶克与布尔克斯台之间)左旋压扭走滑明显,中段(布尔克斯台至白杨河之间)南部表现为逆断层的性质,北部(卡拉休卡至白杨河之间)发育正断层,并且沿断裂走向可见到糜棱岩、碎裂岩和断层角砾岩等代表不同断裂性质的构造岩,尤其是沿断裂带发育有数十米至 100m 宽的挤压破碎带,糜棱岩普遍存在,片理和劈理化均较发育。这种不同性质构造岩的共生现象,显示达尔布特断裂经历了脆—韧性和脆性等不同性质的断裂活动,是断裂不同时期活动的产物。北段(哈拉阿拉特山北侧)表现为逆冲断层的性质,断面倾角一般为 70°~80°,在石炭系出露地区可广泛见到断裂南东盘石炭系(砂、泥岩互层)向北西方向高角度逆冲于新近系冲(洪)积扇粗碎屑岩之上,沿断裂带发育碎裂岩、糜棱岩和挤压片理。而在其以北的夏子街一带,地震勘探资料证实断裂性质变化较大,野外观察也发现在不同位置处,断裂表现的性质不同(樊春等,2014)。这种断层性质沿走向变化的现象,是海豚效应和丝带效应的体现,也是走滑断裂的典型特征。

二、地球物理特征

在地震剖面中,达尔布特断裂的"花状构造"特征明显(图 2-13)。主断裂断面陡倾,近直立深切入基底，未见变缓趋势。旁侧发育数条逆冲断裂，这些断裂向下会聚于达尔布特断裂，构成正花状构造。南东侧分支断裂中浅部断裂产状较陡，为达尔布特断裂走滑运动过程中形成的分支断裂；而深部分支断裂产状则较为平缓，应为早期发育的逆冲断裂后期受达尔布特断裂影响再次活化所致。

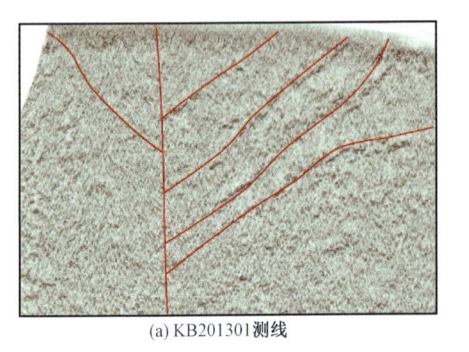

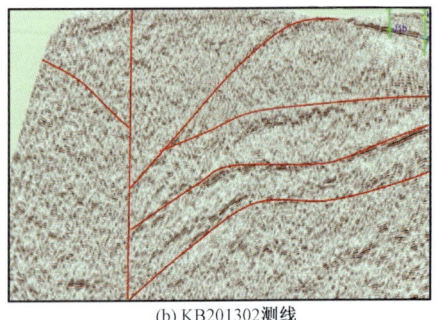

(a) KB201301测线

(b) KB201302测线

图2-13 达尔布特断裂地震剖面

在电阻率反演剖面上，达尔布特断裂花状构造的特征也非常明显（图2-14）。主断裂为达尔布特断裂，近直立深切入基底，旁侧发育数条逆冲断裂。逆冲分支断裂根部向下会聚于达尔布特断裂，南东侧断裂下部较陡，向上变缓切过石炭系延伸至西北缘。剖面内中生界与上古生界间可见电阻率陡变带，各时代地层电阻率受断层的影响其内部失去连续性，断裂带内地层电阻率低于两侧地层。山体内断裂带下盘掩覆带内发育高阻。

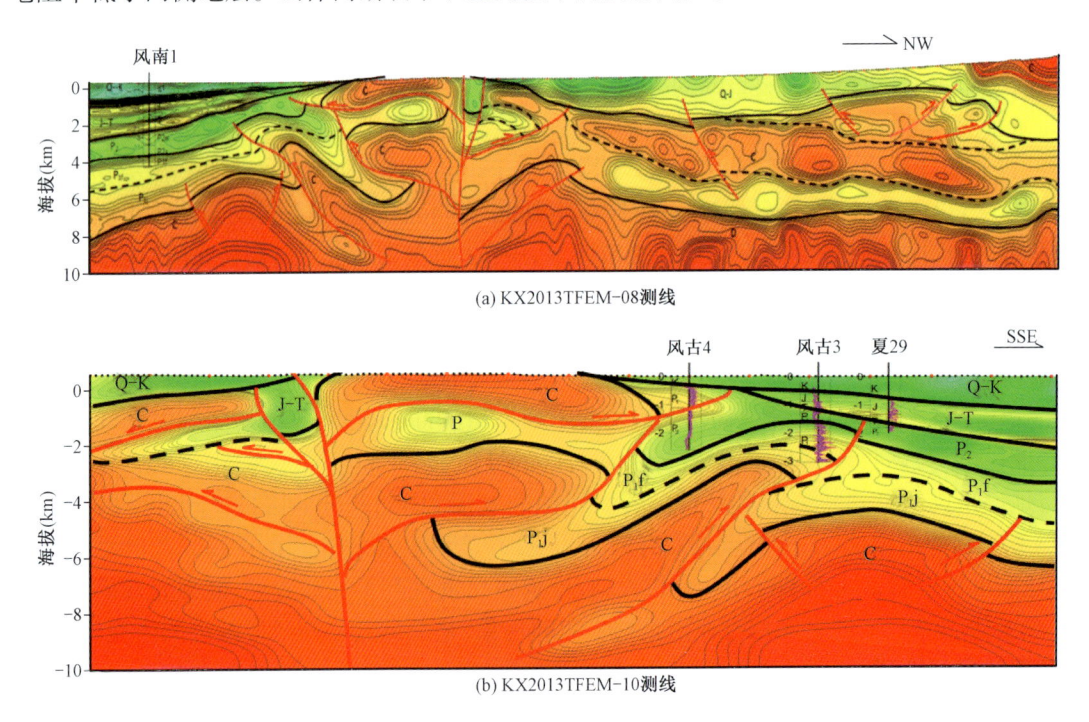

(a) KX2013TFEM-08测线

(b) KX2013TFEM-10测线

图2-14 达尔布特断裂电阻率反演剖面

第二节　达尔布特断裂活动历史

一、研究现状

自 1889 年起,众多学者对西准噶尔地区开展了系统的地质研究,发表了大量的专著和论文,取得了诸多研究成果(表 2-1)。但从总体来看,区内专题研究较为分散,除部分重点区域有较为翔实的 1∶5 万地质调查外,大部分区域研究程度较低。近年来,随着西准噶尔地区研究程度的不断深入,特别是一些新蛇绿混杂岩带的厘定、大量同位素新资料的取得及一批二维、三维地震反射剖面和磁探测剖面的获得,对调查区的大地构造位置及构造单元划分,也在不断地更替,对本区的构造特征、断裂活动历史、构造演化等方面也取得了新的认识。

表 2-1　达尔布特断裂前人研究成果

学者	主要观点(断裂活动史)	判断依据
郭召杰等(2011)	左旋走滑	蛇绿混杂岩中透镜体旋转方向、生长线理、剪切裂隙
汪仁富(2012)	晚二叠世—三叠纪,右行走滑 侏罗纪,左行走滑	伴生的褶皱和次级断裂 区域构造应力方向及和什托洛盖盆地沉积特征
邵雨等(2011)	二叠纪晚期,右行走滑 新生代发生左行走滑	二维、三维地震反射剖面磁测深(MT)资料研究 南北向挤压
Allen 等(1995)	二叠纪,右旋走滑	区域地质分析
冯鸿儒等(1990)	中石炭世—中侏罗世,左行走滑 白垩纪开始伸展,表现为正断层	错断了下石炭统及以前地层,控制了中石炭统及以后地层 出现断层崖及小规模正断层
张琴华等(1989)	形成于晚石炭世之后	下石炭统三组地层的上下关系及沉积范围、冲刷面等

达尔布特断层带属于深断裂带,紧邻准噶尔盆地西北缘,其形成时代和性质存在较大争议(赵志长等,1983;张琴华等,1989;冯鸿儒,1991;Crampton 等,1995;Allen 等,1997;孟家峰等,2009)。关于该断裂带的形成时代,1966 年新疆区调队根据地质调查资料认为属石炭纪;尤绮妹(1983)、谢宏等(1984)认为是早石炭世,张琴华等(1989)、冯鸿儒等(1990)认为达尔布特断裂带形成于晚石炭世巴什基尔期,何登发等(2006)认为走滑作用发生于三叠纪末。还有部分学者认为二叠纪末期—三叠纪,达尔布特断裂为右行走滑断层(Sengor 等,1993;Allen 等,1997);而在新生代,受印度与欧亚板块碰撞的影响,达尔布特断层发生左行平移(孟家峰等,2009;杨庚等,2009)。

也有部分研究者认为达尔布特走滑断层不但时间上具有多期性,而且在空间上,走滑方向也发生了从左旋到右旋的改变(赵志长等,1983)。汪仁富(2012)通过与达尔布特断层伴生的褶皱和次级断裂,确定褶皱相关的生长地层的层位和时代,认为晚二叠世—三叠纪达尔布特右行走滑,侏罗纪达尔布特断层走滑方向反转,发生左旋走滑运动。邵雨等(2011)通过对二维、三维地震反射剖面磁测深(MT)资料研究发现,准噶尔盆地西北缘发育会聚型走滑构造,与相邻的达尔布特断层早期(二叠纪晚期)的右行走滑同步发生,达尔布特断层在新生代发生左行走滑。但是也有研究者认为,达尔布特断裂自形成以来,走滑方向并未改变,在各个阶段均为左行走滑断裂(樊春等,2014)。

众多学者都发现达尔布特断层构造作用强烈,具有多期次活动的特点(赵志长等,1983;冯鸿儒等,1990,1991;冯建伟,2008)。沿大断裂破碎带发育,一般宽50~100m,最宽处达1km以上。破碎带内岩石经不同程度破碎后,已失去原有构造面貌,破碎的岩石常具褪色现象,岩层遭受强烈挤压,千枚岩化及片理化普遍发育,同时发育大量的构造角砾岩、碎裂岩和糜棱岩。断裂不但经受过脆—韧性变形,还经受了脆性变形阶段,断裂带缝隙内充填石英脉和方解石脉。冯鸿儒等(1990)发现断裂带内角砾或矿物发生转动、石英脉肠状揉皱、石英具有同构造重结晶作用,有时可见压溶现象及压力影,表明了断裂经过不同方位、多期次构造运动叠加。

二、达尔布特断裂活动史

本书系统地分析了野外露头资料和物探资料,并结合前人研究成果,重新梳理了达尔布特断裂的活动史。

1. 蛇绿岩套及岩浆活动对达尔布特断裂活动时间的限定

西准噶尔地区自西向东分布5条蛇绿岩带(图2-15),年龄均在332Ma以前(徐新等,2006),达尔布特蛇绿混杂岩是其中之一。达尔布特蛇绿岩受达尔布特断裂控制,大部分沿断裂展布,位于克拉玛依市以北的扎伊尔山区,东起木哈塔依,向南西至坎土拜克越向达尔布特河谷南侧,经库朗库朵克转向西至苏鲁乔克而被阿克巴斯套花岗岩体所截断,展布方向由东西向转为近南北向,全长约70km,但大部分地段与达尔布特河谷(断裂带)平行,宽一般为2~9km,出露面积约50km^2(王懿圣等,1982;冯益民,1986)。国内外学者对其进行了详细研究,但对其形成环境和形成时代的认识尚存很大争议。辛平阳(2009)认为达尔布特蛇绿岩形成于消减带之上的弧后盆地环境,属SSZ(Supra-Subbuction Zone)型蛇绿岩,代表主洋盆开始消减、大陆板块开始会聚拼合的前奏,是威尔逊旋回的后期阶段(王希斌等,1995;Graham等,1996;史仁灯,2005)。这一结果说明达尔布特蛇绿岩的形成与洋盆主体消减时间相当,且是洋壳向准噶尔板块俯冲的产物,也佐证了早古生代末古亚洲洋主体在西准噶尔地区发生聚合。结合新获得的达尔布特蛇绿岩同位素年龄[(391±6)Ma](辛平阳等,2009),说明西准噶尔在中泥盆世已进入主洋盆开始消减,大陆板块会聚拼合的重要演化进程,并且洋壳至少存在至早石炭世。

准噶尔盆地西北缘下石炭统,广泛发育花岗岩侵入体,在达尔布特两侧均有分布,部分花岗岩切穿蛇绿岩带,形成典型的"钉合岩体"(韩宝福等,2010)。这些花岗岩的精确锆石SHRIMP年龄范围是327—276Ma(图2-16)(韩宝福等,2006)。扎伊尔山地区广泛发育中基性岩墙群,其中基性岩墙群大多呈北东、北东东向,而中性岩墙群走向大多呈北西向。基性岩墙群的K-Ar测年和^{40}Ar/^{39}Ar测年结果,岩墙群的年龄为271—255Ma(李辛子等,2004;周晶等,2008)。花岗岩体和中基性岩墙群年龄为327—255Ma,形成于后碰撞伸展环境(韩宝福等,2006)。

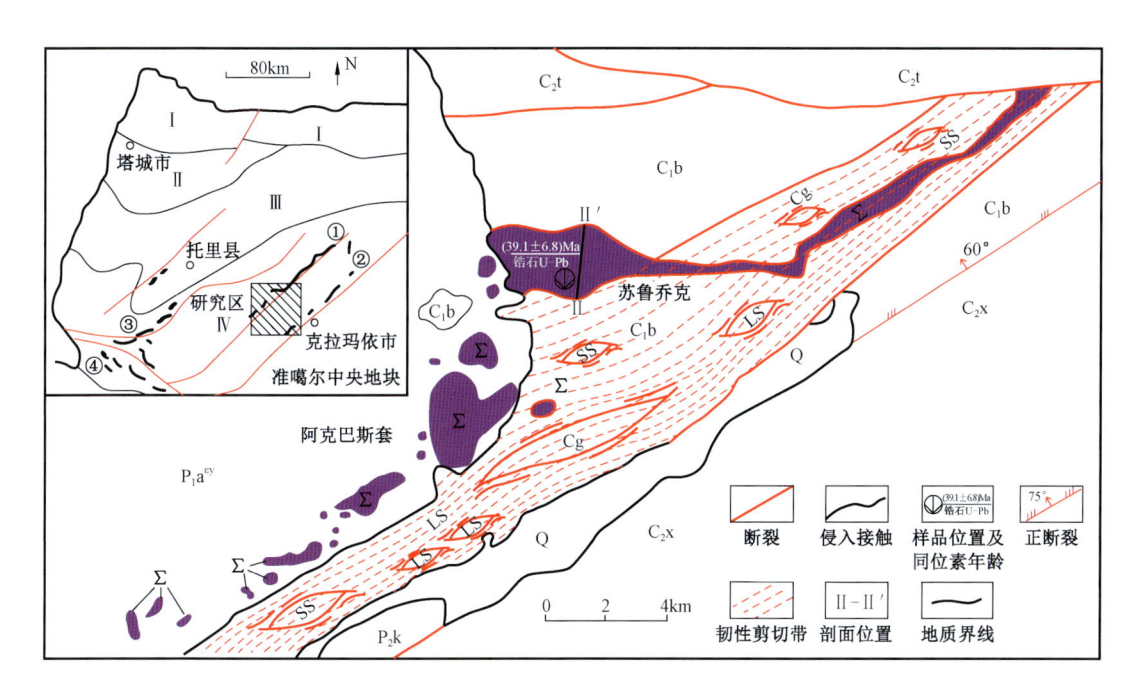

图 2-15 达尔布特蛇绿岩带分布(据辜平阳等,2009)

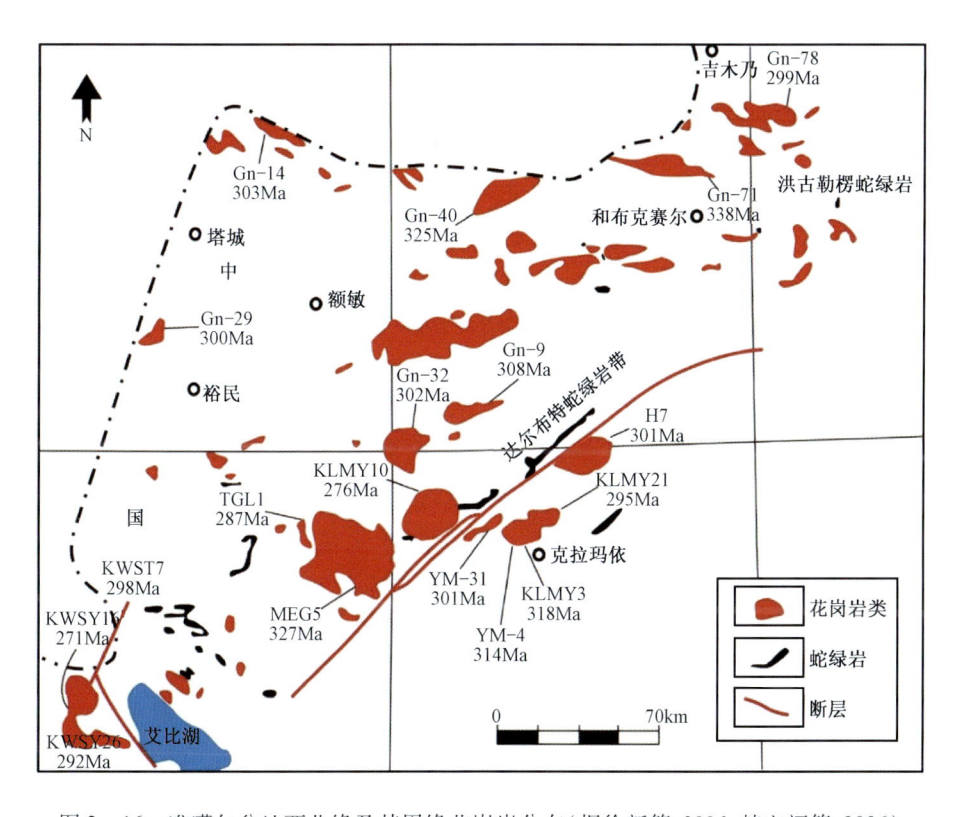

图 2-16 准噶尔盆地西北缘及其周缘花岗岩分布(据徐新等,2006;韩宝福等,2006)

2. 沉积特征对达尔布特断裂活动时间的限定

根据 1980 年出版的 1:20 万中华人民共和国地质图克拉玛依幅和乌尔禾幅,结合野外地质踏勘观察的露头,断裂两侧石炭纪地层具有可比性,而非重要的岩相古地理、生物组合、变质作用、岩浆活动的分界线。达尔布特断裂对石炭系及其以前的海相地层只有左行错断,而对二叠系以后的陆相地层有明显的控制作用。根据构造演化分析,玛湖凹陷西斜坡从二叠纪开始强烈坳陷,沉积了巨厚的二叠系。下二叠统佳木河组与石炭系之间为角度不整合接触,地层呈现"北西厚南东薄"的楔形特征,沉降位于山前地带。下二叠统风城组沉积继承了佳木河组的特点,但沉降中心缩小,有向盆地方向迁移的趋势。中二叠统夏子街组与下伏风城组之间呈平行不整合接触,风城组沉积时期、下乌尔禾组沉积时期沉降中心进一步向盆地迁移,地层厚度呈现为由北西向南东稍有增厚的特点。这些沉积特征表明,早二叠世西准噶尔地区处于前陆盆地发育的早期,为一种弱挤压夹短暂松弛的环境,中—晚二叠世幕式冲断活动强烈,至上乌尔禾组沉积时期玛湖凹陷西斜坡前陆冲断活动达到最强时期,前陆冲断带的前锋基本达到其现今部位。二叠系之后沉积范围逐步扩大,冲断活动逐渐减弱,西斜坡开始进入稳定的陆内坳陷阶段。三叠系沉积范围变广,以角度不整合覆盖于下伏二叠系、石炭系及花岗岩体之上,上盘厚度明显大于下盘。侏罗纪地层的分布范围更广,它不整合超覆于三叠系和古生界之上,表明三叠纪末期的本区经历一次构造隆升。侏罗系较平缓,没有大的褶皱与变形,倾角只有 10°,这表明在侏罗纪之后,西斜坡没有发生强烈的构造活动。

根据以上沉积特征及岩浆活动特征,玛湖凹陷西斜坡中二叠统乌尔禾组(P_2w)遭受剥蚀,中生界自东向西不整合超覆于二叠系之上,不整合面下伏地层褶皱变形强烈,上覆地层几乎没有发生褶皱变形,二者变形差异明显,表明西斜坡构造变形始于中二叠世。陈发景等(2005)认为,三叠纪—新生代准噶尔盆地发生整体坳陷,缺少发育大规模冲断推覆构造和前陆盆地演化的大地背景。但是断裂两侧的三叠系有明显的厚度差异,表明三叠纪断裂还在持续活动。侏罗系平缓超覆于下伏地层之上,几乎没有变形,表明侏罗系至今断裂处于沉寂状态,偶有微弱活动。以上信息表明中二叠世至三叠纪为西北缘主要构造变形时期。

达尔布特断裂带在阿克巴斯套岩体北东侧有一段弧形弯曲,并且在柳树沟至阿克巴斯套岩体一段有带状分布的紫红色砂砾岩,呈 45°北东向展布,砾石磨圆一般,分选较差,粒径达 20cm,砾石成分以石炭系火成岩为主。孢粉分析鉴定显示化石以裸子植物花粉占优势,具肋双气囊 Protohaploxypinus、单囊 Cordaitina 有一定数量,单沟花粉比较发育为特征,与下乌尔禾组孢粉组合特征类似,故含该化石样品的时代是中二叠世晚期,对应层位是下乌尔禾组。该岩体边界被北东向断层分隔,证明中—晚二叠世断裂在活动并控制着沉积作用。晚二叠世准噶尔盆地西北缘大主应力方向为北西西—南东东方向(70°NW)(肖芳锋等,2010;王延欣等,2011),具有发育左行走滑断裂的应力条件。以此推断,达尔布特断裂形成于中二叠世,并发生右旋走滑,在阿克巴斯套岩体南东侧形成小型的狭窄的拉分盆地,沉积了中二叠世地层;三叠纪开始达尔布特断裂转变为左旋走滑,断裂带内二叠纪地层遭受强烈挤压,产状变陡;三叠纪至今遭受长期的风化剥蚀,现今只在断裂带内局部残余(图 2-17)。

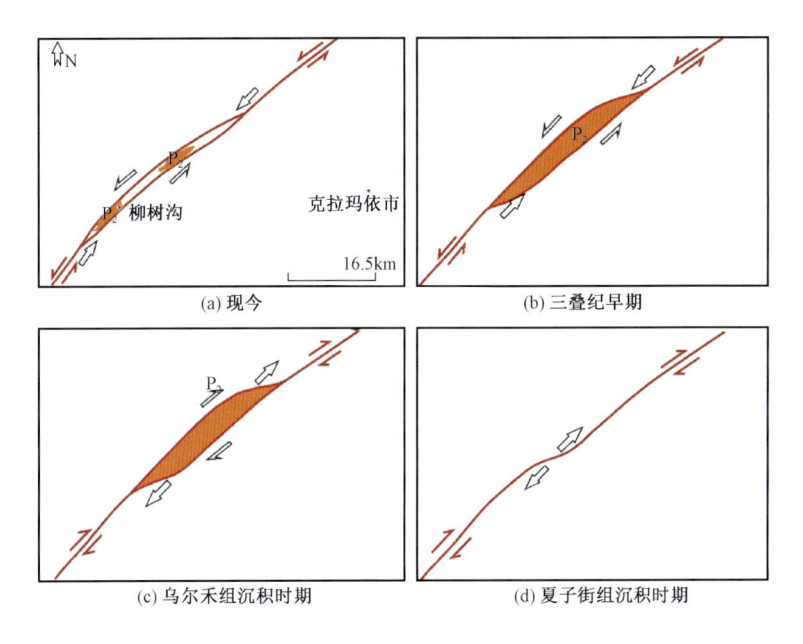

图 2 - 17　达尔布特断裂柳树沟段平面演化图

3. 分支断裂对达尔布特断裂活动时间的限定

达尔布特断裂及其分支断裂的组合特征符合 Sylvester 简单剪切模式（Sylvester，1988），在达尔布特断裂（主位移带）活动早期，发育 R 和 R′两组共轭走滑断裂，中期发育 P 走滑断裂，晚期 R、P 断层逐渐归于主断层，形成大型的贯穿性的网结状—辫状走滑断层带。

切穿 973 号岩体的断裂为达尔布特断裂的次级 R 断裂，其形成于达尔布特断裂活动早期。973 岩体和红山花岗岩体 SHRIMP 锆石 U - Pb 年龄为 301Ma（徐新等，2006；韩宝福等，2006），限定达尔布特左旋走滑断层活动应该是在石炭纪之后。

红山岩体内部发育许多北东东向—近东西向和北西向相互交错的中基性岩浆侵入体，可见两条走向 72°NE 方向上的辉绿岩侵入体被 122°WE 方向上侵入体错断，表现为右旋走滑特征，为达尔布特断裂的次级 R′断裂，其形成于达尔布特断裂左旋运动早期（图 2 - 18）。根据基性岩墙群的 K - Ar 测年和 ^{40}Ar/^{39}Ar 测年结果，岩墙群的年龄为 265—255Ma（李辛子等，2004），进一步限定了达尔布特断裂的左旋运动的时期应晚于早二叠世。

大侏罗沟断层位于克拉玛依东部，为达尔布特断裂规模最大的派生走滑断层。该断层错断扎伊尔山脊，限制克拉玛依花岗岩体，卫星图片和野外地质踏勘都发现有明显的牵引构造（图 2 - 18）。野外露头观察发现大侏罗沟断层断面陡直，断层面上发育阶步和水平擦痕，断裂带内发育剖面共轭"X"剪节理。根据擦痕和阶步所确定的断层运动方向结合断层两侧被错断底层的新老关系确定大侏罗沟断裂为右旋走滑断层，具压扭性质。大侏罗沟断层为达尔布特断裂的次级 R′断裂，是在达尔布特断裂左旋运动早期形成的，以此推断达尔布特断裂在印支期发生了强烈的左旋走滑运动。

综上所述，晚石炭世之前西准噶尔处于洋盆发展阶段，根据以上岩浆活动、地层沉积特征及分支断裂活动特征，可以初步推断达尔布特断裂中晚二叠世发生右旋走滑，在柳树沟至阿克

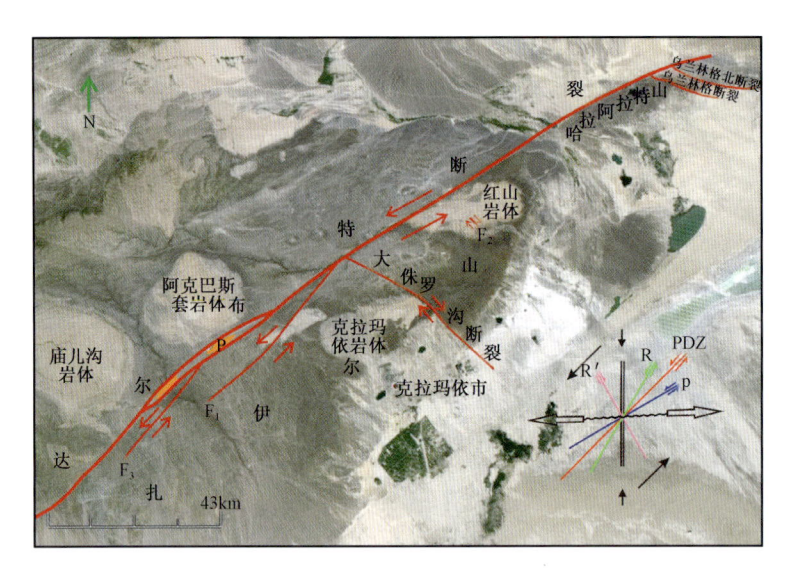

图 2 – 18　达尔布特断裂的 Sylvester 左旋简单剪切模式

巴斯套岩体一带形成狭窄拉分盆地,沉积二叠系;三叠纪走滑方向反转发生左旋走滑,形成一系列分支断层,并错断红山花岗岩体及克拉玛依岩体。侏罗纪断裂活动减弱,白垩纪至今断裂偶有幕式微弱活动,可见第四系沉积物有左旋错动现象。

第三节　达尔布特断裂带形成机理

一、区域背景分析

玛湖凹陷西斜坡所处的西准噶尔地区位于哈萨克斯坦—准噶尔板块(Ⅱ)准噶尔微板块(Ⅱ$_1$)之唐巴勒—卡拉麦里古生代复合沟弧带(Ⅱ$_1^5$),东南角与准噶尔中央地块毗邻(Ⅱ$_1^6$)(曹荣龙等,1993)(图 2 – 19)。其夹持在西伯利亚板块和伊犁微板块陆缘活动带之间,是陆缘活动带的三角地区,属晚古生代的会聚地带。无论是西伯利亚板块历次向南增生,还是欧亚板块与印度板块的碰撞或 A 型俯冲,都对本区的构造演化产生不同程度的影响。

西准噶尔造山带是西北地区一系列北西向造山带中的唯一北东向造山带,受邻区构造带的影响,构造活动非常复杂,在奥陶纪至石炭纪的不同岩层中蛇绿混杂岩分布广泛,如科克森、洪古勒楞、达尔布特、玛依勒、唐巴勒蛇绿岩带(王懿圣等,1982;朱宝清等,1987;张弛等,1992);该区广泛分布有晚古生代后碰撞花岗岩侵入体,在花岗岩体中又发育有中基性岩墙群(李辛子等,2004;周晶等,2008),这些表明该地区经历了复杂的地质构造演化。但是对于蛇绿岩体、花岗岩侵入体的形成时代和属性都存在较大争议。最新的资料表明,大量的"A"型花岗岩的发育和花岗岩体中岩墙群的发育,以及花岗岩对蛇绿岩母岩的侵入限定了西准噶尔洋盆关闭时间不晚于晚石炭世(韩宝福等,2006;陈石等,2010)。在此之前,西准噶尔地区存在一个相当广阔而地形复杂的"西准噶尔洋",是当时西伯利亚板块、哈萨克斯坦板块和塔里木板块之间古大洋的一部分。晚石炭世—早二叠世西准噶尔地区处于伸展断陷

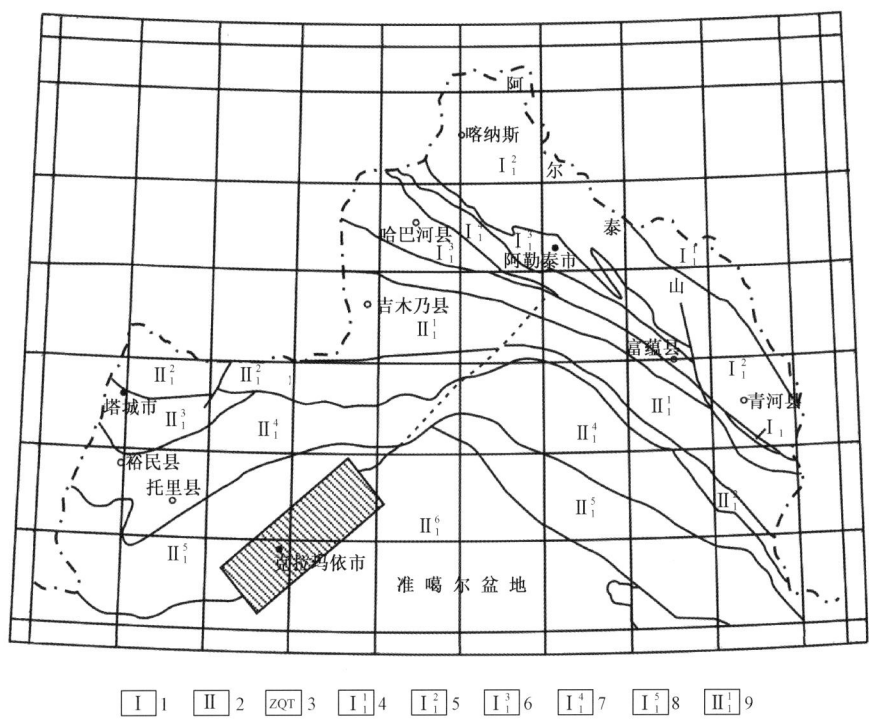

【第二章】 达尔布特断裂走滑特征与活动期次

图 2-19 研究区大地构造位置（据曹荣龙等，1993）

1—西伯利亚板块；2—哈萨克斯坦板块；3—查尔斯克—乔夏哈拉缝合带；4—诺尔特晚古生代盆地；5—阿尔泰古生代深成岩浆弧；6—南阿尔泰晚古生代弧后裂陷槽；7—额尔齐斯构造杂岩带；8—哈巴河晚古生代弧前盆地；9—萨吾尔—二台晚古生代岛弧带；10—洪古勒楞—阿尔曼太早古生代沟弧带；11—塔城晚古生代弧间盆地；12—谢米斯台—库兰卡兹中古生代复合岛弧带；13—唐巴勒—卡拉麦里古生代复合沟弧带；14—准噶尔中央地块；15—推测断层；16—实测断层；17—研究区位置；18—国界

阶段，侵入大量花岗岩和中基性岩墙群，分散拼贴的地块被拼接在一起，出现完整的西准噶尔陆块，与此同时准噶尔盆地出现雏形，接受河流相和湖泊相碎屑沉积（韩宝福等，1999；Buckman 等，2004；韩宝福等，2006；孟家峰等，2009）。晚古生代，西准尔地区发育多条 NE-SW 向走滑断层，从北西到南东依次形成巴尔雷克断层、托里断层、达尔布特断层（Allen 等，1995，1997；张越迁等，2011）。

地层缺失、角度不整合常常表示构造运动相对剧烈的时期；节理、褶皱、断层、擦痕、岩墙、构造线理等构造变形形迹也可反映出构造变形时的构造应力状态。前文述及，达尔布特断裂形成于晚二叠世，发生右旋走滑，于印支期发生左旋走滑。晚二叠世西准噶尔地区受北西西—南东东方向挤压，达尔布特断裂形成并发生右行走滑，和什托洛盖盆地相对抬升，柳树沟地区沉积二叠系下乌尔禾组。印支期不仅准噶尔盆地西北缘受来自北西方向的挤压应力，还受北东方向的挤压应力，而且北东方向的作用占主导地位（王伟锋等，1999；肖芳锋等，2010）。在此背景下，达尔布特断裂走滑方向反转，发生左行走滑，哈拉阿拉特山相对抬升，和什托洛盖盆地微弱沉降，克拉玛依北部的 973 花岗岩体和红山花岗岩体被左旋错断 5~10km。同时对西北缘地区产生北西向的斜向挤压。由于北西向挤压力的存在，西北缘地区早期的逆冲断层继

— 45 —

续活动,同时在达尔布特断裂附近产生次级 R、R′(如大侏罗沟断层)、P 断裂。侏罗纪最大主应力方向为近南北向,较三叠纪应力变弱,和什托洛盖盆地剧烈沉降,沉积巨厚侏罗纪地。新生代,受印度与欧亚板块碰撞的影响,西准噶尔地区受到北北东—南南西方向的挤压作用,达尔布特断层仍保持左行平移,但变形微弱。

二、物理模拟研究

达尔布特断裂形成于二叠纪晚期,受北西—南东方向挤压应力为右旋走滑,中生代再次活动并发生反转,受南北向挤压应力为左旋走滑。达尔布特断裂主要活动时期为中生代的左旋走滑,其控制了玛湖凹陷西斜坡中生代以来的构造格局,其成因是受来自北侧的挤压应力。在走滑错动过程中,产生次级应力场,也能形成相应的派生构造。为进一步验证主断层与分支断层之间的生成关系,本项目组运用中国石油大学(华东)地球科学与技术学院构造物理实验室的 SG-2000 型多功能地质构造物理模拟装置对达尔布特左旋走滑断裂进行了物理模拟。

物理模拟实验结果证实,达尔布特断裂活动早期,断裂分支 1 首先形成;随后形成断裂分支 2;随着走滑运动进行,断裂两侧又派生出大量分支断裂,形成达尔布特断裂体系(分支 3~6)(图 2-20)。实验过程很好地模拟了达尔布特断裂及其分支断裂的形成过程,也很好的验证了 Sylvester 走滑断层简单剪切模式,进一步证实利用 Sylvester 简单剪切模式解释达尔布特断裂体系的合理性。

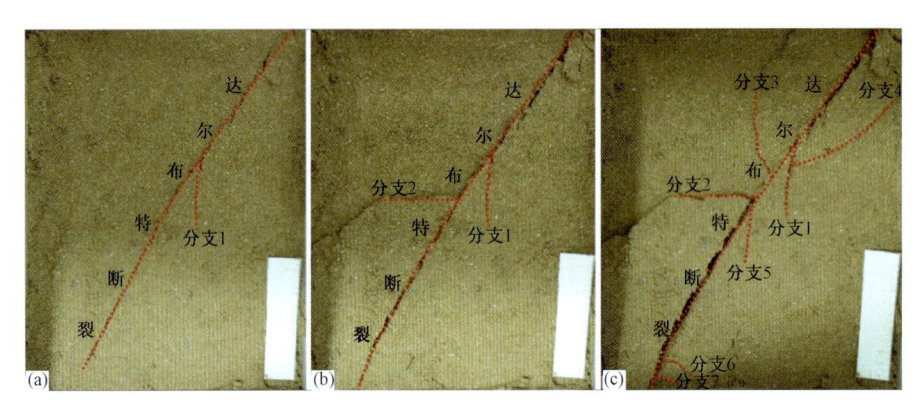

图 2-20 达尔布特断裂物理模拟

三、达尔布特断裂演化模式

根据达尔布特断裂活动史及形成机理总结了达尔布特断裂演化模式(图 2-21),在早二叠世早期以逆冲作用为主,扎伊尔山前形成前陆盆地,沉积下二叠统,早二叠世晚期以大规模推覆作用为主,扎伊尔山向盆地方向推覆,沉积范围缩小;中—晚二叠世达尔布特断裂右旋走滑,早期推覆断层活动性减弱,并转化为达尔布特走滑断裂分支断层,盆地内沉积中—上二叠统,在柳树沟至阿克巴斯套岩体一带形成狭窄拉分盆地,沉积中—上二叠统;三叠纪走滑方向反转发生左旋走滑,形成一系列分支断层,并错断红山花岗岩体及克拉玛依岩体,柳树沟处二叠系遭受挤压变形,盆地整体坳陷,三叠系沉积范围扩大。侏罗纪以来断裂活动减弱,偶有幕式微弱活动,沉积范围进一步扩大,可见第四系沉积物有左旋错动现象。

(a) 现今

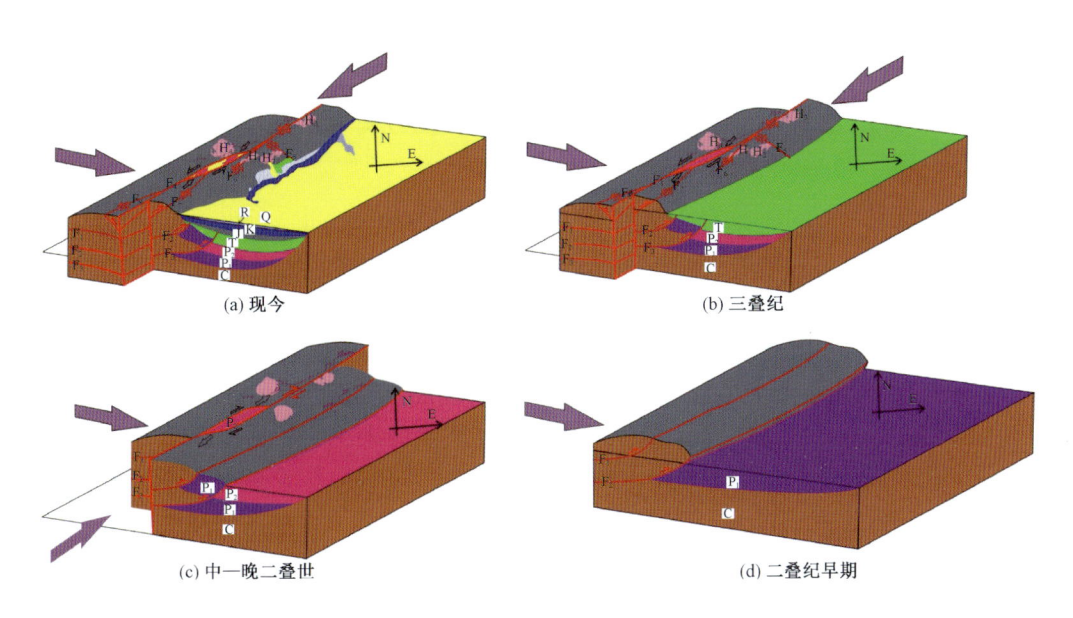

(b) 三叠纪

(c) 中—晚二叠世

(d) 二叠纪早期

图 2-21　准噶尔盆地西北缘立体演化模式

第三章 高角度断裂特征及形成机理

在构造地质学上,通常将断面倾角大于45°的断裂称为高角度断裂(朱志澄等,1984)。本书中高角度断裂特指断面陡直、倾角大于65°、走向与造山带近于垂直、具扭动性质的断裂。

准噶尔盆地自形成以来,先后经历了海西、印支、燕山和喜马拉雅等多期构造运动(吴孔友等,2005;雷振宇等,2005;曲国胜等,2009)。受多期冲断造山作用影响,研究区发育众多大规模的逆冲断层,形成3个大型近北东向弧形逆冲断裂带、包括西南的红—车断裂带、中部的克—百断裂带及东北部的乌—夏断裂带(张传绩,1983;尤绮妹,1983;张国俊等,1983;谢宏等,1984)。同时,玛湖西斜坡紧邻大型走滑构造——达尔布特断裂,其活动必然对西斜坡的断裂样式产生影响。近年来,随着油气勘探的深入,在准噶尔盆地西北缘玛湖凹陷西斜坡新发现一系列北西向高角度断层,如红山嘴东侧断裂、克81井断裂、大侏罗沟断裂、黄羊泉断裂等(何登发等,2004;杨庚等,2011)。这些断裂高角度特征明显,显示出一定的走滑特征,在地震剖面上形成典型的花状构造(徐怀民等,2008;杨庚等,2011)。中国石油新疆油田分公司(以下简称新疆油田公司)针对高角度断层控制的目标进行了识别与评价,并相继上钻实施了几口钻井,均获得了高产工业油流,显示高角度断层在该区的油气运聚过程中,起重要控制作用。这类断层的发现突破了该区以往的构造模式,大大提升了油气勘探的效果(邵雨等,2011)。

本章在总结多年研究资料的基础上,利用多种方法对玛湖凹陷西斜坡中这些高角度断层的构造特征进行分析,试图揭示这一地区这类断层的形成机理。

第一节 走滑构造的基本概念

走滑构造样式是在岩石圈或地壳在剪应力作用下产生的各种构造变形样式(戴俊生等,2002)。走滑构造体系在全球构造中占有重要位置,估计纯伸展构造与纯压缩构造占45%,而纯走滑构造约占15%,则走滑—伸展构造与走滑—压缩构造可占40%。但实际上由于鉴别困难,大量与走滑有关的构造被忽略,或归入伸展构造或压缩构造之中(刘和甫,1993)。

一、走滑断层的定义

走滑断层是一种重要的断层类型,虽然经历了多年的研究,但不同学者对走滑断层的定义不尽相同。Bates等(1987)定义走滑断层为,绝大多数断层两盘的相对滑动平行于断层走向的断层。朱志澄等(1990)将走滑断层定义为沿断层走向滑动的两盘相对移动的大型平移断层。徐嘉炜(1995)定义走滑断层为接近直立的断面及其两盘主要沿走向相对水平移动。戴俊生等(2002)指出走滑断层是一个总的术语,断面近于直立,断层一侧的岩块相对于另一侧岩块作水平运动,其总滑距是在断层走向的方向上,因此称为走滑断层,根据断层所卷入的深度可以进一步划分"板间"和"板内"两种类型:"板间"的断层称为转换断层,"板内"的断层称为走滑断层(Sylvester,1988)。综合前人观点,走滑断层的形成应该是断层两盘沿断层走向相对滑动的结果。

二、走滑断层的特征

走滑断层的规模可大可小,巨大的走滑断层可达数千千米长,断裂带宽度可达数十千米,滑距达数百千米,比较活跃的断裂带可能仅集中在几米的范围之内(Sylvester,1988)。由于走滑断层的形成背景非常独特,形成了一系列鲜明的构造特征。

1. 走滑断层剖面特征

1)断面产状陡立、切割基底

走滑断层断面大多表现为上缓下陡,到深部近于直立的剖面形态,这是走滑断层在剖面上最典型的特征之一(夏义平等,2007)。对于大型的走滑断裂而言,其切割深度大,能够直插入沉积基底,如中国东部著名的郯庐断裂,是一条巨型的走滑断裂,其南北延伸长度超过3500km,切割深度大于80~100km,属于岩石圈断裂(万天丰,1996)。但是对于调节主构造变形的调节断层而言,其切割深度则可能受到主滑脱面深度的影响,不会深入到沉积基底(夏义平等,2007)。此外,还有一些走滑断层是继承了原有的断裂形迹,其在剖面上可能保留原断裂的剖面形态,如塔里木盆地中的走滑断裂大多是在先存基底断裂带的基础上发展起来的,往往继承了先存断面的形态,导致在地震剖面上不能见到典型的花状构造,往往表现为逆断层形式(汤良杰,1992),不具有直立的断层面。

2)花状构造

花状构造是走滑断层产生的最典型的构造样式,因多条断层在剖面上组成类似花朵状形态而得名。花状构造可以分为正花状构造和负花状构造两种(戴俊生,2006)。若组成花状构造的断层具有张剪性质则称为负花状构造(图3-1a),反之,若组成花状构造的断层具有压剪性质则称为正花状构造(图3-1b)。

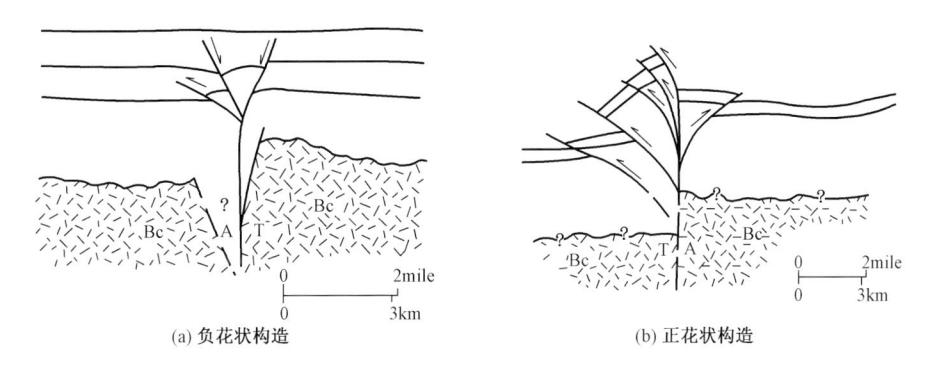

图3-1 花状构造(据Harding,1983,1985)

2. 走滑断层平面特征

在平面上,走滑断层通常是走向稳定、断层线比较平直、贯通性好的断裂带(漆家福等,2006),如北美圣安德烈斯断层,断层线较为平直,断层延伸长度约1300km(Zhu,2000)。受主走滑断裂的影响,在断裂带内会形成一系列派生的小断层,这些小断层通常会形成雁列状断层组,是指示走滑方向的良好标志。主断层与派生小断层组成带状构造样式在走滑断裂带内也比较常见。

3. 走滑断层空间特征

在空间上,沿断层走向不同位置的剖面上,走滑断层常表现出不同的剖面倾向和升降位移动向特征,这是走滑断层浅层产状变化和走滑位移引起断层两盘在不同位置的差异升降(包括视升降位移)不同造成的,成为海豚效应和丝带效应(漆家福等,2006)(图3-2)。对于具有一定规模的走滑断层而言,其出露在地表的断层轨迹通常并非为一条光滑的直线,而是弯曲的,这就使得,同一条断层在一个剖面上表现为正断层,而在另一个剖面上表现为逆断层,断层两盘此起彼伏、高低错落,类似海豚上下跳跃,所以称之为"海豚效应"(Zolnai,1991;漆家福等,2006)。虽然,对于走滑断层而言,其剖面上断面产状近于直立,但是在其浅部仍会有一定的倾角,但是倾向不固定,甚至可能会出现倾向完全相反的情况,如同一条柔软的丝带一样,因此成为"丝带效应"(夏义平等,2007)。海豚效应和丝带效应表现在平面上为断裂带两侧的雁列褶皱(漆家福等,2006)(图3-3)。

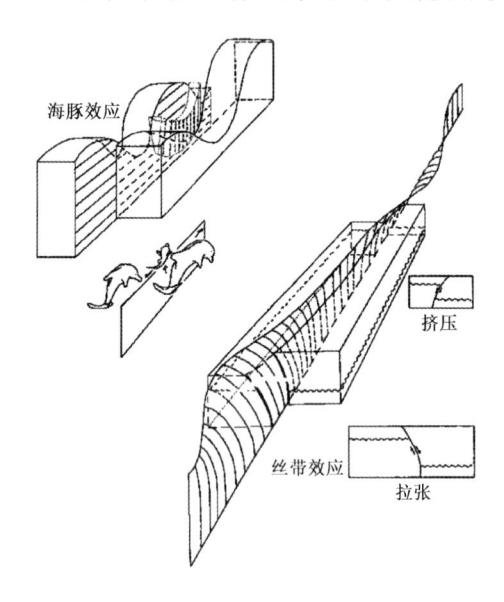

图3-2 海豚效应和丝带效应(据 Zolnai,1991)

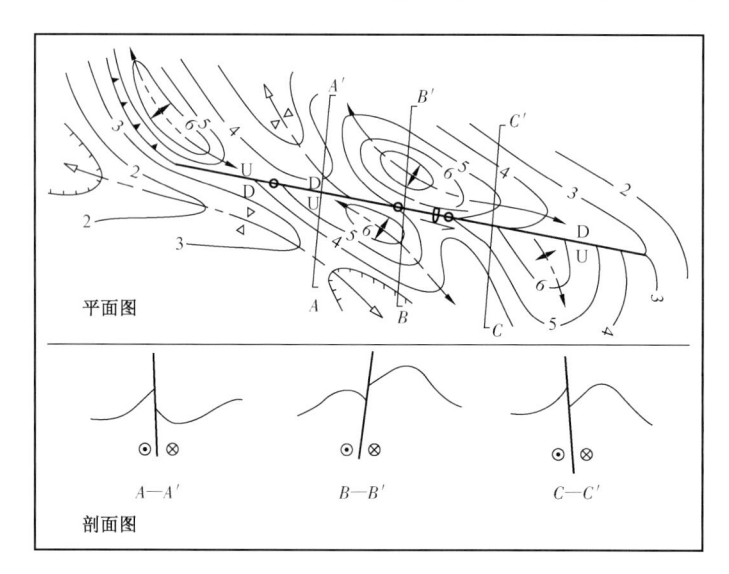

图3-3 走滑断层伴生的雁列褶皱(据 Stone,1974,转引自漆家福等,2006)

三、走滑断层的形成机理

Sylvester(1988)对走滑断层的形成机理进行了详细的总结,共有两种模式可以用来解释走滑断层及周边构造的形成。其一,纯剪模式,也可称为库伦—安德森模式;其二,单剪模式。

1. 纯剪模式

这种模式最初是由 Anderson(1905)首次提出用来解释在均匀介质中,三轴应力场作用下的断层发育情况(图3-4a)。在他的解释中,一对共轭的左旋、右旋走滑断层形成在挤压缩短方向两侧,断层与缩短方向的夹角为内摩擦角φ。该模式预测,伸展构造或者正断层会形成在垂直于拉长轴的位置,而逆冲断层会形成在垂直于短轴的位置。两条共轭断层如果同时形成,则能够容纳非旋转体积应变。否则,这种模式则会产生空间问题,而这一问题则只可能通过旋转或以别的走滑断裂替代共轭断层来解决(Sylvester,1988)。因此,对于纯剪模式而言,必须找到共轭的走滑断裂,才能用这一模式来解释相应构造的形成。

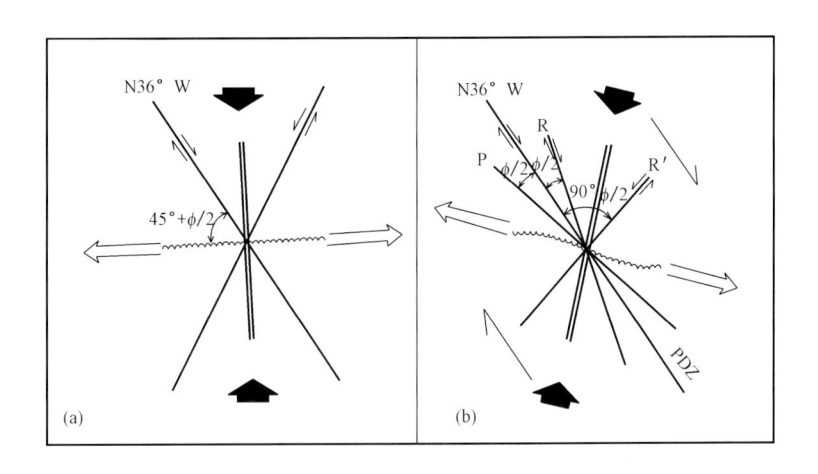

图3-4 纯剪模式(a)和单剪模式(b)(据 Sylvester,1988)
双平行线代表伸展构造的走向;波浪线代表褶皱轴线;P 为 P 构造;R 和 R′代表同向剪切和反向剪切;
PDZ 为主走滑位移带;φ 为内摩擦角;黑色实心箭头代表挤压缩短方向;空心箭头代表伸展方向

2. 单剪模式

世界上绝大多数的走滑断层是由简单剪切控制的(Sylvester,1988)。由于旋转的存在,简单剪切产生于单斜对称应力场下。相比纯剪模式而言,单剪模式会导致大量的、多样的构造产生。这些构造以雁列状排列在狭窄的断裂带附近为典型特征。模拟实验表明,单剪模式下共可以产生6组构造(图3-4b)(Sylvester,1988):(1)里德尔剪切(R)或同向或羽状走滑断层;(2)共轭里德尔剪切(R′)或反向走滑断层;(3)P 剪切;(4)伸展构造或正断层,与主走滑位移带夹角约为45°;(5)与主走滑位移带平行的断层,Y 剪切;(6)局部收缩变形。

R 剪切面、R′剪切面、P 剪切面与主位移带平面上斜交,R 剪切面和 P 剪切面与主位移带的夹角是 φ/2(φ 是内摩擦角),R′剪切面与主位移带的夹角是90°-φ/2。这意味 R 剪切面和 P 剪切面与主位移带的夹角为15°~20°,R′剪切面与主位移带的夹角为60°~75°。由于剪切面易于转化为断层,因此,沿走滑断层(主位移带)发育 R 剪切面和 P 剪切面(R′剪切面很少出现)转化来的断裂,这两组断裂与走滑断层在平面上斜交。

第二节 高角度断裂特征

受北东向达尔布特大型走滑断裂的影响,玛湖凹陷西斜坡的单斜带发育了大量的北西向断裂(陶国亮等,2006;徐怀民等,2008;杨庚等,2009)。这些断裂往往具有典型的高角度特征。

一、平面特征

随着野外工作的不断深入、三维地震资料的日渐丰富,大大提升了断裂的识别能力,陆续在该区发现了多条北西向高角度断层(图3-5)。这些断层在平面上整体延伸距离有限,与造山带呈大角度相交。

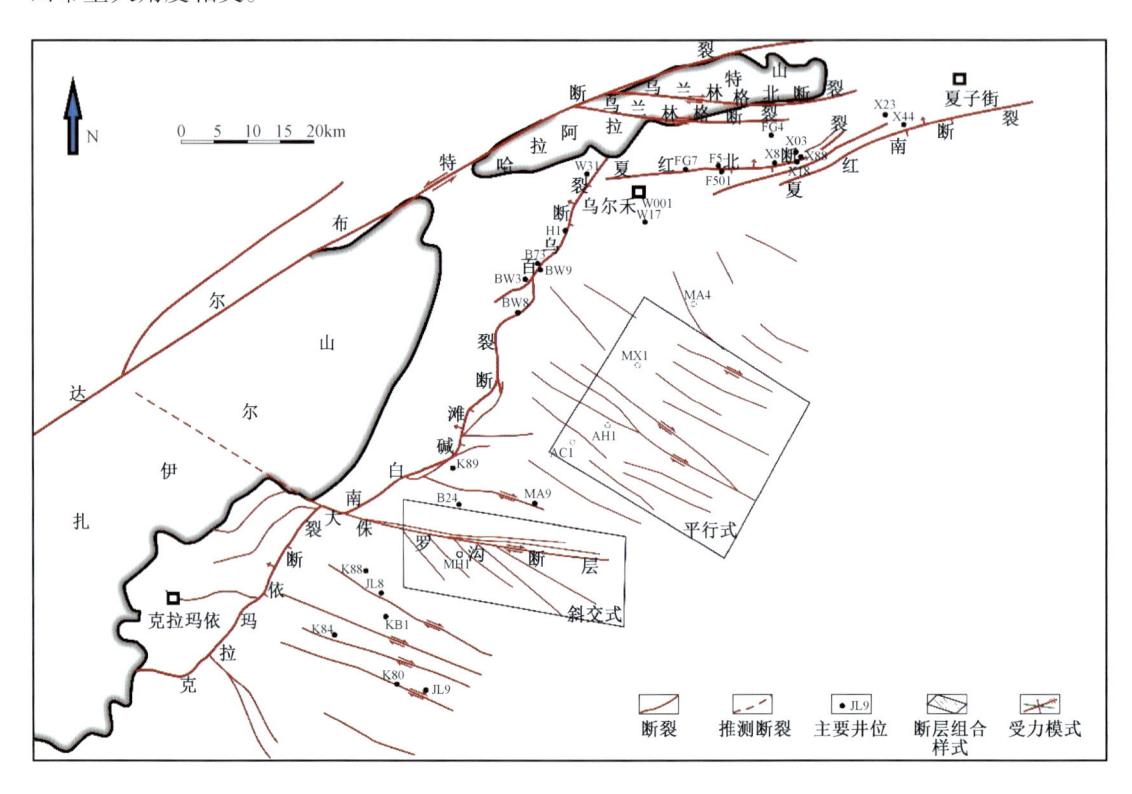

图3-5 玛湖凹陷西斜坡北西向高角度断层平面分布图

断层在平面上组合主要有两种样式:斜交式和平行式。玛湖1井三维工区解释出的高角度断层规模较大,以大侏罗沟断层为主断层,其余断层均与其斜交,构成"青鱼骨刺状"组合(图3-5)。玛西1井三维工区解释出的高角度断层在平面上以平行式组合为主,也发育斜交式,但其规模小(图3-5)。

二、剖面特征

为详细解释北西向断裂的剖面构造特征,新疆油田公司在单斜带,即玛湖斜坡区部署了高精度三维地震勘探区块。通过对二维、三维地震勘探资料的处理与精细解释,在以往认为构造简单的斜坡区发现了明显的断层痕迹。这些断层的普遍特征是断距小,有的甚至没有断距,同一剖面不同深度或同一断层不同剖面上同相轴时断时续(但断面两侧地震反射频率、能量、极性有时会产生变化);断面陡直,倾角大于65°,有的接近直立;断层切割深度大,从二叠系切至侏罗系。根据高角度断层在剖面上的相互关系,可将其分为复合型与单一型两种样式。

1. 复合型

剖面上最重要的特征是发现了"花状构造"的存在。"花状构造"是地震剖面上识别和判断走滑断层的关键依据(Harding,1990)。张越迁等(2011)、邵雨等(2011)通过对准噶尔盆地西北缘地震资料的解释,分别证实了"花状构造"的存在。此处,以大侏罗沟断裂和克81井断裂为例,分析高角度断裂的剖面特征。

大侏罗沟断层横向切穿整个西斜坡,徐怀民等(2008)、徐朝晖等(2008)曾利用二维地震勘探资料,在超剥带和断褶带解释出"花状构造",推断大侏罗沟断层具有走滑性质。根据断点的组合分析与闭合校正,在剖面上解释出明显的"花状构造",且"花枝"较多、产状陡、同相轴错动规模小、多具逆断距,发育在三叠系和侏罗系,向下会聚于二叠系;主断层地震反射清楚、近于直立、同相轴错动明显,切穿深度大,从二叠系切至白垩系,其两侧分支断层倾向相反,整体显示"正花状构造"特征(图3-6a和b),与区域压扭性应力场相吻合。

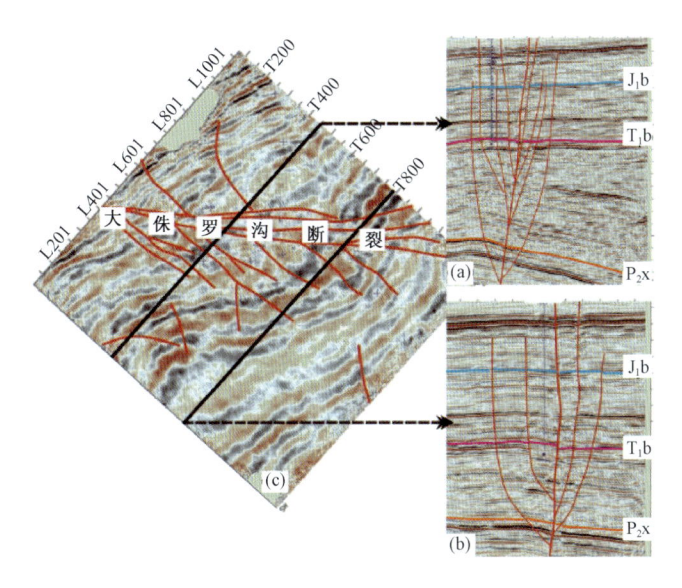

图3-6 大侏罗沟断裂地震反射特征

平面上(时间切片上),大侏罗沟断层派生出多条断层,组成断裂体系,分支断层位于主断层两侧,呈羽状,两侧不对称(图3-6c),且西北向东南,次级断层的数目不断增多(图3-7)。根据地震反射特征,进一步判定大侏罗沟断层为走滑断层,且活动强度较大。

克81井二维地震剖面位于断裂西北缘(图3-8a至e),三维地震数据采用的是中拐58工区的地震勘探资料(图3-8f至j),资料较为清晰。根据断点的组合分析与闭合校正,在剖面上也解释出明显的"花状构造",组成"花状构造"的断层产状陡立,高角度特征明显。同相

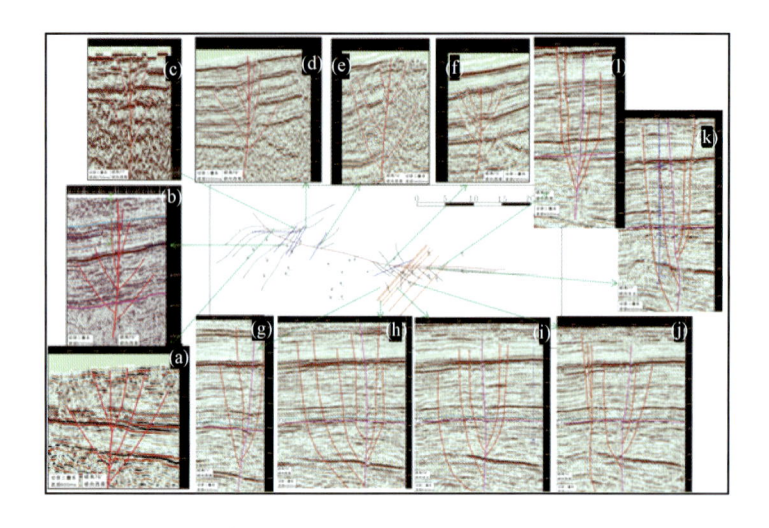

图 3-7 大侏罗沟断裂二维三维地震剖面解释图
(a) KB200519B 测线;(b) K8450 测线;(c) K8715 测线;(d) TRACE1761 测线;
(e) TRACE2106 测线;(f) TRACE2224 测线

轴错动规模非常小,多呈逆断距。与大侏罗沟断裂类似,断裂整体上发育在三叠系和侏罗系,在二叠系会聚;主断层地震反射清楚、断面近于直立,断层切入白垩系,其两侧分支断层倾向相反,整体显示"正花状构造"特征。由断裂西北向东南,次级断层明显增多。由此可见,克81断裂也具有典型的走滑特征。

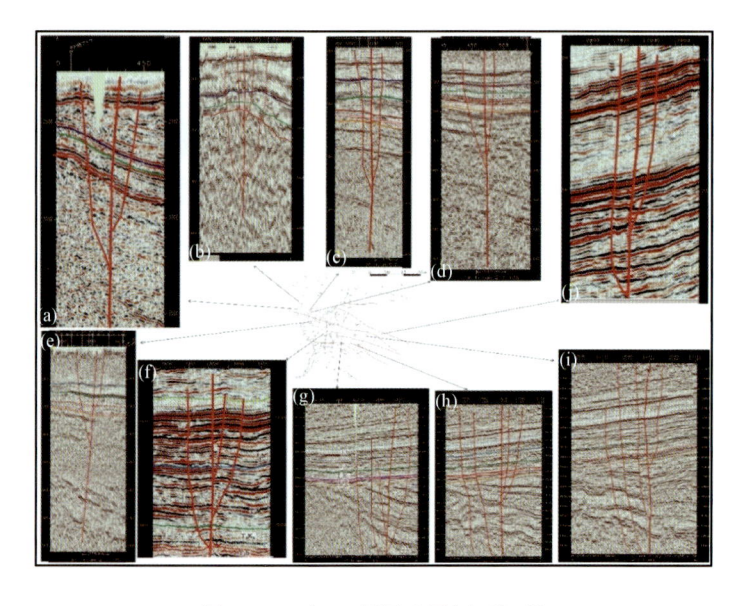

图 3-8 克 81 断层地震剖面解释

2. 单一型

在地震勘探资料解释中,玛湖凹陷西斜坡也有部分高角度断层不成簇状,而是仅能见到一条单一的高角度断层发育。该断层一般垂向位移量小，断裂两侧同相轴仅发生挠曲，或地层产状发生变化，深层可见波组错断，浅层波组较连续，没有明显断点。断面附近往往会形成一条较窄的杂乱反射带，断面倾角大于70°（图3-9），且倾向随位置不同，略有变化。

三、空间特征

平面上斜交式组合的断层，在剖面上多为"花状"，构成复合型样式，如大侏罗沟断裂，在平面上该断裂呈"青鱼骨刺状"组合，且派生小断层数目由西北向东南逐渐增多，过断裂带的剖面上呈现明显的"正花状构造"。而平面上平行式组合的断层，剖面上多为单一型样式（图3-10）。

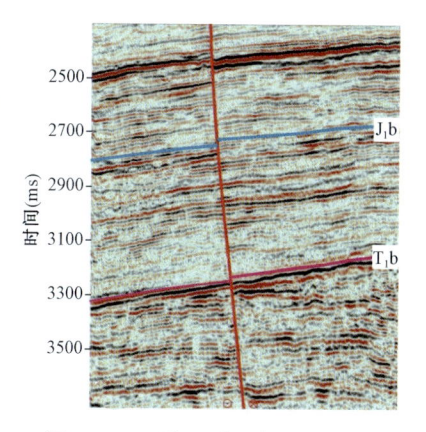

图3-9 玛湖凹陷西斜坡单一型高角度断层特征

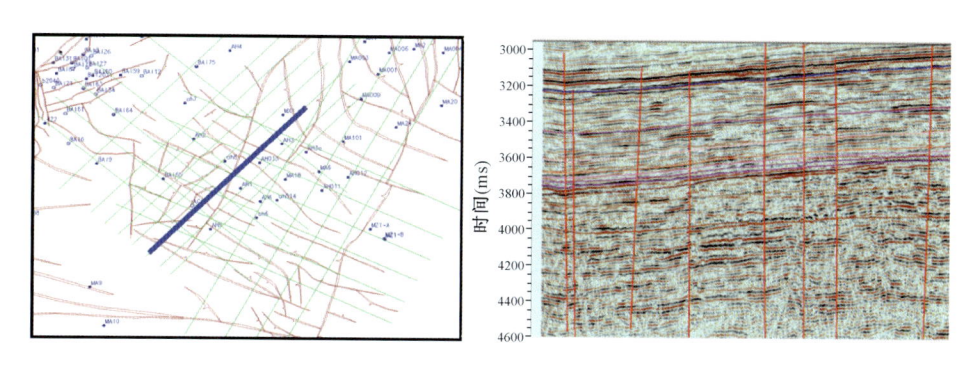

图3-10 玛湖凹陷西斜坡单一型高角度断层组合特征

第三节 高角度断裂形成机理

准噶尔盆地在大地构造上处于西伯利亚板块、哈萨克斯坦板块和塔里木板块的交会部位，是中亚造山带的一部分（Sengor等，1993；Xiao等，2008）。玛湖凹陷西斜坡所在的准噶尔盆地西北缘是中亚地区唯一一条呈北东向展布的大型逆冲构造带（杜社宽，2005），处于西准噶尔褶皱造山系前缘。自石炭纪开始受周缘哈萨克斯坦板块、西伯利亚板块的影响，形成了极为复杂的构造环境，具有东西分带、南北分段、上下分层的构造格局（隋风贵，2015）。

由于准噶尔盆地NW向受哈萨克斯坦板块的碰撞，NE向受西伯利亚板块的挤压（陈新等，2002；马宗晋等，2008），西准噶尔地区处于压扭环境，形成了多条规模宏大的走滑断层，自西向东依次发育NE—SW向巴尔雷克走滑断层、托里走滑断层和达尔布特走滑断层（张越迁等，2011）。前已述及，达尔布特断层是距玛湖凹陷西斜坡最近的一条巨型走滑断层，延伸长度约400km，与西北缘走向平行，中间隔着低矮的扎伊尔山和哈拉阿拉特山，相距约30km。该断层形成于二叠纪晚期，以大规模右行走滑为主（Feng等，1989；Allen等，1995）。印支期，西准噶尔地区受到NW和NE两个方向的主应力作用，以NE方向为主（王伟锋等，1999）。在此应力作用下,北部古老的阿尔泰造山带重新活动,和什托洛盖盆地开始形成,同时准噶尔盆地北缘的红岩断阶带呈叠瓦状向盆内逆冲,形成乌伦古坳陷。受此影响,达尔布特断层发生左行走滑,克拉玛依北部的 973 花岗岩体和红山花岗岩体被左旋错断 5~10km(孙自明等,2008;孟家峰等,2009)。在达尔布特断层走滑的影响下,派生出大量、多样的构造类型,北西向的高角度走滑断层正是在这一背景下形成的。

一、玛湖凹陷西斜坡高角度断裂形成机理

由走滑断层形成机制介绍中可以发现,大型的走滑断层常形成一系列有规律的派生构造,形成复杂的断裂系统(Sylvester,1988;朱志澄等,1990;Harding,1990;徐嘉炜,1995;漆家福等,2006)。根据 Sylvester 简单剪切模式,主位移带(PDZ)活动早期,将发育两组共轭剪切破裂面,R(也称同向或羽状走滑断层或里德尔剪切断层)与 R′(也称反向或共轭走滑断层),R 剪切面与主位移带夹角小($\phi/2$,ϕ 为内摩擦角),R′剪切面与主位移带夹角大($90°-\phi/2$);中期发育一组 P 剪切破裂(与 R 破裂对称);晚期,R、P 断层逐渐归于主断层,形成大型的走滑断层带,同时出现雁列式派生构造。根据准噶尔盆地西北缘断层平面组合关系,本次研究采用简单剪切模式解释玛湖凹陷西斜坡高角度断层的成因(图 3-11)。达尔布特断裂为主走滑带(PDZ),其平移错动过程中派生出了两侧一系列呈不同角度相交的断层。其中乌兰林格断裂等呈小角度相交,相当于 P 和 R 剪切面;玛湖西斜坡发育的大量高角度断裂(包括大侏罗沟断裂)相当于 R′剪切面。因此,达尔布特断裂的走滑作用是形成准噶尔盆地玛湖西斜坡高角度断层的主要控制因素(邵雨等,2011;杨庚等,2011)。规模较大、压扭性强烈的高角度断层,常

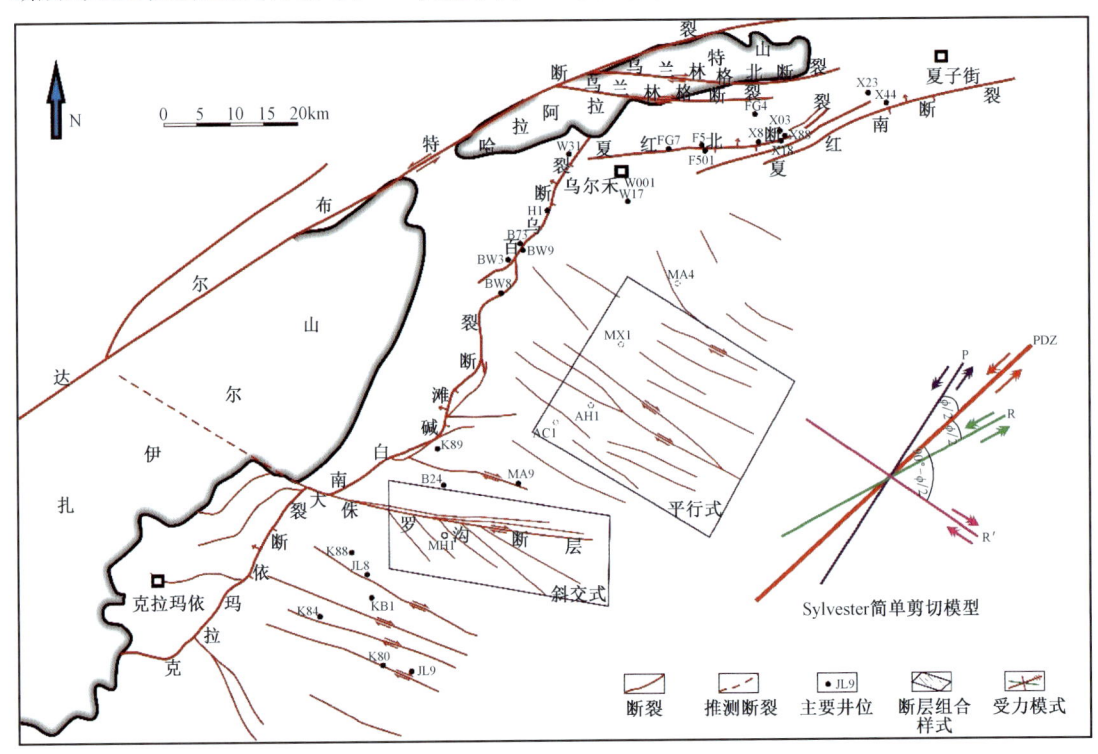

图 3-11 高角度断层形成机理力学分析图

形成分支断层,在地震剖面上表现为"花状"构造;规模小、压扭性较弱的高角度断层,常单独存在,构成单一型(陶国亮等,2006)。根据地层的切割关系,断裂断穿二叠系、三叠系,终止于侏罗系,断裂两盘三叠系沉积厚度存在差异,表明高角度断裂应活动于三叠纪至侏罗纪。

二、物理模拟

为进一步验证玛湖凹陷西斜坡高角度断层的成因机理,探讨达尔布特断裂带走滑活动对西北缘构造样式的影响,利用中国石油大学(华东)山东省油气地质重点实验室压扭性构造物理模拟系统,对准噶尔盆地西北缘断裂体系形成机理进行模拟。模拟材料主要包括石英砂、黏土和水,按一定比例调试好后,制成5cm左右厚的地质体,阴干成半塑性状态,开始施加压扭应力。实验开始,首先形成平行于造山带的低角度断层(逆掩断层),相当于西斜坡山前逆冲断层(图3-12a),包括克拉玛依断裂、南白碱滩断裂等;继续加力,山前逆断层规模变大,形成冲断带,同时近垂直造山带和逆掩断裂的高角度断层开始形成,并且高角度断层形成有分支断裂(图3-12b)。模拟进一步证实高角度断层的形成受达尔布特断裂带走滑活动的控制,同时,西斜坡山前逆断层也受达尔布特断裂带活动的影响,后期演化成达尔布特断裂的"花状"分支。

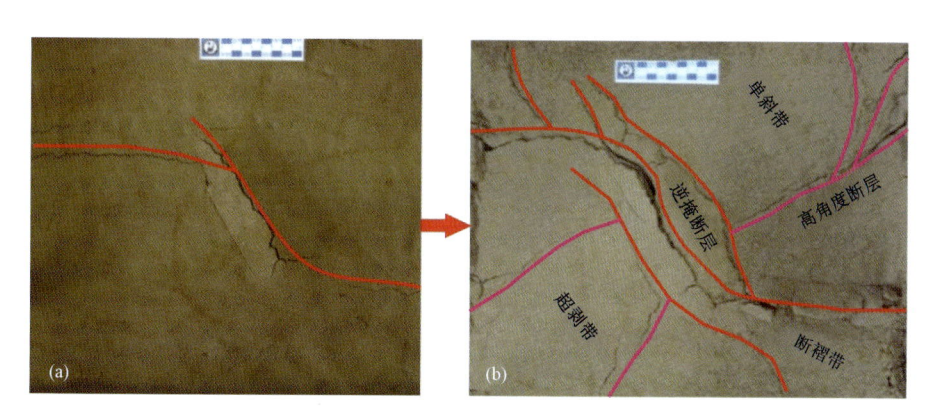

图3-12 玛湖凹陷西斜坡断裂系统形成物理模拟

第四章 断裂带结构划分及成岩封闭作用

第一节 断裂带结构特征

前已述及,玛湖凹陷西斜坡内的断裂带形成于晚石炭世—早二叠纪,结束于三叠纪末期。主要经历了海西、印支、燕山期构造运动,在平面、剖面上形成了形态多样的构造样式与组合。海西晚期的盆地周缘碰撞造山活动使得西北缘地区发生强烈挤压推覆作用,产生大范围平行于山系呈北东向分布的低角度冲断推覆断裂,此时的断裂多具有逆冲掩覆性质,各地区地层不同程度的抬升被剥蚀形成各时期不整合。印支期运动使得形成于二叠系的断裂得到继承性发展,同时伴随左行扭动,构造运动性质从单一挤压推覆渐变为压扭性质,并在玛湖凹陷西斜坡发育等间距北西向走滑性质断裂,断裂直接延伸至盆地生烃中心。北东向断裂往往封闭性较好,横向对油气运聚封堵性较强,而伴随北东向断裂活动而发展的西北向断裂则封闭性较差,可作为油气横向流通的运移通道。三叠纪之后断裂带推覆作用逐渐减弱,断裂形态逐渐稳定并最终定型。燕山期活动较前两期活动强度低,断裂的发育主要位于地层浅部,断层性质以小规模正断层为主,表明断裂带活动发展至燕山期后基本结束。

本书综合野外、地震、测井等多方面资料,重点对玛湖凹陷西斜坡克—百断裂带主要断裂的结构进行了剖析,探讨成岩作用对该断裂带封闭的影响。

一、断裂带内部结构研究现状

断层对油气运移、聚集起着至关重要的作用,断层即可在开启期作为油气运移的输导体沟通油源与储层,又可在封闭阶段将油气阻隔促使油气聚集成藏。断层的运移/封堵作用取决于断层封闭机理及其影响因素,前人在断层活动性、两盘岩性配置、断面泥岩涂抹、构造应力作用及后期流体成岩作用方面都做过大量研究(吕延防等,1996;陈永峤等,2003;付晓飞等,2005;徐海霞等,2008;彭文利等,2011;罗胜元等,2012;王珂等,2012)。但多数学者都将断层看成一个"面"来研究,忽略了断层空间、时间结构特征,这使得在对断层封闭性定量刻画时会出现偏差(陈伟等,2010)。实际上,断层形成是个渐进的过程,不同性质、不同规模、不同期次的断层形成样式各有差别。以岩性主要为脆性的逆断层为例,断层在受力错断过程中不断延伸拓宽,位于应力最集中的区域岩石起先微弱变形、滑动而后逐渐挤压错动至破碎、研磨强烈,形成构造透镜体及断层泥等地质体产物,孔隙度及渗透率都极大的降低,大部分应力在此区域被消耗掉。自中心区域向两侧,应力递减,岩石受力明显小于中心区域仅发生破裂,无明显错动,形成一定宽度的纵横交错的裂缝。再向外侧应力消减至无,则为原岩(图4–1)。部分学者将此断层三维空间结构称为断裂带并划分为滑动破碎带与诱导裂缝带两个结构单元(Caine等,1996;付晓飞等,2005;吴智平等,2010),其特征各不相同,物性差异明显,对油气运聚往往起到不同的作用。

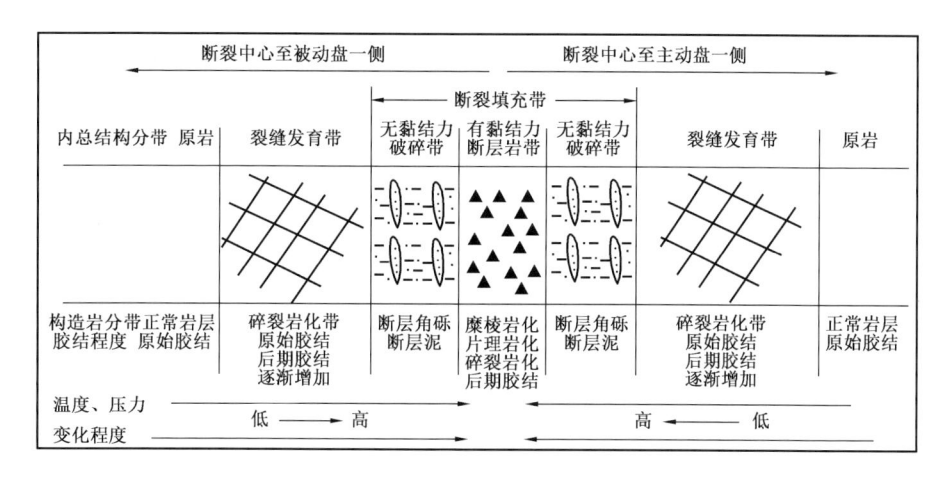

图 4-1 断裂带内部结构分带模式(据付晓飞等,2005)

1. 滑动破碎带

位于断裂带中心,由断层角砾岩、碎裂化岩石及断层泥组成,挤压研磨作用强烈。岩心及野外露头观察常见擦痕,是断裂带变形最严重区域,分散了大部分挤压应力,其封闭能力受断面压力导致的碎裂化程度、泥质含量及矿物沉淀等作用影响。孔渗性往往较低,多组实验表明与母岩相比孔隙度降低 1 个数量级,渗透率下降 3 个数量级(Antonellini 等,1994;Caine 等,1996;Gibson,1998),致使断层侧向封闭,阻碍油气横向运移。

2. 诱导裂缝带

位于滑动破碎带两侧,岩石未破碎保留原岩特征,仅发生多方向相互交错的裂缝,野外露头观察常呈"X"共轭型裂缝展布,岩心观察裂缝相互切穿,并被碳酸盐矿物充填。前人实验表明,未被流体成岩作用充填的诱导裂缝带孔渗性较原岩大 2~3 个数量级(Antonellini 等,1994;Caine 等,1996;Gibson,1998),油气可沿诱导裂缝带做垂向上的运移,是油气输导的有利构造单元。

此外,诱导裂缝带分布在滑动裂缝带两侧,位于断层两盘,因上下(主、被动)盘受力机制的差异,裂缝发育程度及范围也不同,通常主动盘裂缝发育密度大,范围更宽(Brogi,2008;吴智平等,2010)。

二、断裂带内部结构研究方法

研究断裂带内部结构首先从地震数据入手,依托分层数据及录井资料确定单井断点位置,再结合常规测井、FMI 成像测井、地层倾角测井及野外露头观察具体划分断裂带内部结构。

1. **断裂带野外露头特征**

对于逆断层、走滑断层及正断层等不同性质断层而言,它们的规模差异较大,断裂带结构发育程度也各不相同(图 4-2)。总体上说,以压性、压扭性力学性质下形成的规模较大的断层断裂带结构发育完整。

托里县公路旁存在一地表出露分支逆断裂,滑动破碎带出露较为完整,岩石揉碎强烈与黏

图 4-2 野外断裂露头断裂带内部结构

(a)托里县公路旁小型逆断裂,N:45°57.423,E:84°24.748;(b)柳树沟达尔布特走滑断裂,N:45°56.179,E:84°19.283;
(c)白碱滩区大侏罗沟断裂,N:45°71.559,E:85°03.997;(d)泥盆系断裂,N:46°64.865,E:86°00.930

土混积,发育大量细小裂缝,并沿断面分布长约 15cm 且发生炭化形成黑色的透镜体,整个滑动破碎带宽 12m。上盘诱导裂缝带裂缝发育程度为 8 条/m,远离中心位置裂缝密度逐渐降低至 2~3 条/m,裂缝均被白色方解石充填。

达尔布特断裂是玛湖凹陷西斜坡大型走滑性质断裂,在柳树沟地区整个断裂宽度范围超过 1km,倾角超过 80°,断裂近于直立分布。整个断裂由多组较小规模平行分布的断裂组成,每组小断裂分带性明显,目测 20m 范围排列 4 组,每组滑动破碎带宽度 1~1.5m,诱导裂缝带宽度 3~5m。其走滑性质造成滑动破碎带受力挤压强度低于压性断裂,但岩石破碎程度也很大,形成的微裂缝被碳酸盐矿物充填呈白色,与两侧灰黑色岩性特征有明显区别。

大侏罗沟断裂为走滑兼具压扭性质的大型断裂,地表露头主要是诱导破碎带岩块,其中局部发育小规模断裂带。受多期构造运动影响,岩块发育两组"X"形方向裂缝,早期北北西向裂缝被碳酸盐胶结物充填并被晚期北西西向裂缝错断。晚期裂缝未被流体胶结物充填,表明晚期受构造作用力地层发生抬升流体未来得及充填。

2. 地震反射界面特征

断层的识别与刻画常受地震勘探资料质量影响,以往的研究多采用二维地震数据体,对断层刻画较为单一,将断层认为是一个"面"的构造形态,忽略了断层具有"带"状结构特征。对经过高分辨率精细成像处理的三维地震勘探资料进行放大观察发现工区内大型逆掩断层具有一定宽度范围,在此范围内的地震反射波杂乱无章,断层呈带状错断两盘地层。在地震剖面上不同级别和规模的断裂"杂乱带"宽度不同,时深转换后地震剖面显示一级断裂带宽度可达150~220m,二级断裂带宽度为100~150m,浅层断裂往往也具有小于100m的带宽度,各级断裂结构特征显示明显。

3. 测井响应及岩心特征

滑动破碎带与诱导裂缝带两个结构单元变形程度及物性的差异在测井曲线响应中具有明显差别。常用反应井下裂缝的常规测井手段有声波时差测井、密度测井、补偿中子测井、双侧向测井及井径测井。各测井曲线特征如下详述。

1) 诱导裂缝带

声波时差曲线常反应低角度裂缝发育情况,常显示为尖峰状,具有周波跳跃特征,声波时差值较高。密度测井值整体较低,具有窄尖峰状特征。补偿中子值较滑动破碎带升高。视电阻率测井值较低。双侧向测井正、负差异随裂缝发育程度增加而增大。井径测井曲线摆动,出现扩径现象(陈伟等,2010)。

2) 滑动破碎带

较高的致密性导致声波时差值很低,曲线稳定无明显波动。补偿中子测井值较低,密度测井值较大,井径一般无扩径现象(陈伟等,2010)。

此外,成像测井FMI对裂缝识别效果较好,即可清晰地观察裂缝倾角,又可精确识别裂缝发育密度,已成为当前研究裂缝发育情况的主要手段,但受经济、技术条件制约,工区钻遇断裂井多为20世纪60—90年代勘探井,成像测井数据匮乏。

岩心观察是对断裂带结构识别划分合理性判定的重要依据,位于断裂带附近的取心段普遍可以观察到断裂存在的痕迹,并可以进一步划分出滑动破碎带与诱导裂缝带两部分或单一诱导裂缝带。在玛湖凹陷西斜坡,通过岩心观察发现,绝大部分钻遇的断层性质为逆断层,断层经过多期次活动从封闭到开启再到封闭,滑动破碎带宽度最大可达十几至几十米,岩石破碎变形程度大,被多期流体矿物及稠化原油胶结。诱导裂缝带仅在原岩的基础上发育不同程度裂缝,裂缝越靠近断裂带中心越密集,且裂缝有被后期流体矿物充填现象,充填矿物类型包括碳酸盐矿物(方解石、铁方解石、铁白云石)、泥质及沥青等。造成诱导裂缝带孔渗下降,断裂带封闭,封堵油气的垂向运移(图4-3)。

岩心观察结果显示,滑动破碎带与诱导裂缝带岩相特征差异显著。滑动破碎带岩心破碎程度高,挤压研磨作用强,甚至发生变质作用,镜面擦痕、断层角砾岩与断层泥普遍发育。诱导裂缝带保留原岩形态,仅产生不同方向微裂缝,后期有胶结物充填。滑动破碎带较致密造成断裂横向封闭,诱导裂缝带的微裂缝成为油气水在纵向上运移的主要通道,晚期充填其中的胶结物就是流体运移的最好证据。在流体发生成岩作用逐渐封闭微裂缝之前,油气水可在短期内沿断裂带运聚。断裂的"幕"式活动特征使断裂的开启与封闭具有周期性,流体沿断裂诱导裂缝带发生多期次运移,不同地区断裂诱导裂缝带充填矿物特征不尽相同。诱导裂缝带流体成岩作用的程度影响着断裂带封闭性评价好坏,因此研究诱导裂缝带矿物充填类型与充填程度非常必要。

风古4井，902.5m，泥质白云岩，滑动破碎带

风古7井，648m，白云岩，滑动破碎带，微裂缝被稠油及泥质充填

百乌3井，1447.4m，凝灰岩，滑动破碎带，方解石及泥质充填

风古7井，647.4m，灰质白云岩，滑动破碎带，沥青充填

风5井，1937.6m，砂砾岩，滑动破碎带，泥质充填，断面见镜面擦痕

乌17井，1397.6m，塑性泥岩段，滑动破碎带，泥岩见擦痕

风古4井，1100.8m，泥质白云岩，诱导裂缝带，两组方向裂缝，方解石充填

风5井，1941.7m，砂砾岩，诱导裂缝带，靠近断裂中心，水平裂缝密集，方解石充填

百73井，1612.4m，白云岩，诱导裂缝带，两组斜交裂缝，方解石、泥质充填

昭参2井，3859.5m，泥质灰岩，诱导裂缝带，两组斜交裂缝，方解石充填

图4-3 钻遇断裂井断点附近岩心图

三、主要断裂的断裂带结构划分

1. 克拉玛依断裂

克拉玛依断裂为玛湖凹陷西斜坡重要的逆冲推覆断裂,处在逆冲叠瓦状断裂的前端,该断裂规模大,内部结构复杂。地震剖面显示,克拉玛依断裂内部结构清晰,为一条明显的破碎带,地震反射轴杂乱(图4-4)。

岩心为地下地质情况的直观反映,通过对钻遇断裂带并取心井的观察,可以直观地认识断裂带内部结构的发育特征。通过对钻遇克拉玛依断裂的古25井、547井进行详细的岩心观察发现,在断裂带滑动破碎带内,岩石极为破碎,呈碎块状,碎块表面具有大量擦痕、镜面。在诱导裂缝带内,裂缝发育明显,多期裂缝相互交错。裂缝内被方解石、石英等矿物充填,但整体上,诱导裂缝带仍保留了原岩的特征。测井曲线是利用地层岩石的导电性、放射性等物理参数来反映地层岩性的一种有效手段,其分辨率高、反应灵敏。利用多种测井曲线对断裂结构的显示(图4-5和图4-6),并结合地震剖面及岩心资料,综合对克拉玛依断裂带的内部结构进行了划分。结果表明,该断裂上、下盘诱导裂缝带分别为石炭系与二叠系,宽度较大,达到80~100m,滑动破碎带宽度可达35~50m。

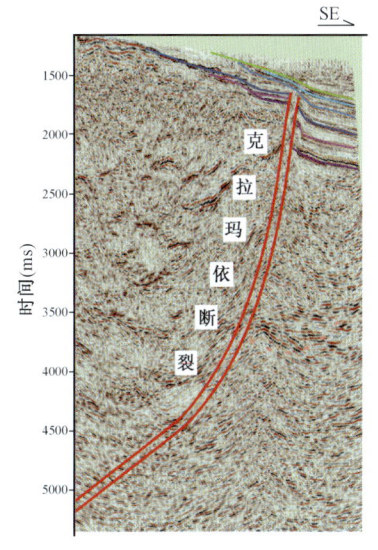

图4-4 克拉玛依断裂带内部结构地震剖面图

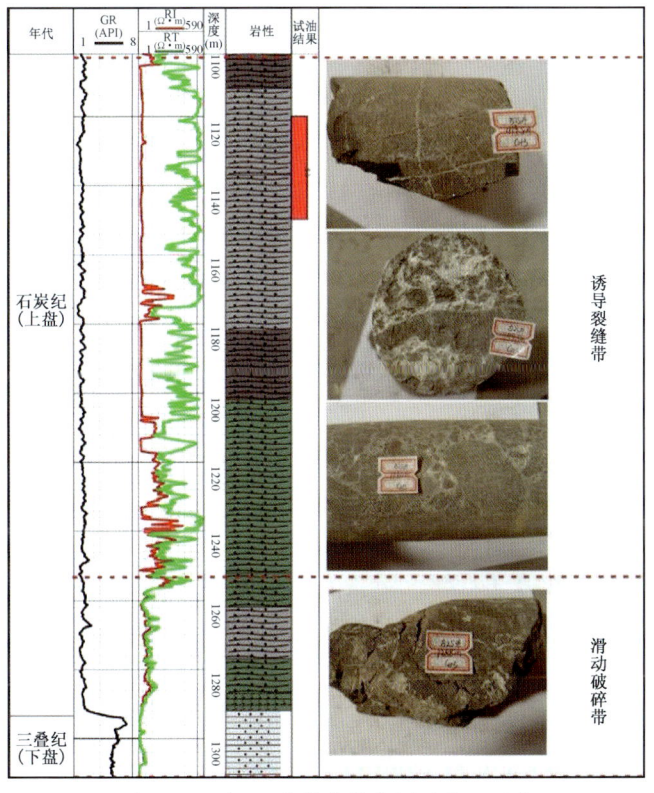

图4-5 古25井综合柱状图及岩心照片

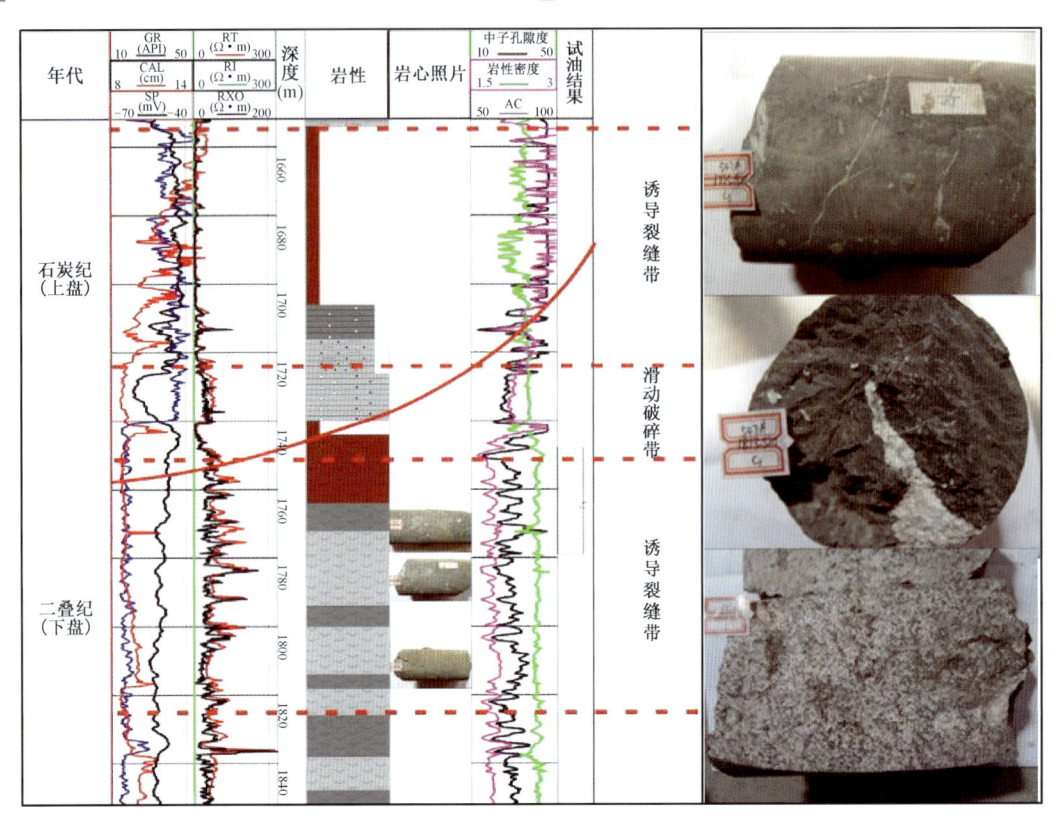

图 4－6　547 井综合柱状图及岩心照片

2. 南白碱滩断裂

南白碱滩断裂由于经历了多期构造运动，断裂内部结构十分复杂。根据地震精细解释、测井资料对比分析和岩心观察，挑选了钻遇南白碱滩断裂并在断裂带取心的 6 口井：415 井、416 井、417 井、435 井、439 井及 534 井，进行了详细的断裂内部结构划分。

在地震剖面上，南白碱滩断裂断裂结构特征明显，断层发育的位置呈现出带状杂乱反射（图 4－7），揭示了断裂发育的宽度。岩心观察结果表明，断裂带内滑动破碎带和诱导裂缝带结构清晰（图 4－8）。滑动破碎带具有明显的断层角砾岩特征，受到强烈的压实作用，碎块出现一定的定向性，颗粒的表面具有明显的擦痕、镜面，角砾之间则为断层泥充填，此外在主滑动面中发现了固体沥青，如 435 井、439 井中，这可能与原油在沿着断裂运移的过程中受到断裂带高温高压的挤压作用有关（吴孔友等，2012）。在测井上，由于断裂带内滑动破碎带和诱导裂缝带的岩石破碎程度、致密程度不同，物性上存在差异，在测井响应中也有明显的显示（图 4－9 和图 4－10）。通过总结发

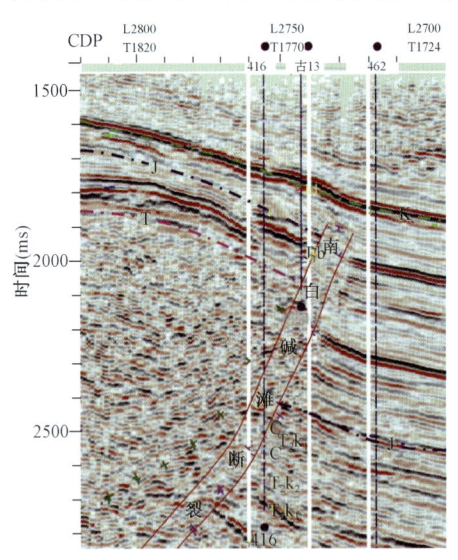

图 4－7　南白碱滩断裂内部结构地震剖面图

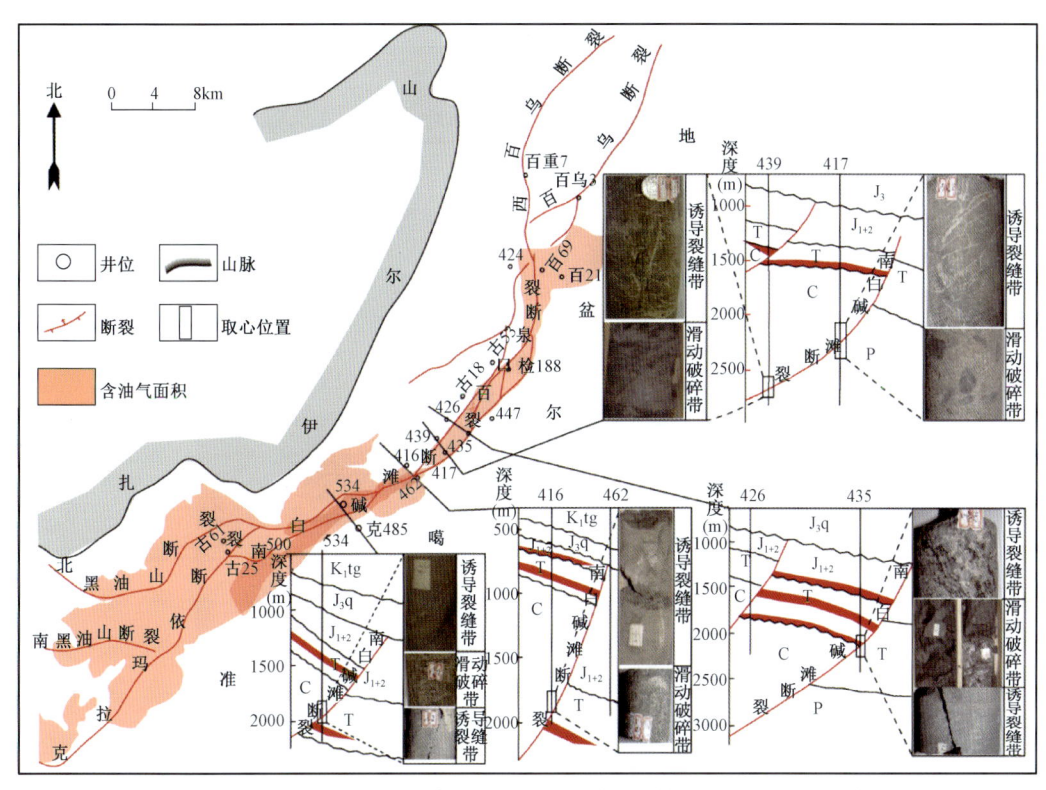

图4-8 南白碱滩断裂过井油藏剖面及岩心内断裂结构划分(据吴孔友等,2012)

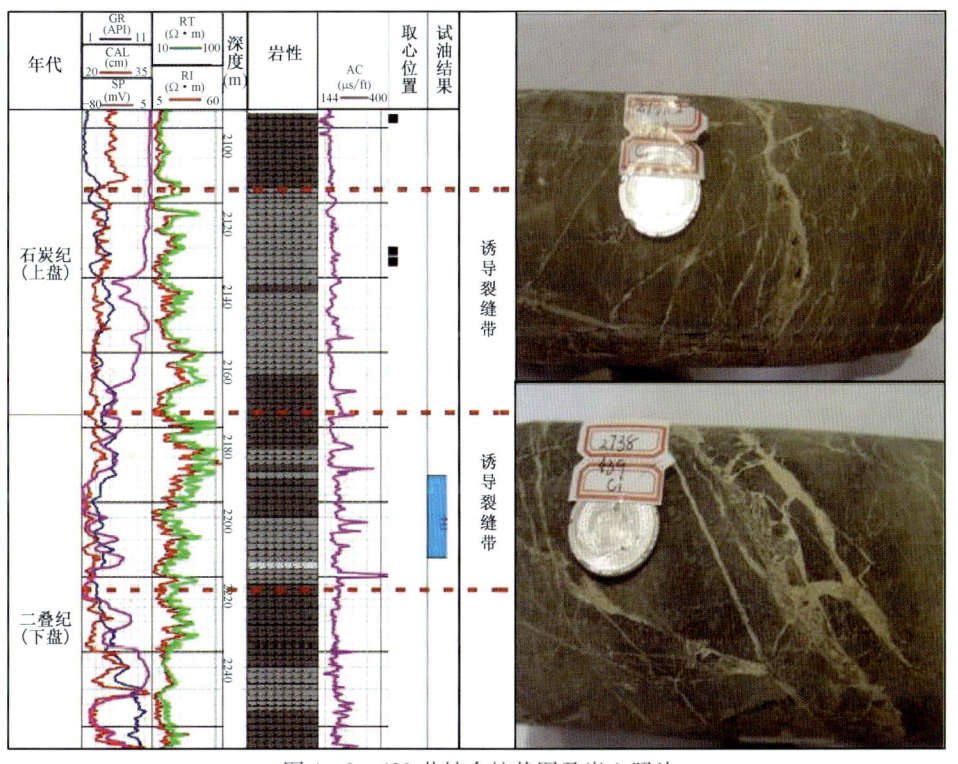

图4-9 439井综合柱状图及岩心照片

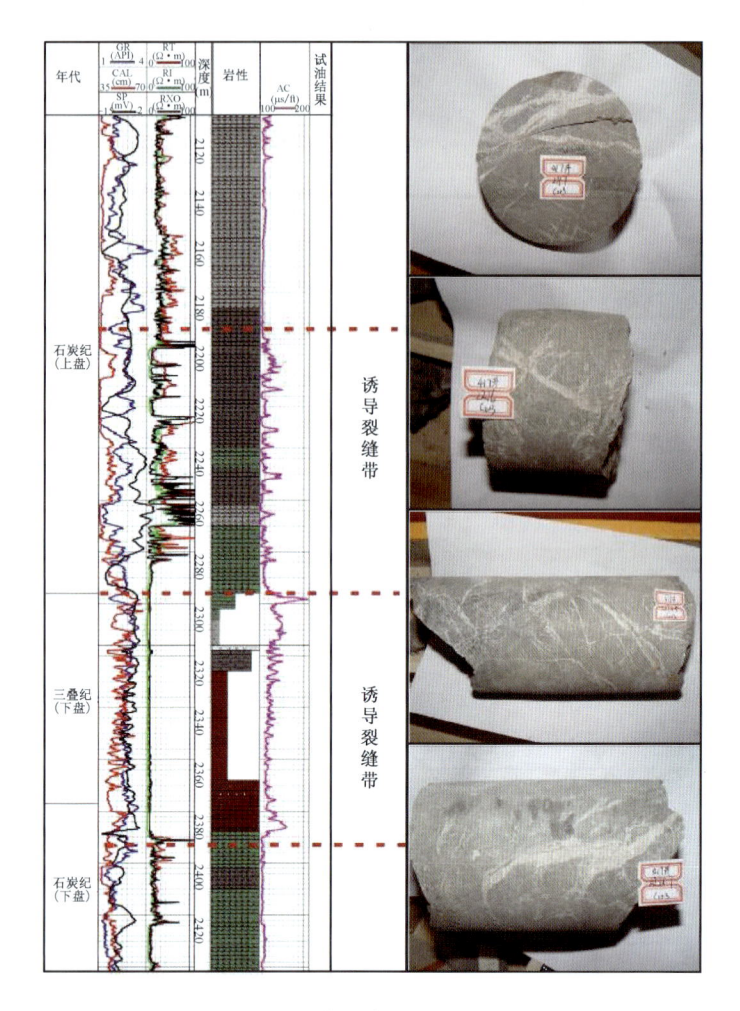

图 4-10　417 井综合柱状图及岩心照片

现,诱导裂缝带声波时差曲线产生周波跳跃,密度测井值整体偏小,电阻率测井曲线一般显示为视电阻率低值,补偿中子测井值偏大;滑动破裂带声波时差值偏小,补偿中子测井值普遍偏小,密度测井值偏大。

通过对钻遇断裂的六口取心井的地震剖面特征、测井曲线曲线特征及岩心标定发现南白碱滩断裂带滑动破碎带范围约为 20～50m,诱导裂缝带范围约为 80～100m。

3. 百口泉断裂

百口泉断裂为玛湖凹陷西斜坡又一重要断裂,由于该断裂发育的位置处于扎伊尔山和哈拉阿拉特山交界处,构造活动强烈,导致断裂带内部结构发育。从地震剖面上看,百口泉断裂也呈现出一条杂乱反射的构造破碎带,并且在断裂上盘出现了小型的拖拽褶皱(图 4-11)。

对钻遇百口泉断裂的百乌 3 井、423 井、百乌 12 井的岩心观察发现(图 4-12 至图 4-14),百口泉断裂带诱导裂缝带内胶结作用强烈,诱导裂缝带内裂缝普遍被方解石胶结物充填。百乌 3 井为钻穿百口泉断裂的取心井,地震资料显示断点深度 1449.4m,岩性主要为灰白色火山凝灰岩,错断层位为石炭系。上、下盘诱导裂缝带声波时差值较滑动破碎带高,且

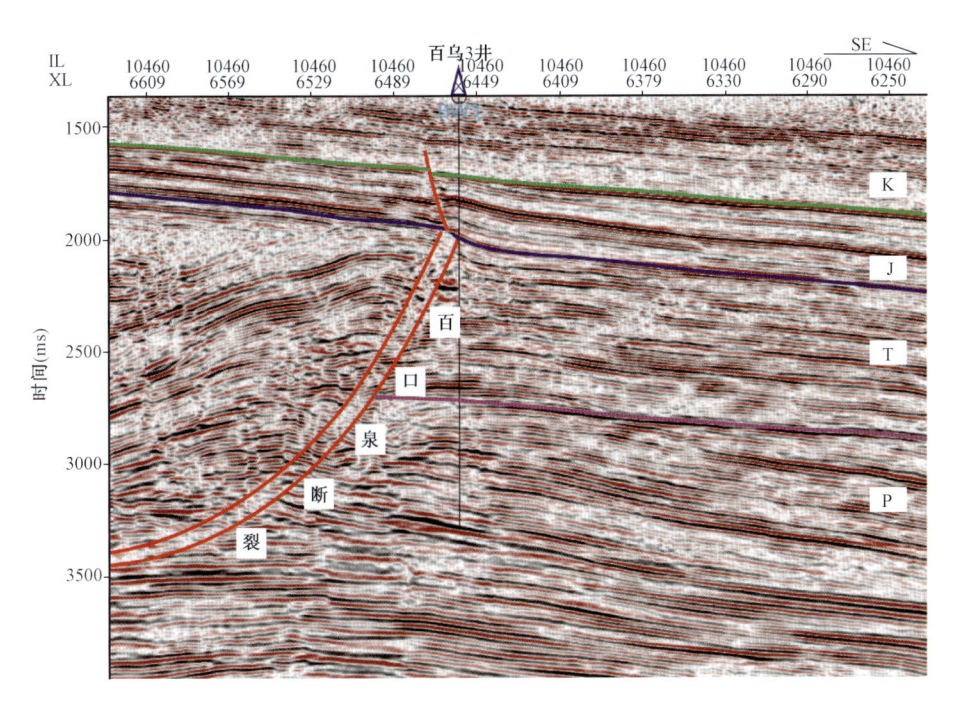

【第四章】 断裂带结构划分及成岩封闭作用

图4-11 百口泉断裂内部结构地震剖面图

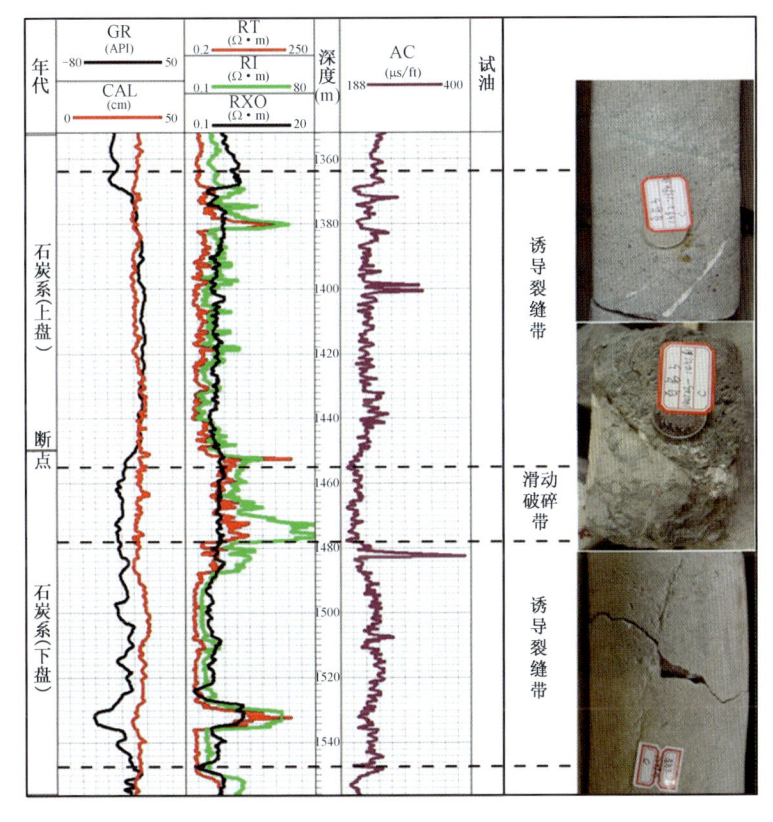

图4-12 百乌3井断裂带结构测井、岩心综合响应图

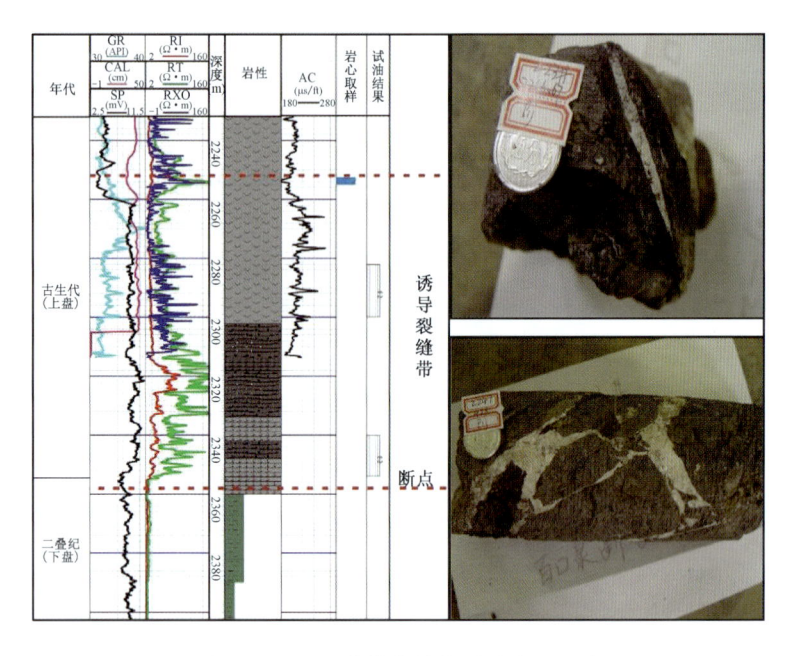

图 4-13　423 井综合柱状图及岩心照片

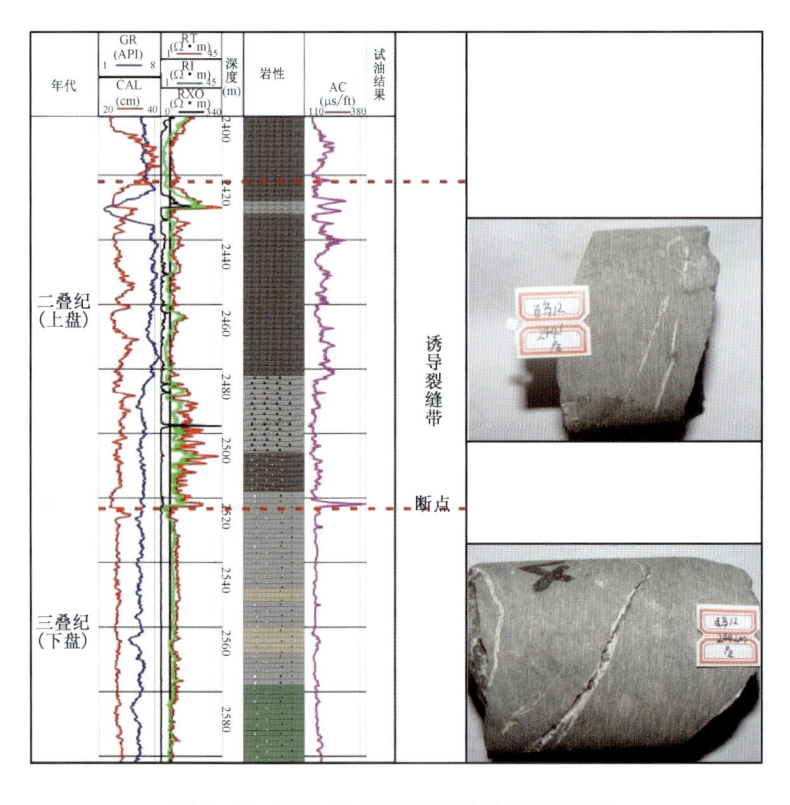

图 4-14　百乌 12 井综合柱状图及岩心照片

出现尖峰状及周波跳跃特征(图4-12)。百乌3井上、下盘诱导裂缝带深度分别为1368~1446m、1476~1548m,宽约75m。滑动破碎带深度1446~1476m,宽度30m。岩心观察进一步落实了结构划分的合理性,图版自上而下3块岩心分别取自1390m、1448m、1536m。两侧诱导裂缝带岩心原岩完整,裂缝发育稀疏,岩块无明显错动,上盘裂缝被后期方解石胶结物充填。断裂带中心滑动波随带岩石变形强烈,产生大量微裂缝孔隙且被泥质及碳酸盐矿物充填,岩块致密。岩心观察现象与测井划分断裂带结构结果吻合。

4. 断裂带结构与断裂规模的关系

依据断裂带测井响应特征,对准噶尔盆地西北缘发育的压性断裂带结构与规模进行了研究。一级控盆断裂内部结构完整、规模大,发育滑动破碎带厚度达40~60m,诱导裂缝带厚度100~140m;二级断裂滑动破碎带厚度较一级断裂小,为30~50m,诱导裂缝带厚度80~100m;浅层三、四级断裂规模小但仍显示滑动破碎带及上、下两部分诱导裂缝带,前者厚度10m左右,后者厚度为45~70m。总结断裂带厚度的控制因素,得出断裂带发育程度与断裂规模有关,级别越高,活动期越长的断裂,断裂带结构越完整,断裂带厚度越大。通过对垂直地层断距与断裂带厚度统计,初步建立了定量模型(公式4-1),断裂带厚度与垂直地层断距呈幂函数关系,如图4-15所示。

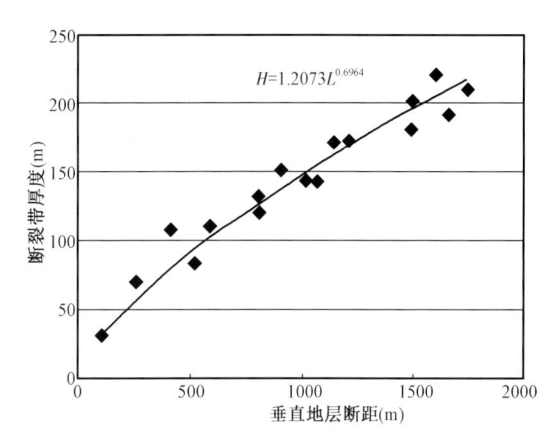

图4-15 断裂带厚度与垂直地层断距关系统计图

$$H = kL^d \qquad (4-1)$$

式中 k、d——特定系数;
H——断裂带厚度,m;
L——垂直地层断距,m。

获取垂直地层断距 L 的方法为:
对研究区地震反射平均速度进行拟合,得到针对研究区地质条件和特点的综合速度,建立时深转换关系:

$$h = a(e^{bt} - 1) \qquad (4-2)$$

式中 h——深度,m;
t——地震反射时间,ms;
a、b——常数(反映速度曲线的形态)。

断层两盘垂直地层断距的计算公式可以表达为

$$L = h_2 - h_1 \qquad (4-3)$$

$$h_1 = a(e^{bt_1} - 1)$$

$$h_2 = a(e^{bt_2} - 1)$$

式中 L——断层垂直断距,m;
　　t_1——上升盘断点地震反射时间,ms;
　　t_2——下降盘断点地震反射时间,ms;
　　h_1——上升盘断点深度,m;
　　h_2——下降盘断点深度,m;
　　a、b——常数(反映速度曲线的形态)。

得到垂直地层断距的计算公式:

$$L = a(e^{bt_2} - e^{bt_1}) \tag{4-4}$$

第二节　压实作用与充填作用对断层封闭性的影响

一、压实作用和充填作用封闭机理

1. 压实作用

在断层的断面上,上覆地层的重力应力导致断层带裂隙岩体发生变形,可使断面和裂隙闭合,从而造成封闭。影响断层封闭性好坏的关键因素是断裂紧闭程度(付广等,2002),而断裂紧闭程度又受断面承受的应力状态控制(吴孔友等,2011)。断裂带充填物的致密性主要通过上覆沉积物重力载荷的压实作用和区域主压应力挤压作用形成,若断裂带所受张应力大小超过了充填物的抗张强度,就会张开;要使早期形成的断裂带闭合,断面所承受的压应力必须大于充填物的抗压强度。通常,压性和压扭性断裂带压实作用强,发育的断层岩致密,颗粒紧密排列,缝洞极不发育,孔渗性差,特别是其中发育的断层泥或糜棱岩孔渗性更差(李阳,2009;吴智平等,2010),封闭性好。张性和张扭性断裂带压实作用弱,常常发育破裂岩和断层角砾岩,形态不规则,大小混杂,胶结疏松,缝洞发育,孔渗性好,一般具开启性,封闭性差。

断面所受应力状态除与区域应力、上覆重力载荷相关外,还受断面埋深、断面倾角等因素的影响,断面埋深越大,倾角越缓,断面所受到的压力越大,断层紧闭程度越高,封闭性越好;反之越差。断面所受应力大小常用以下公式计算(吕延防等,2002):

$$P = H(\rho_r - \rho_w)g\cos\theta + \sigma\sin\theta\sin\beta \tag{4-5}$$

式中　P——断面所承受的正压力,MPa;
　　H——断面埋深,m;
　　ρ_r——上覆地层平均密度,g/cm³;
　　ρ_w——地层水密度,g/cm³;
　　g——重力加速度;
　　σ——水平地应力,MPa;
　　θ——断面倾角,°;
　　β——主地应力方向与断层走向的夹角,°。

2. 充填作用

断层错动导致断面两侧岩石破碎,掉入或带入断裂活动带中,经过涂抹、研磨、压实、胶结,形成断裂充填物(或断层岩)。对于断穿砂泥岩地层剖面的断层而言,无论断层性质如何,其断裂填充物主要是砂泥物质,并按泥质含量的相对多少,可分为泥质填充和砂质填充两种类型(付广等,2008)。

如果断裂带的填充物以泥质成分为主,由于泥质颗粒细小、性软,在上覆地层重力作用下,易压实成岩,使其致密程度增高,孔渗条件变差,排替压力增高,与断层两侧的目的层形成排替压力差,阻止油气运移,使得断层在侧向上形成封闭,如图4-16所示。相反,如果断裂带的充填物以砂质成分为主,由于其致密程度差,砂质成分孔渗性好,排替压力低,不能与断层两侧的目的层形成排替压力差而阻止油气侧向运移。

断层在垂向上的封闭主要是依靠断裂带上下物质所形成的排替压力差来封闭油气(付广等,1997;付晓飞等,1999)。如断层剖面某处 A 的充填物以泥质成分为主,如图4-17所示,而其下部 B 处以砂质成分为主时,由于泥质成分颗粒较砂质成分颗粒细小,孔隙度和渗透率低、排替压力高,所以,断裂带在 A 处较 B 处有更大的排替压力,A 处可对 B 处的油气形成封闭,即断层在 A 处起到了垂向封闭作用。反之断层在垂向上不能形成封闭作用。

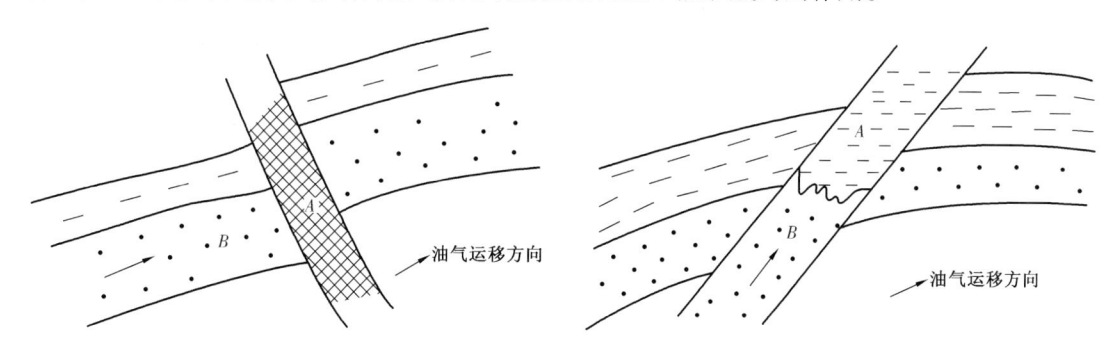

图4-16 断层侧向封闭和开启示意图   图4-17 断层垂向封闭与开启示意图

由上面的分析可以看出,断裂充填物中泥质含量是影响断层封闭性的主要因素,而充填物中泥质含量的多少可以通过以下公式进行计算(付广等,2008):

$$R_\mathrm{m} = \frac{h}{H+L} = \frac{1}{2(H+L)}\left(\sum_{i=1}^{n_1} h_{1i} + \sum_{j=1}^{n_2} h_{2j}\right) \quad (4-6)$$

式中 L——垂直断距,m;

h_{1i},h_{2j}——断层上、下盘第 i、j 层泥岩的厚度,m;

n_1,n_2——断层两盘被错断的泥岩层数;

h——断层两盘目的层之间的泥岩累计平均厚度,m;

H——断移地层厚度,m。

根据前人结论并结合本区的实际情况,当 $R_\mathrm{m} < 0.3$ 时,泥质充填作用差;$0.3 < R_\mathrm{m} < 0.6$ 时,泥质充填作用中等;$R_\mathrm{m} > 0.6$ 时,泥质充填作用好。

二、压实作用与充填作用定性分析

Watts(1987)、Knipe(1992)在对断层封闭问题做了大量的模拟和实践研究后,认为断层封闭机制主要有 4 个方面:并置对接、泥岩涂抹、碎裂作用和成岩作用,其中成岩作用对评价断层封闭性具有重要意义。但是由于成岩作用过程复杂多变,其封闭断层的机制一直缺乏深入的认识和系统的研究。吴孔友等(2011)将由断面所受正应力导致的压实作用、断层泥掉入断裂带形成的充填作用和流体沿断裂运移沉淀形成的胶结作用一并划归为断裂带成岩作用研究范畴。

1. 压实作用

压实作用表现为岩石内颗粒变形、破碎,粒间孔隙、裂缝减少,颗粒间接触关系紧密。在克百断裂带内,压实作用强烈,表现为受构造应力作用颗粒塑性变形、破碎及颗粒压碎进入孔隙、裂缝形成假杂基、粒间紧密接触—镶嵌接触(图 4 - 18)。压实作用对断裂带内孔隙的破坏作用很强,导致断裂带内渗透率降低,使断层输导能力降低。

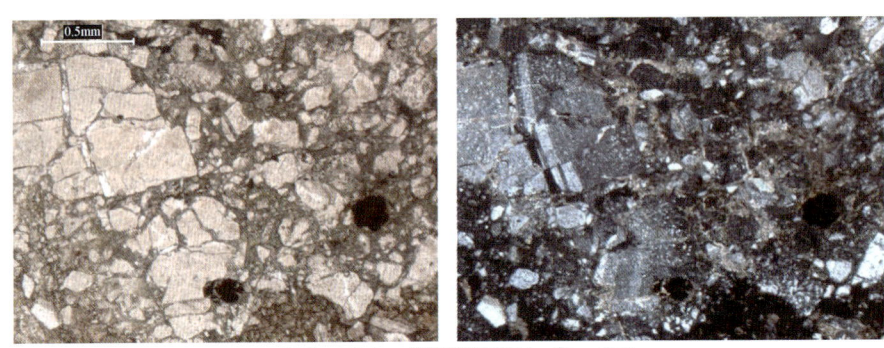

417井,2216m,颗粒破碎(100×,左-、右+)

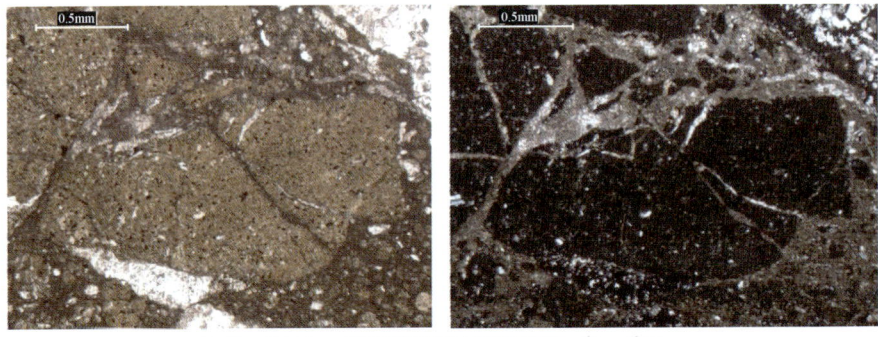

417井,2216.3m,岩石受构造应力破碎(100×,左-、右+)

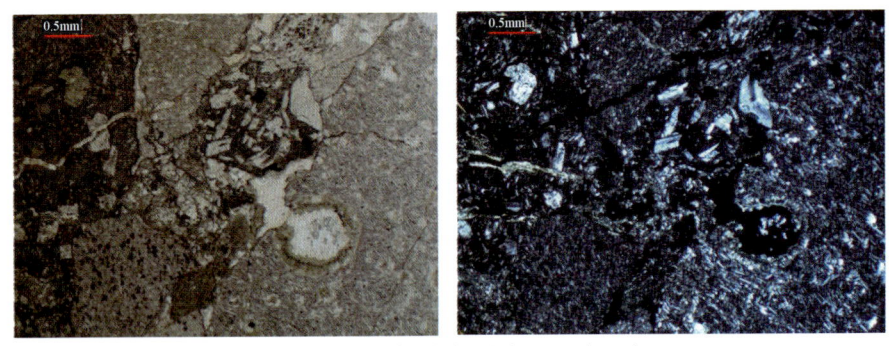

417井,2439m,颗粒压碎进入孔隙(50×,左-、右+)

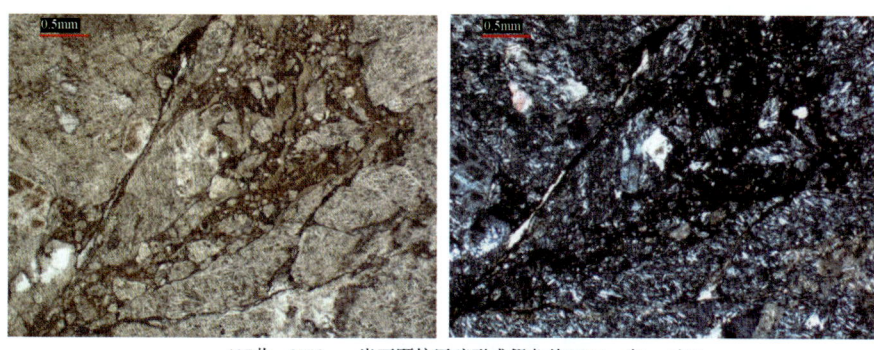

【第四章】 断裂带结构划分及成岩封闭作用

417井，2512m，岩石颗粒压碎形成假杂基(50×，左-、右+)

417井，2512m，岩石颗粒压碎形成假杂基碎裂化岩石(50×，左-、右+)

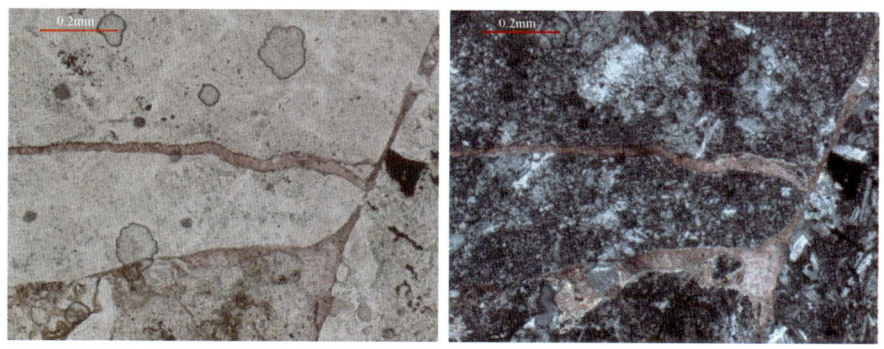

439井，2119m，岩石受构造应力作用破碎后期被方解石胶结(200×，左-、右+)

图4-18 克百断裂带压实作用现象

2. 充填作用

克百断裂带内充填作用普遍发育，岩心观察发现断裂带内充填有大量泥岩，使断层的封闭性增强，大大减弱了断层的输导性能。通过岩石薄片观察也发现断裂带内裂缝被泥质充填（图4-19），并且由于该地区火山岩大量存在，早期由于喷发冷却形成很多气孔，后期溶蚀溶解形成各种类型的次生孔隙，但是在溶蚀溶解作用发生的同时，又有新组分沉淀析出，充填这些气孔、溶孔，由于流体组分的分异作用，有的矿物先结晶，先充填。随着流体组分的改变，又有另一批新矿物析出，交代先结晶的矿物与之伴生，这样在同一孔、洞、缝中，先后多次充填，形成多种类型的矿物组合。

— 73 —

426井，断点附近充填红褐色泥岩可见擦痕

426井，断点附近充填灰黑色泥岩可见擦痕

423井，2247m，泥质充填裂缝(100×，左-、右+)

图4-19 克百断裂带泥质充填作用

气孔和裂缝中常见的充填矿物有绿泥石，一般发生在岩浆喷出不久的成岩早期阶段，常充填于原生气孔中；沸石常见充填于气孔、溶蚀气孔、裂缝和溶洞中；方解石多数为早期充填气孔和微裂缝，晚期充填溶蚀孔缝和裂缝(图4-19)。有些气孔充填物与岩石蚀变形成的矿物组合比较相近，可能是岩石在地表冷却后遭受热液交代，引起岩石中组分的移动填充气孔形成了杏仁(图4-20)，也有的充填物比较简单，可能是由于岩浆结晶时保存在气孔中的热液冷却形成。

三、压实作用与充填作用定量评价

研究区断层主要是在强烈挤压推覆作用下形成的，压实作用强烈，对断层封闭性的影响较为明显，本书选取玛湖凹陷西斜坡内多条剖面对主要断层的封闭性进行了评价。

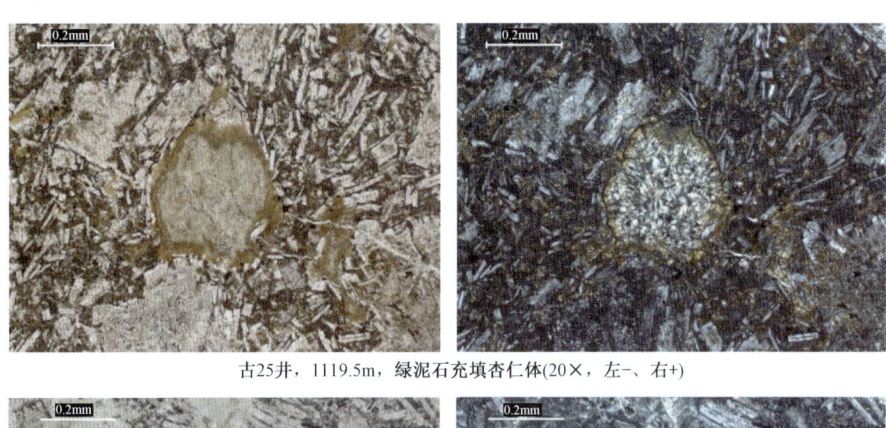

古25井，1119.5m，绿泥石充填杏仁体(20×，左-、右+)

534井，1772m，安山岩，杏仁体中充填绿泥石、浊沸石(200×，左-、右+)

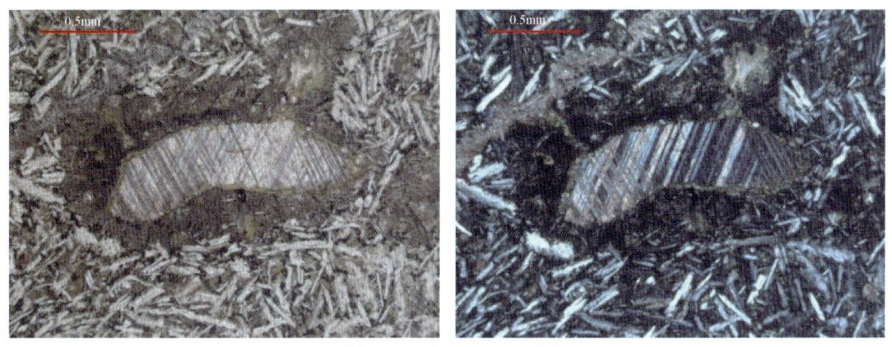

417井，2272m，安山岩，杏仁体中充填方解石(100×，左-、右+)

图4-20 克百断裂带火山岩气孔充填作用

1. 克拉玛依断层

克拉玛依断层在剖面上呈铲状，上部断面陡，倾角近60°，下部断面缓，倾角为20°。该断层埋藏浅，石炭系以上深度小于1300m，区域主应力对压实作用起主导因素。经计算，随断面倾角减小，压应力值也减小。整体上看，断面两侧地层随着深度的增加，压应力值减小，压实作用减弱。

克拉玛依断层两盘砂砾岩大范围分布，并且在上盘存在大量火山岩，所以该断层的大部分层位泥质含量较小，都小于0.3，只有部分层位处在0.3~0.5。说明克拉玛依断层泥质充填较差（图4-21、图4-22、表4-1）。

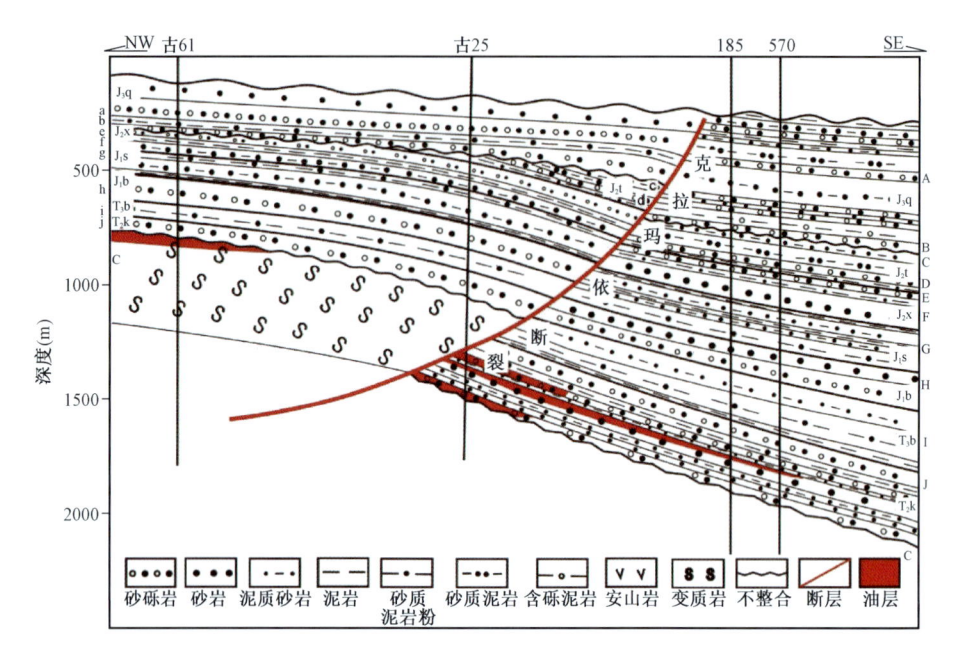

图 4-21 克拉玛依断裂过古 61 井断层剖面图

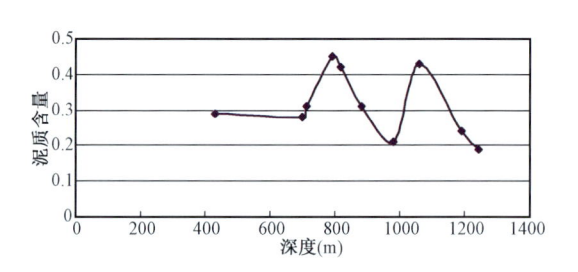

图 4-22 克拉玛依断层古 61 井剖面泥质含量分布图

表 4-1 过古 61 井剖面压实作用和充填作用统计表

	砂体编号	深度(m)	$\theta(°)$	$\beta(°)$	p(MPa)	R_m
上盘	a	329	62	80	40.27	0.29
	b	487	57	80	39.79	0.28
	c	572	54	80	39.43	0.31
	d	625	53	80	39.50	0.45
	e	684	50	80	38.91	0.42
	f	772	49	80	39.29	0.31
	g	816	44	80	37.73	0.21
	h	901	43	80	38.12	0.43
	i	987	37	80	36.32	0.24
	j	1059	35	80	36.13	0.19

续表

	砂体编号	深度(m)	θ(°)	β(°)	p(MPa)	R_m
下盘	A	428	61	80	40.60	0.29
	B	697	52	80	39.72	0.28
	C	710	52	80	39.83	0.31
	D	790	48	80	39.07	0.45
	E	816	48	80	39.30	0.42
	F	881	44	80	38.34	0.31
	G	980	43	80	38.87	0.21
	H	1060	37	80	37.08	0.43
	I	1190	31	80	35.58	0.24
	J	1243	25	80	32.96	0.19

总体来看，克拉玛依断层压应力值都比较高，泥质充填没有明显规律，C、D、E、H、c、d、e、h 层的泥质充填状况较好，其他层位较差。

2. 南白碱滩断层

南白碱滩断层共切了4条剖面进行断层压实作用分析（图4-23至图4-27、表4-2至表4-5）。

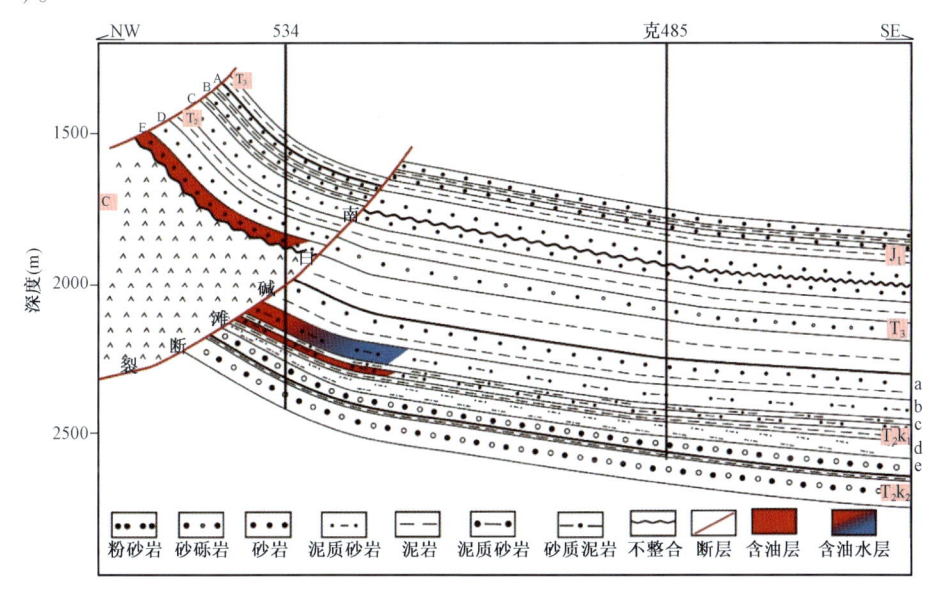

图4-23 过534井断层剖面图

表4-2 过534井剖面压实作用和充填作用统计表

	砂体编号	深度(m)	θ(°)	β(°)	p(MPa)	R_m
上盘	A	1343	51	50	37.18	0.32
	B	1371	51	50	37.41	0.30
	C	1409	51	47	36.53	0.31
	D	1475	51	45	36.24	0.23
	E	1508	51	45	36.51	0.51

续表

	砂体编号	深度(m)	$\theta(°)$	$\beta(°)$	p(MPa)	R_m
下盘	a	2340	51	36	39.24	0.32
	b	2420	51	34	38.91	0.30
	c	2480	51	33	38.91	0.31
	d	2558	51	32	39.04	0.23
	e	2618	51	32	39.53	0.51

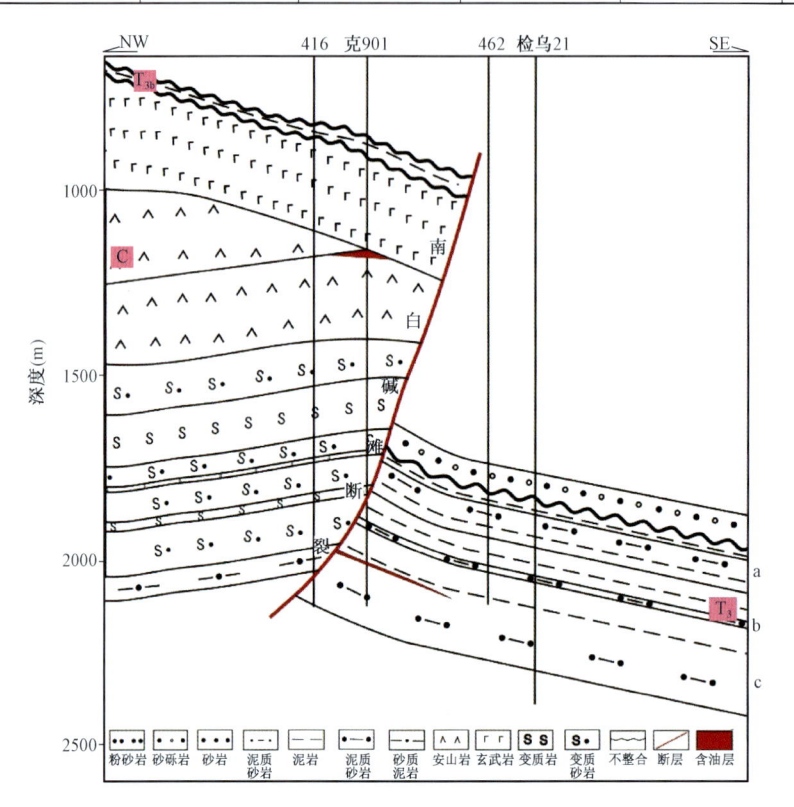

图 4-24 过 416 井断层剖面图

表 4-3 过 416 井剖面压实作用统计表

	砂体编号	深度(m)	$\theta(°)$	$\beta(°)$	p(MPa)	R_m
下盘	a	1772	78	71	45.48	0.43
	b	1893	78	61	42.76	0.45
	c	1978	78	56	41.03	0.46

表 4-4 过古 42 井剖面压实作用和充填作用统计表

	砂体编号	深度(m)	$\theta(°)$	$\beta(°)$	正应力(MPa)	R_m
上盘	A	1235	67	81	46.37	0.31
	B	1329	65	81	46.78	0.18
	C	1401	57	81	46.45	0.12
	D	1445	53	81	46.09	0.22
	E	1559	44	81	44.83	0.75

续表

	砂体编号	深度(m)	$\theta(°)$	$\beta(°)$	正应力(MPa)	R_m
下盘	a	1290	66	81	46.61	0.31
	b	1382	58	81	46.46	0.18
	c	1441	53	81	46.06	0.12
	d	1499	49	81	45.65	0.22
	e	1632	43	81	45.22	0.75

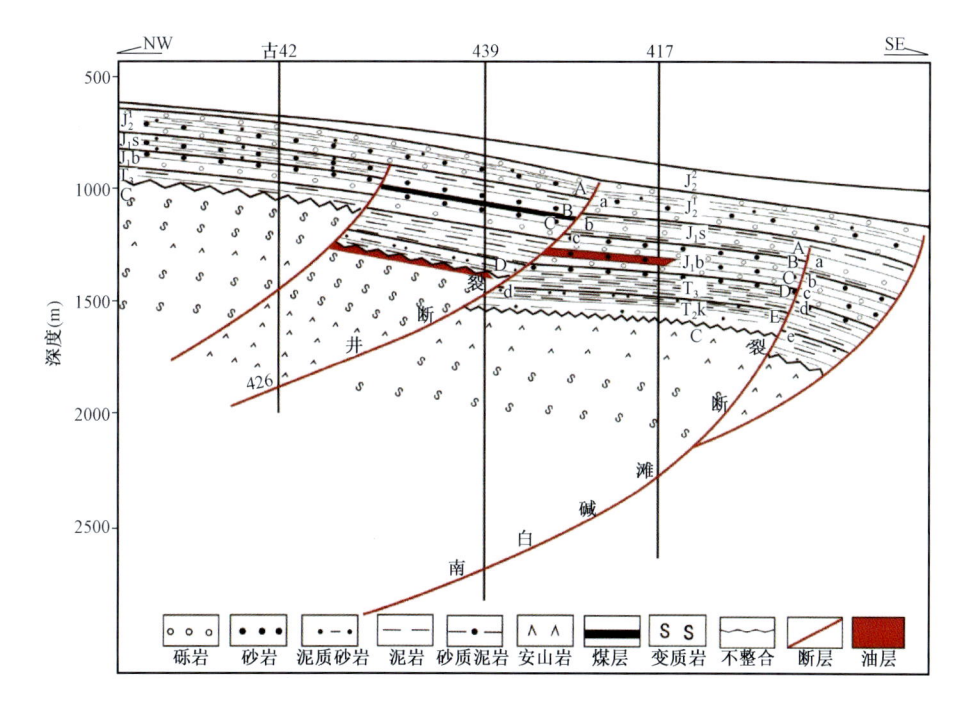

图 4-25 过古 42 井断层剖面图

表 4-5 过古 96 井剖面压实作用和充填作用统计表

	砂体编号	深度(m)	$\theta(°)$	$\beta(°)$	正压力(MPa)	R_m
上盘	A	1540	56	80	47.12	0.68
	B	1646	51	80	47.14	0.41
	C	1681	51	80	47.43	0.28
	D	1715	48	80	47.12	0.33
	E	1780	45	80	47.00	0.28
	F	1862	43	80	47.26	0.45
	G	1957	38	80	46.72	0.47
	H	1985	37	80	46.69	0.24
	I	2112	33	80	46.62	0.16

续表

	砂体编号	深度(m)	θ(°)	β(°)	正压力(MPa)	R_m
下盘	a	1603	54	80	47.31	0.68
	b	1776	45	80	46.97	0.41
	c	1853	44	80	47.43	0.28
	d	1890	42	80	47.25	0.33
	e	1990	40	80	47.67	0.28
	f	1986	35	80	46.00	0.45
	g	2170	31	80	46.50	0.47
	h	2241	28	80	46.06	0.24
	i	2568	24	80	48.12	0.16
	j	2750	22	80	49.38	0.19
	k	3050	20	80	52.08	0.14

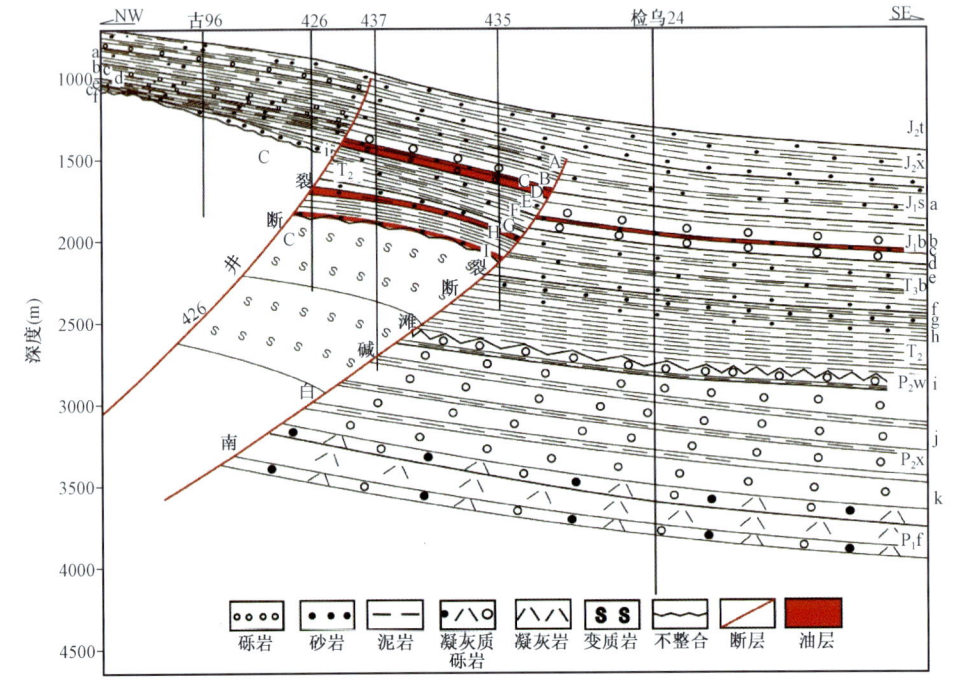

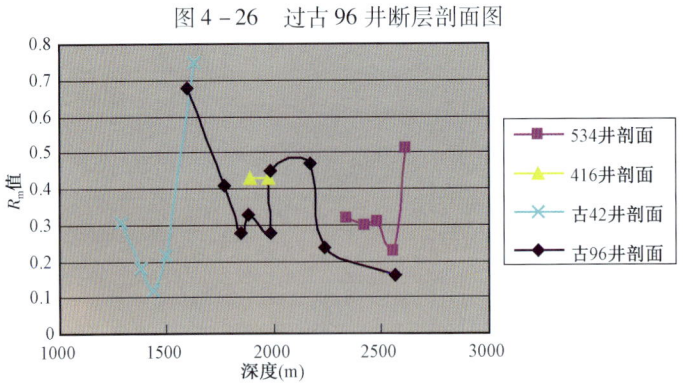

图4-26 过古96井断层剖面图

图4-27 南白碱滩断层 R_m 分布图

压实作用方面,南白碱滩断层压实作用强烈,压应力从西往东逐渐增大,纵向上变化不大。

泥质充填方面,西段(534井剖面)除D层位R_m值小于0.3外其他都大于0.3,泥质充填中等;中段(416井剖面)R_m值都在0.4~0.5,泥质充填中等;东段,古42井剖面除A、E、a、e层位的R_m值较大外,其他层位的R_m值都小于0.3,顶部和底部泥质充填好,中间泥质充填差,古96井剖面除A、B、D、F、G、a、b、d、f、g层位的R_m值较大,其他层位都小于0.3,泥质充填较差,上部相对好于下部。总体来说,南白碱滩断层西部、中部泥质充填好,东部泥质充填差。

3. 426井断层

426井断层纵向上呈铲状,上部断面倾角在40°~60°,下部断面倾角近20°,断距小,上、下两盘的压应力值差别较小,总体压实较强。

泥质充填方面,426井断层,断层的上部充填好,底部充填差;横向来看没有明显的规律(图4-25、图4-26、表4-6、表4-7)。

表4-6 426井断裂过古42井剖面压实作用和充填作用统计表

	砂体编号	深度(m)	θ(°)	β(°)	正应力(MPa)	R_m
上盘	A	1005	44	81	39.65	0.58
	B	1078	35	81	36.46	0.26
	C	1132	30	81	34.52	0.20
	D	1338	23	81	33.02	0.18
下盘	a	1044	43	81	39.63	0.58
	b	1080	32	81	34.98	0.26
	c	1205	27	81	33.73	0.20
	d	1470	20	81	32.85	0.18

表4-7 426井断裂过古96井剖面压实作用和充填作用统计表

	砂体编号	深度(m)	θ(°)	β(°)	正应力(MPa)	R_m
上盘	A	1120	57	80	44.27	0.75
	B	1224	55	80	44.62	0.54
	C	1248	49	80	43.35	0.44
	D	1265	48	80	43.2	0.31
	E	1301	47	80	43.22	0.42
	F	1320	44	80	42.44	0.28
	I	1460	43	80	43.43	0.20
下盘	a	1540	50	80	46.06	0.75
	b	1646	48	80	46.52	0.54
	c	1681	47	80	46.59	0.44
	d	1715	45	80	46.41	0.31
	e	1780	46	80	47.25	0.42
	f	1862	44	80	47.51	0.28
	g	1957	43	80	48.16	0.25
	h	1985	42	80	48.17	0.25
	i	2112	40	80	48.89	0.20

4. 百口泉断层

百口泉断层上部断面倾角大,压应力大于 40MPa,从该断层上盘的地层倾斜角度就可以看出,该断层受过强烈挤压推覆作用,上盘地层倾角很大,最大处近乎 90°,从西到东地层倾斜角度减小。通过定量计算,百口泉断层压实作用强(图 4-28 至图 4-30、表 4-8 至表 4-10)。

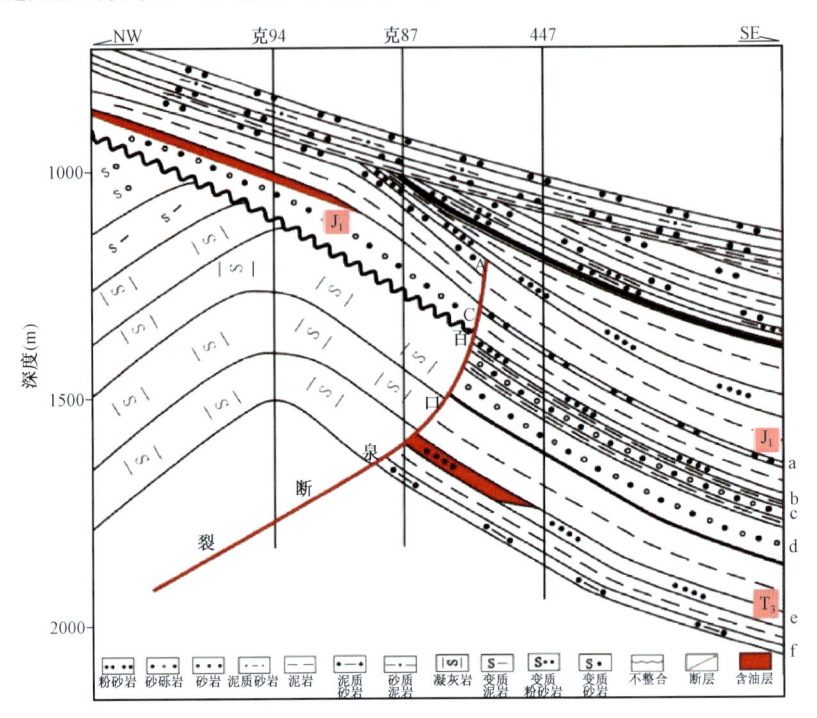

图 4-28 过古 94 井断层剖面图

表 4-8 过古 94 井剖面压实作用和充填作用统计表

	砂体编号	深度(m)	$\theta(°)$	$\beta(°)$	正压力(MPa)	R_m
上盘	A	1215	79	80	45.28	0.64
	C	1320	79	80	45.52	0.26
下盘	a	1700	79	80	46.37	0.64
	b	1772	79	76	47.48	0.29
	c	1810	79	72	48.35	0.26
	d	1895	79	67	49.38	0.15
	e	2058	79	47	49.83	0.25
	f	2125	79	37	48.06	0.26

表 4-9 过 430 井剖面压实作用和充填作用统计表

	砂体编号	深度(m)	$\theta(°)$	$\beta(°)$	正压力(MPa)	R_m
上盘	A	1285	80	68	43.08	0.14
下盘	a	1362	80	69	43.53	0.14
	b	1412	80	70	43.91	0.24
	c	1580	80	66	43.15	0.24

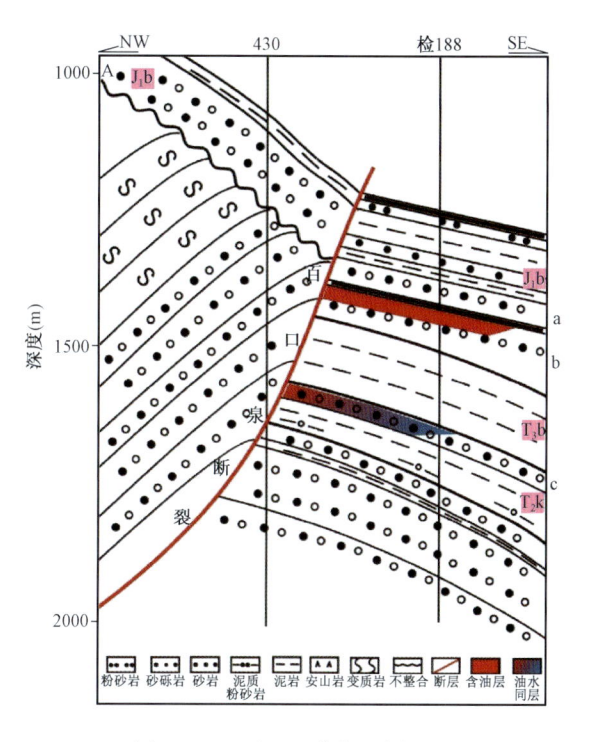

图 4－29　过 430 井断层剖面图

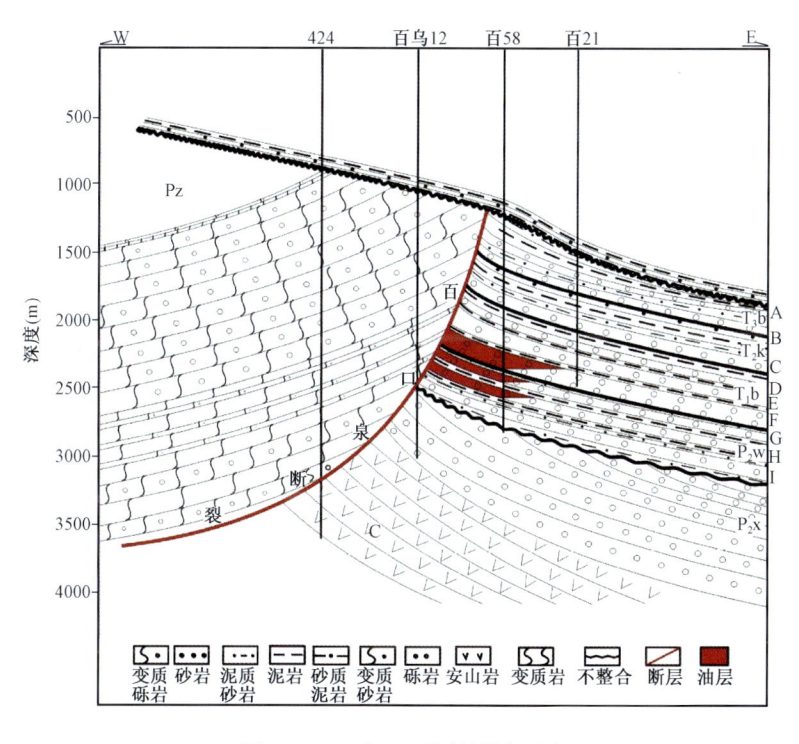

图 4－30　过 424 井断层剖面图

表 4-10　过 424 井剖面压实作用和充填作用统计表

	砂体编号	深度(m)	$\beta(°)$	$\theta(°)$	正压力(MPa)	R_m
下盘	A	1460	65	55	41.13	0.32
	B	1500	65	55	41.36	0.27
	C	1720	63	55	42.83	0.26
	D	1840	61	55	43.76	0.27
	E	1990	60	55	44.87	0.24
	F	2150	58	55	46.20	0.21
	G	2250	55	55	47.23	0.21
	H	2350	55	55	48.02	0.21
	I	2480	50	55	49.48	0.21

泥质充填方面，由于百口泉断层受到强烈的推覆作用，二叠纪和三叠纪地层剥蚀严重，致使上盘存在大量石炭纪的变质岩和火山岩，从而导致百口泉组断层的泥质充填较差。横向来看，百口泉组的西部泥质充填稍好，东西两侧泥质充填好于中间部分；纵向上，由于上盘底部出现石炭纪地层，使得上部泥质充填好于下部。

5. 百乌断裂

本断层的上盘地层剥蚀现象严重，与下盘对应的层位基本上是上盘的石炭系，说明本区地层推覆较强，压应力数值都在 47MPa 以上，压实作用强烈（图 4-31、表 4-11）。

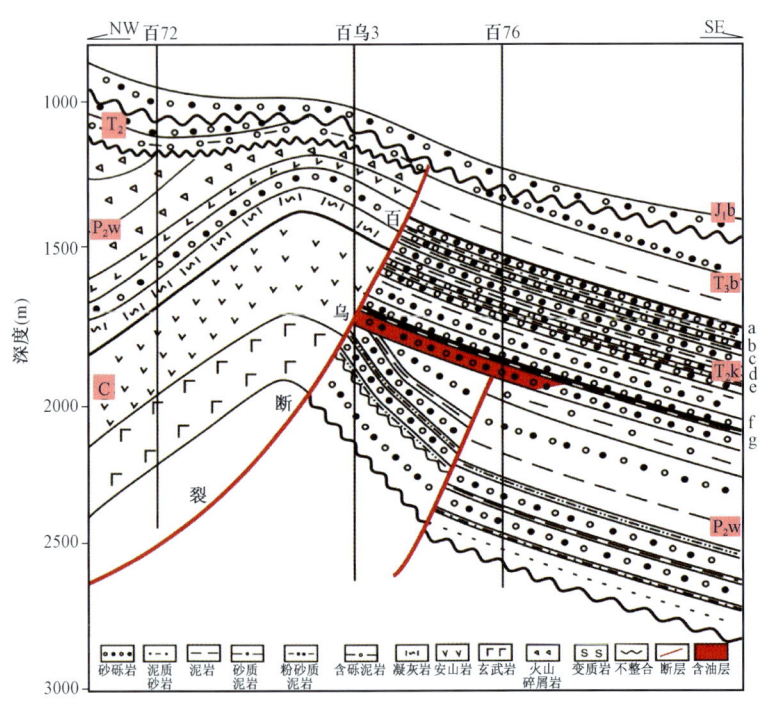

图 4-31　过百 72 井断层剖面图

表4-11　过百72井剖面压实作用和充填作用统计表

	砂体编号	深度(m)	β(°)	θ(°)	正压力(MPa)	R_m
下盘	a	1400	66	84	47.79	0.40
	b	1425	66	84	47.93	0.35
	c	1480	64	84	48.23	0.34
	d	1520	64	84	48.47	0.30
	e	1550	65	84	48.65	0.30
	f	1650	64	84	49.25	0.29
	g	1715	65	84	49.60	0.26

泥质充填方面,由于上盘二叠纪和三叠纪地层剥蚀严重,大量石炭纪火成岩导致从上往下泥质充填变差,上部泥质充填中等、下部较差。

综上所述,研究区压实作用强烈,百口泉断层和百乌断层的压实作用强于克拉玛依断层的压实作用;剖面上看,埋深较浅时,压实作用主要受区域主应力和断层倾角的双重影响,随着断层倾角的增大而增大,深层主要受地层深度和断层倾角的双重影响,埋藏越深,倾角越小,压实作用越强(图4-32)。

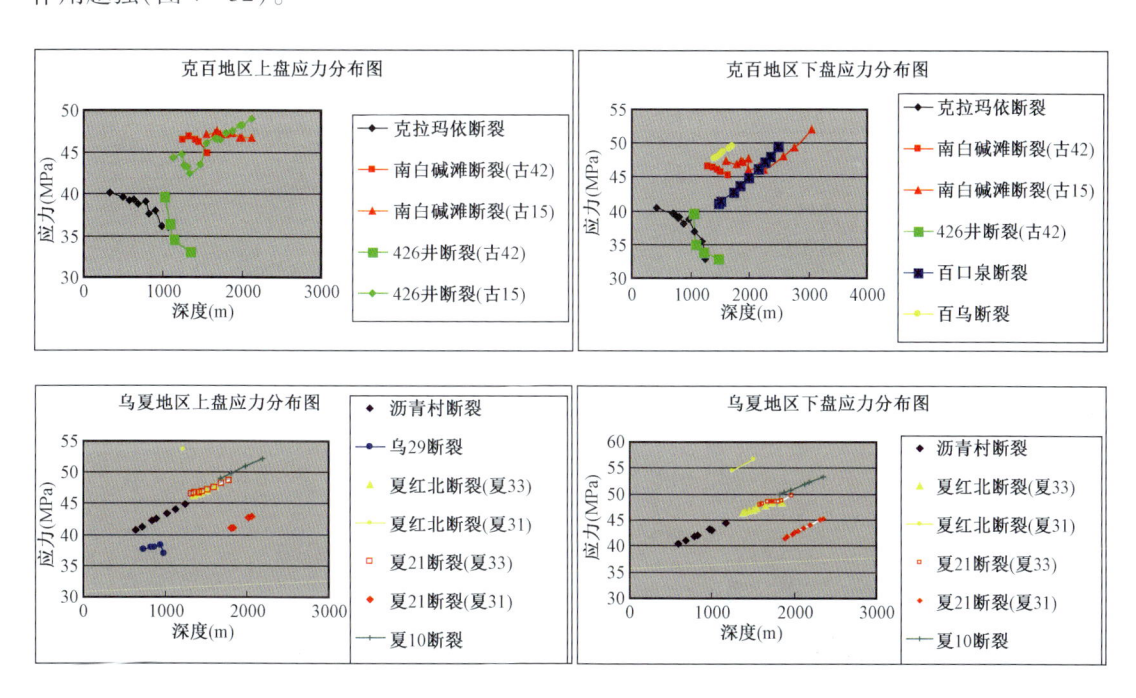

图4-32　克百断裂带主要断层压应力分布图

泥质充填从平面上来看,呈现中间好,西部中等,东部较差的状态;纵向上来说,由于上盘存在大量火山岩和变质岩,使得泥质充填有从上往下变差的趋势(图4-33、图4-34)。

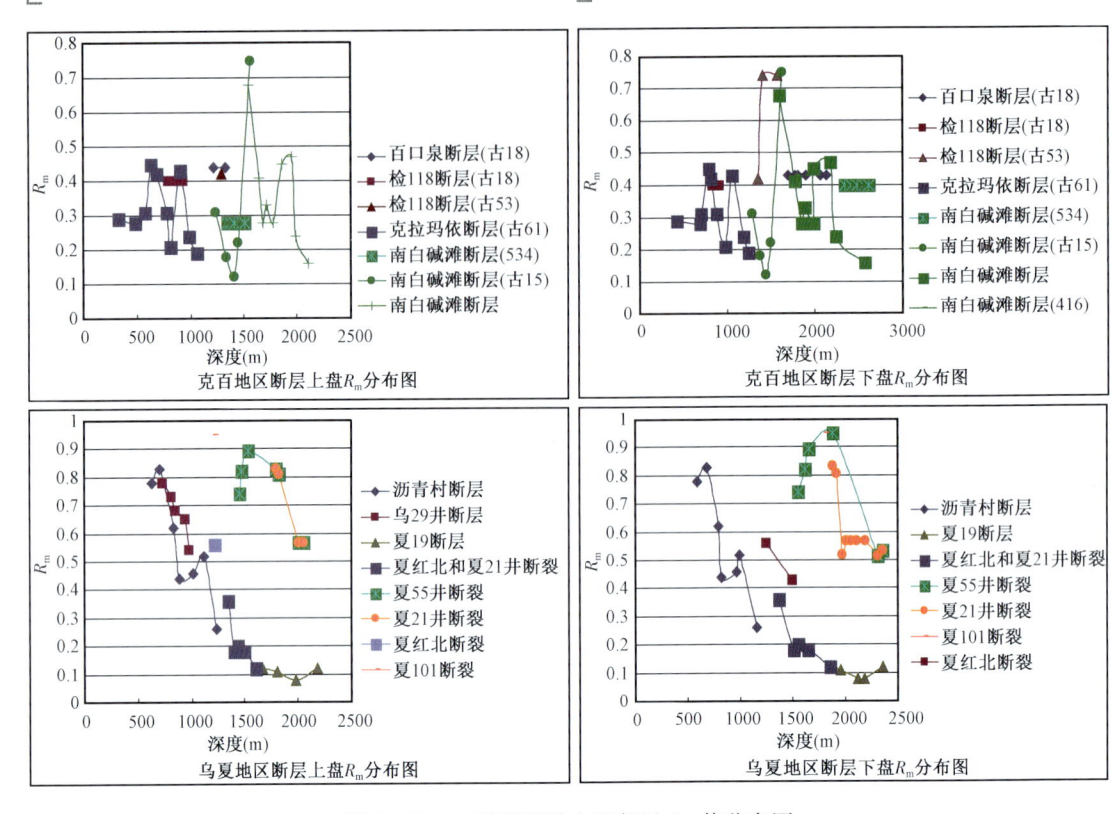

图 4-33 克百断裂带主要断层 R_m 值分布图

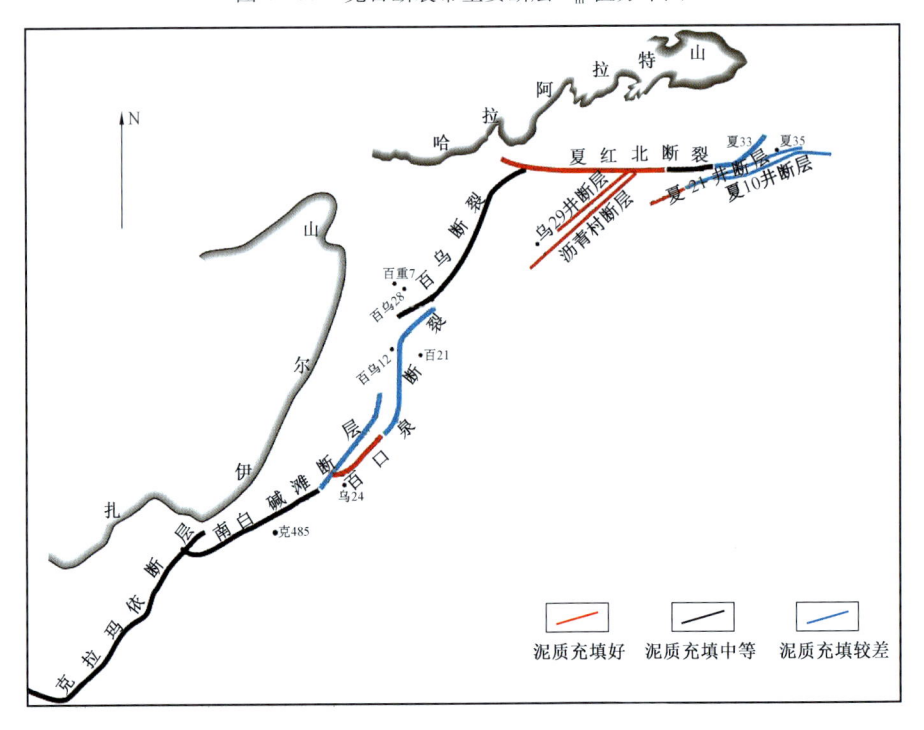

图 4-34 泥质充填作用平面评价图

四、断层封闭性综合分析

断裂封闭性是指断裂对油气的封堵能力,不同时期断裂发育程度的不同造成断裂开启或封闭(吕延防等,2002)。根据断裂带结构特征,断裂封闭性包括侧向封闭性和垂向封闭性两个方面(Downey,1984;张吉等,2003)。对于断裂侧向封闭性前人提出了砂泥岩对接、断面泥岩涂抹、泥岩剪切带等封闭机理;对断裂垂向封闭性,提出了断面闭合、泥质填充、后期成岩胶结等封闭机理(Allan,1989;付晓飞等,1999;张吉等,2003;赵密福,2004;任森林等,2011)。评价断层封闭性是油气勘探开发面临的一个重要问题。断层封闭性是断陷盆地中油气藏形成和分布的主要控制因素,也是决定断块油气藏贫富差异的重要因素,因此确定断层封闭性的评价方法对于油气勘探开发具有重要的实践意义。通过对评价断层封闭性新方法的探讨和已有方法的总结,本研究主要选取岩性对置、泥岩削刮比(SGR)、紧闭指数3个参数来配合成岩作用对断层封闭性进行了评价。

泥岩层厚是指对某一点来说对盘地层中滑过此点的所有泥岩厚度的总和,泥岩厚度除以断距就得到SGR值(Yielding等,1997;赵密福等,2005;付晓飞等,2011)。对于砂泥岩互层的层序中,被断地层不是单纯的泥岩或砂岩,因此,泥岩的涂抹效应取决于被断岩柱内泥岩的总含量,公式为

$$SGR = \frac{\sum(某一段岩柱高度) \times (泥岩百分含量)}{断距} \times 100\% \quad (4-7)$$

吕延防等(1996)曾给出判断断面紧闭程度的一种方法,但其断面应力的计算没有考虑构造应力的影响,也没有考虑断裂带物质抗压强度沿断裂带的变化。为了定量计算断面紧闭程度,定义断层紧闭指数(Fault Tightness Index,I_{FT})为断面正压力σ_F与断裂带物质抗压强度σ_C的比值(田辉等,2003):

$$I_{FT} = \sigma_F/\sigma_C \quad (4-8)$$

式中 σ_F——断面正压力;

σ_C——断裂带物质抗压强度。

一般认为,$I_{FT}>1$,则断面紧闭,封闭性好;$I_{FT}<1$,则开启,油气可能沿断层垂向运移。I_{FT}值越大,说明其封闭性越好(田辉等,2003)。由于不同地区、不同盆地实际地质情况的差异,I_{FT}临界值标准不同。在不同的研究区,可由已知封闭性的断层建立该区I_{FT}判别标准临界值,再由此临界值判断未知断层的封闭程度。

在总结前人对该区研究成果的基础上,通过对大量油层部位各种定量评价参数对比分析的基础上,建立了该区SGR、紧闭指数两个参数的评价标准(表4-12)。

表4-12 SGR、紧闭指数评价标准

参数类型	好	中等	差
SGR	>0.7	0.2~0.7	<0.2
紧闭指数	>1.0	0.8~1.0	<0.8

1. 评价参数

在上述评价基础上,综合考虑影响断层封闭性的各种因素,依据它们对断层封闭性贡献的大小,采用模糊数学的方法,对断层封闭性进行综合评价。

(1)数学模型:B = WR[B1,B2,…,Bn] = [W1,W2,…,Wn]·[Rij]mn

(2)关键环节:确定各因素的权重系数,建立单因素评价矩阵。

(3)单因素隶属度的确定:

因素一(U1):紧闭指数(紧闭指数>1,取1,0.8≤紧闭指数≤1,取0.5,紧闭指数<0.8,取0);

因素二(U2):断面正压力($p > 22.5$,取1;$7.5 \leq p \leq 22.5$,取0.5;$p < 7.5$,取0);

因素三(U3):岩性对接(跟泥岩对接,取1;跟砂泥互层对接,取0.5;跟砂层对接,取0);

因素四(U4):泥岩削刮比(SGR>0.7,取1.0;0.2≤SGR≤0.7,取0.5;SGR<0.2,取0);

因素五(U5):断裂带泥质充填物($R_m > 0.6$,取1.0;$0.3 \leq R_m \leq 0.6$,取0.5;$R_m < 0.3$,取0)。

(4)计算模型建立:主因素决定型M(∧,∨),主因素突出型M(·,∨),加权平均型M(·,+)。

研究表明,所选择的研究因素对断层封闭程度影响较大,各因素所占权重相当(表4-13),因此以加权平均型作为计算模型最优。

表4-13 克百地区断裂带断层封闭性单因素权重系数

影响因素(U)	影响因素(U)	U1	U2	U3	U4	U5
权重系数(Wi)	权重系数(Wi)	0.3	0.3	0.15	0.1	0.15

根据前人研究经验,并结合工区实际情况,将标准定为:

(1)评价结果≥0.750,封闭性好;

(2)评价结果为0.675~0.750,封闭性中等;

(3)评价结果<0.675,封闭性差。

2. 断层封闭性综合评价

1)克拉玛依断层

克拉玛依断层的紧闭指数都大于1,SGR值在除A、I、a、i四层小于0.2外,其他层位基本处于0.2~0.7;紧闭指数除J层之外都大于1(表4-14)。综合评价前面所计算的参数,得出克拉玛依断层的封闭性情况,上盘评价结果为好,下盘评价结果比较复杂(表4-15)。

表4-14 过古61井剖面封闭性参数统计表

	砂体编号	深度(m)	$\theta(°)$	SGR	σ_r	紧闭指数
上盘	a	329	62	0.61	17.47	2.23
	b	487	57	0.35	20.85	1.80
	c	572	54	0.326	21.162	1.72
	d	625	53	0.69	16.43	2.19
	e	684	50	0.57	17.99	1.93

续表

	砂体编号	深度(m)	θ(°)	SGR	σ_r	紧闭指数
上盘	f	772	49	0.42	19.94	1.73
	g	816	44	0.425	19.875	1.61
	h	901	43	0.49	19.03	1.66
	i	987	37	0.55	18.25	1.55
	j	1059	35	0.38	20.46	1.33
下盘	A	428	61	0.1	24.1	1.61
	B	697	52	0.38	20.46	1.75
	C	710	52	0.43	19.81	1.80
	D	790	48	0.39	20.33	1.67
	E	816	48	0.58	17.86	1.91
	F	881	44	0.47	19.29	1.66
	G	980	43	0.21	22.67	1.40
	H	1060	37	0.55	18.25	1.56
	I	1190	31	0.19	22.93	1.09
	J	1243	25	0.21	22.67	0.93

表4-15 过古61井剖面模糊评价表

	砂体编号	断面应力(U1)	紧闭指数(U2)	R_m(U3)	SGR(U4)	岩性对接(U5)	Um	评价结果
上盘	A	0.3	0.3	0	0.1	0.075	0.775	好
	B	0.3	0.3	0	0.05	0	0.650	差
	C	0.3	0.3	0.075	0.05	0	0.725	中等
	D	0.3	0.3	0.075	0.05	0.075	0.800	好
	E	0.3	0.3	0.075	0.05	0.150	0.875	好
	F	0.3	0.3	0.075	0.05	0.075	0.800	好
	G	0.3	0.3	0	0.05	0.075	0.725	好
	H	0.3	0.3	0.075	0.05	0.075	0.800	好
	I	0.3	0.3	0	0.05	0.075	0.725	中等
	J	0.3	0.3	0	0.05	0	0.650	差
下盘	A	0.3	0.3	0	0	0.075	0.675	中等
	B	0.3	0.3	0	0.05	0	0.650	差
	C	0.3	0.3	0.075	0.05	0	0.725	中等
	D	0.3	0.3	0.075	0.05	0	0.725	中等
	E	0.3	0.3	0.075	0.05	0.075	0.800	好
	F	0.3	0.3	0.075	0.05	0.075	0.800	好
	G	0.3	0.3	0	0.05	0	0.650	差
	H	0.3	0.3	0.075	0.05	0	0.725	中等
	I	0.3	0.3	0	0	0.075	0.655	差
	J	0.3	0.3	0	0.05	0.075	0.725	中等

2）南白碱滩断层

534井剖面，SGR值在0.35~0.5，中等；紧闭指数基本在1.8~2.0，好。不过本剖面上盘R_m、岩性对接较差。其上盘封闭性中等，下盘封闭性好（表4-16、表4-17）。

表4-16 过534井剖面封闭性参数统计表

	砂体编号	深度（m）	β（°）	SGR	σ_r	紧闭指数
上盘	A	1343	50	0.44	19.68	1.88
	B	1371	50	0.46	19.42	1.92
	C	1409	47	0.50	18.90	1.93
	D	1475	45	0.48	19.16	1.89
	E	1508	45	0.48	19.16	1.90
下盘	a	2340	36	0.33	21.11	1.85
	b	2420	34	0.37	20.59	1.89
	c	2480	33	0.38	20.46	1.90
	d	2558	32	0.42	19.94	1.95
	e	2618	32	0.48	19.16	2.06

表4-17 过534井剖面模糊评价表

	砂体编号	断面应力（U1）	紧闭指数（U2）	R_m（U3）	SGR（U4）	岩性对接（U5）	U_m	评价结果
上盘	A	0.3	0.3	0.075	0.05	0.075	0.800	好
	B	0.3	0.3	0.075	0.05	0	0.725	中等
	C	0.3	0.3	0.075	0.05	0	0.725	中等
	D	0.3	0.3	0	0.05	0.075	0.725	中等
	E	0.3	0.3	0.075	0.05	0	0.725	中等
下盘	a	0.3	0.3	0.075	0.05	0.075	0.800	好
	b	0.3	0.3	0.075	0.05	0.075	0.800	好
	c	0.3	0.3	0.075	0.05	0.075	0.800	好
	d	0.3	0.3	0	0.05	0.075	0.725	中等
	e	0.3	0.3	0.075	0.05	0.075	0.800	好

416井剖面SGR值基本在0.2~0.3，中等；紧闭指数在2左右，好，综合各个参数得出416井剖面的封闭性中等—好（表4-18、表4-19）。

表4-18 过416井封闭性参数统计表

	砂体编号	深度（m）	β（°）	SGR	σ_r	紧闭指数
下盘	a	1772	71	0.31	21.37	2.12
	b	1893	61	0.29	21.63	1.97
	c	1978	56	0.21	22.67	1.80

表 4-19　过 416 井剖面模糊评价表

砂体编号		断面应力（U1）	紧闭指数（U2）	R_m（U3）	SGR（U4）	岩性对接（U5）	Um	评价结果
下盘	a	0.3	0.3	0.075	0.05	0	0.725	中等
	b	0.3	0.3	0.075	0.05	0	0.725	中等
	c	0.3	0.3	0.075	0.05	0.075	0.800	好

古 42 剖面，两盘的中间层位 SGR 较小，都小于 0.2，紧闭指数都大于 1，所以本剖面两盘的中间部分封闭性差，两端层位封闭性好（表 4-20、表 4-21）。

表 4-20　过古 42 井剖面封闭性参数统计表

砂体编号		深度（m）	θ(°)	SGR	σ_r	紧闭指数
上盘	A	1235	67	0.29	23.76	1.95
	B	1329	65	0.50	20.4	2.29
	C	1401	57	0.10	26.8	1.73
	D	1445	53	0.08	27.12	1.70
	E	1559	44	0.81	15.44	2.90
下盘	a	1290	66	0.41	21.84	2.13
	b	1382	58	0.08	27.12	1.71
	c	1441	53	0.11	26.64	1.73
	d	1499	49	0.85	14.80	3.08
	e	1632	43	0.823	15.232	2.97

表 4-21　过古 42 剖面模糊评价表

砂体编号		断面应力（U1）	紧闭指数（U2）	R_m（U3）	SGR（U4）	岩性对接（U5）	Um	评价结果
上盘	A	0.3	0.3	0.075	0.05	0.075	0.800	好
	B	0.3	0.3	0	0.05	0.075	0.725	中等
	C	0.3	0.3	0	0	0	0.600	差
	D	0.3	0.3	0	0	0.075	0.675	差
	E	0.3	0.3	0.150	0.10	0.075	0.925	好
下盘	a	0.3	0.3	0.075	0.05	0.075	0.800	好
	b	0.3	0.3	0	0	0	0.600	差
	c	0.3	0.3	0	0	0	0.600	差
	d	0.3	0.3	0	0.10	0.150	0.850	好
	e	0.3	0.3	0.150	0.10	0.150	1.000	好

古 96 剖面，SGR 值除下盘的 i、j、k 层外都大于 0.2，有些层位大于 0.7，紧闭指数都大于 1，模糊评价后，本剖面有从上往下封闭性变差的趋势，上半部分封闭性好，下半部分封闭性差—中等（表 4-22、表 4-23）。

表4-22 过古96井剖面封闭性参数统计表

	砂体编号	深度(m)	θ(°)	SGR	σ_r	紧闭指数
上盘	A	1540	56	0.90	13.70	3.44
	B	1646	51	0.85	14.35	3.29
	C	1681	51	0.41	20.07	2.36
	D	1715	48	0.35	20.85	2.26
	E	1780	45	0.35	20.85	2.25
	F	1862	43	0.51	18.77	2.52
	G	1957	38	0.63	17.21	2.71
	H	1985	37	0.61	17.47	2.67
	I	2112	33	0.78	15.26	3.06
下盘	a	1603	54	0.95	13.05	3.63
	b	1776	45	0.41	20.07	2.34
	c	1853	44	0.35	20.85	2.27
	d	1890	42	0.51	18.77	2.52
	e	1990	40	0.52	18.64	2.56
	f	1986	35	0.68	16.56	2.78
	g	2170	31	0.48	19.16	2.43
	h	2241	28	0.30	21.50	2.14
	i	2568	24	0.18	23.06	2.09
	j	2750	22	0.15	23.45	2.11
	k	3050	20	0.16	23.32	2.23

表4-23 过古96剖面模糊评价表

	砂体编号	断面应力(U1)	紧闭指数(U2)	R_m(U3)	SGR(U4)	岩性对接(U5)	Um	评价结果
上盘	A	0.3	0.3	0.150	0.10	0.150	1.000	好
	B	0.3	0.3	0.075	0.10	0.150	0.925	好
	C	0.3	0.3	0	0.05	0.150	0.800	好
	D	0.3	0.3	0.075	0.10	0.150	0.925	好
	E	0.3	0.3	0	0.05	0	0.650	差
	F	0.3	0.3	0.075	0.05	0.075	0.800	好
	G	0.3	0.3	0.075	0.05	0.150	0.875	好
	H	0.3	0.3	0	0.05	0	0.650	差
	I	0.3	0.3	0	0.10	0.150	0.850	好

续表

	砂体编号	断面应力（U1）	紧闭指数（U2）	R_m（U3）	SGR（U4）	岩性对接（U5）	Um	评价结果
下盘	a	0.3	0.3	0.150	0.10	0.150	1.000	好
	b	0.3	0.3	0.075	0.05	0.075	0.800	好
	c	0.3	0.3	0	0.05	0.075	0.725	中等
	d	0.3	0.3	0	0.05	0.150	0.800	好
	e	0.3	0.3	0.075	0.05	0	0.725	中等
	f	0.3	0.3	0.075	0.05	0.075	0.800	好
	g	0.3	0.3	0	0.05	0.075	0.725	中等
	h	0.3	0.3	0	0.05	0.075	0.725	中等
	i	0.3	0.3	0	0	0.075	0.675	中等

通过以上分析可以看出，南白碱滩断层封闭性从西往东封闭性变差，西段封闭性好，中段中等，东段封闭性差。纵向上没有明显的规律性。

3）426井断层

古42剖面下盘大部分层位SGR小于0.2，其他层位都大于0.4，紧闭指数都大于1，上盘都大于2（表4-24）。综合各种参数得表4-25，426井断裂上盘封闭性好于下盘，同一盘来说上部和下部封闭性好，中间封闭性差。

表4-24 过古42井剖面封闭性参数统计表

	砂体编号	深度(m)	$\theta(°)$	SGR	σ_r	紧闭指数
上盘	A	1005	44	0.56	19.44	2.03
	B	1078	35	0.51	20.24	1.80
	C	1132	30	0.41	21.84	1.58
	D	1338	23	0.85	14.80	2.23
下盘	a	1044	43	0.625	18.40	2.15
	b	1080	32	0.21	25.04	1.39
	c	1205	27	0.10	26.80	1.25
	d	1470	20	0.11	26.64	1.23

表4-25 过古42井剖面模糊评价表

	砂体编号	断面应力（U1）	紧闭指数（U2）	R_m（U3）	SGR（U4）	岩性对接（U5）	Um	评价结果
上盘	A	0.3	0.3	0.075	0.05	0.075	0.800	好
	B	0.3	0.3	0	0.05	0.075	0.725	中等
	C	0.3	0.3	0	0.05	0	0.650	差
	D	0.3	0.3	0	0.10	0.075	0.775	好

续表

	砂体编号	断面应力（U1）	紧闭指数（U2）	R_m（U3）	SGR（U4）	岩性对接（U5）	U_m	评价结果
下盘	a	0.3	0.3	0.075	0.05	0.075	0.800	好
	b	0.3	0.3	0	0	0	0.600	差
	c	0.3	0.3	0	0	0	0.600	差
	d	0.3	0.3	0	0	0.075	0.675	中等

4）百口泉断层

古18井剖面SGR值均在0.30~0.77，紧闭指数大于1，综合各参数，总体而言，古18井剖面封闭性中等（表4-26、表4-27）。

表4-26 过古18井剖面封闭性参数统计表

	砂体编号	深度（m）	SGR	σ_r	紧闭指数
上盘	A	1215	0.77	15.39	2.94
	C	1320	0.44	19.68	2.31
下盘	a	1700	0.75	15.65	2.96
	b	1772	0.30	21.50	2.20
	c	1810	0.37	20.59	2.34
	d	1895	0.32	21.24	2.32
	e	2058	0.50	18.90	2.63
	f	2125	0.53	18.51	2.59

表4-27 过古18井剖面模糊评价表

	砂体编号	断面应力（U1）	紧闭指数（U2）	R_m（U3）	SGR（U4）	岩性对接（U5）	U_m	评价结果
上盘	A	0.3	0.3	0.15	0.10	0.150	1.000	好
	C	0.3	0.3	0	0.05	0.075	0.725	中等
下盘	a	0.3	0.3	0.15	0.10	0	0.850	好
	b	0.3	0.3	0	0.05	0.075	0.725	中等
	c	0.3	0.3	0	0.05	0.075	0.725	中等
	d	0.3	0.3	0	0.05	0.075	0.725	中等
	e	0.3	0.3	0	0.05	0.075	0.725	中等
	f	0.3	0.3	0	0.05	0.075	0.725	中等

古53井剖面的SGR值介于0.24~0.36之间，紧闭指数均大于1；综合各参数，评价其封闭性好（表4-28、表4-29）。

【第四章】 断裂带结构划分及成岩封闭作用

表4-28 过古53井剖面封闭性参数统计表

	砂体编号	深度(m)	β(°)	SGR	σ_r	紧闭指数
上盘	A	1285	68	0.24	22.28	1.93
下盘	a	1362	69	0.36	20.72	2.10
下盘	b	1412	70	0.36	20.72	2.12
下盘	c	1580	66	0.26	22.02	1.96

表4-29 过古53井剖面模糊评价表

	砂体编号	断面应力(U1)	紧闭指数(U2)	R_m(U3)	SGR(U4)	岩性对接(U5)	U_m	评价结果
上盘	A	0.3	0.3	0.075	0.05	0.075	0.800	好
下盘	a	0.3	0.3	0.075	0.05	0	0.725	中等
下盘	b	0.3	0.3	0.150	0.05	0	0.800	好
下盘	c	0.3	0.3	0.150	0.05	0	0.800	好

百口泉断层平面上从西往东封闭性变好。纵向上从上往下变差。

总体来说，整个研究工区现阶段主要断层的封闭性较好(图4-35)。克百地区，东西两端封闭性好，中间封闭性差。西部，克拉玛依断层及南白碱滩断层的西段封闭性比较复杂，封闭性基本处于中等—好，也有某些层位封闭性差。中部，南白碱滩断层东段及百口泉断层西段部分层位封闭性差，处于开启的状态。东部，百口泉东段封闭性好；纵向上，克拉玛依断层上盘由于有大量火山岩出现，所以导致下盘的泥岩涂抹受限，导致克拉玛依断层上盘封闭性好于下盘，其他断层纵向上规律不明显，大体呈上好下差的分布状态。

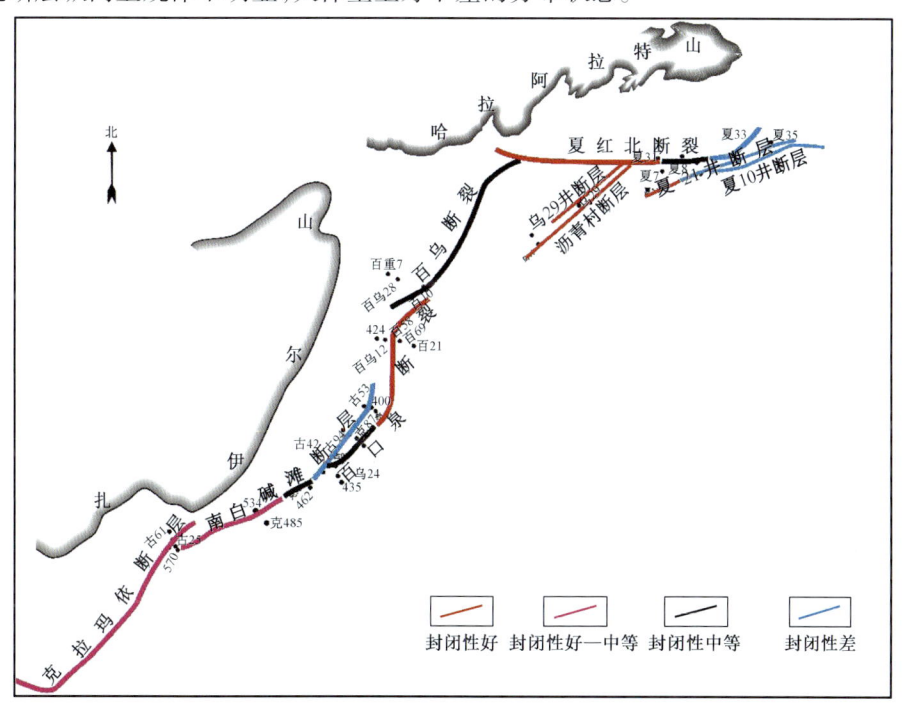

图4-35 克百断裂带断层封闭性评价平面图

第三节 胶结作用对断层封闭性的影响

断裂带成岩胶结作用是指富含矿物质的地下流体沿断裂带运移的过程中,由于物理环境的改变及地下水与断层面上的物质发生物理化学反应而形成次生矿物,如铁氧化物和$CaCO_3$沉淀物等(Yielding等,1997;陆友明等,1999)。所生成矿物堵塞了岩石孔隙,使岩石孔隙度减少,渗透率降低,从而使断层附近的驱替压力值升高并大大增强对油气的捕获能力(Yielding等,1997)。譬如,压溶作用释放出的$CaCO_3$沉淀造成孔隙胶结,另外压溶作用的非渗透性残余物质(泥岩、铁质和有机质)也会堵塞孔隙使得岩石的孔隙度减少、渗透率降低(陆友明等,1999)。总而言之,这些后期的矿物沉淀,胶结了疏松的沉积物,阻塞了断裂带中的孔隙,使岩石孔隙度减小、渗透率降低,造成断层的封闭。

岩石在应力作用下,在垂直于最小主应力σ_3的方向上由于σ_1与σ_3的应力差,而使岩层发生剪切破裂,并在微裂隙的周围,特别在裂隙的尖端发生应力集中,使裂隙递进扩展形成优势裂隙,最后发展成大的断裂带(阎福礼等,1999)。断裂带一般由复杂的、成组的、交叉排列的断层滑动面和相应断裂体组合而成,共同构成地震剖面上可识别的断层(Knipe,1997)。在这一过程中,岩石膨胀,体积增大,孔、渗增加,造成断层破碎带中流体压力下降,成为相对低势区,在裂隙内外压力差的驱动下,围岩中的流体运移进入岩石的裂隙中,在断层或断层附近做大规模的运移,即为"地震泵"效应(Hooper,1991;华保钦,1995;鲁雪松等,2004)。流体进入断裂破碎带中压力和温度降低,必然产生水岩相互作用,导致热液矿物的沉淀结晶,而愈合破裂和角砾岩,造成断裂带裂缝的充填,久而久之,渗透率逐渐变小直至不渗透(Cox,1995;刘立等,2000;刘亮明,2001;李忠等,2003)。

地下流体沿断裂带运移过程中,不仅会发生胶结作用这种使断层封闭性变好的正向成岩作用,也会发生溶蚀作用这种负向作用。当含烃流体通过断层运移时,由于烃类脱羧基释放的CO_2溶于地层水,同时烃类生成时形成有机酸,使地层水成酸性,会对岩石或裂隙中的胶结物产生溶蚀作用,改造断层输导流体的能力,使断层封闭性变差,输导能力增强。

通过岩心观察结合岩石薄片、扫描电镜分析发现,玛湖凹陷西斜坡断裂带内成岩胶结作用普遍发育,尤其是诱导裂缝带中的裂缝基本被完全胶结,是影响断层封闭性的最主要因素之一。各主要断层的成岩胶结作用发育情况有所区别,主要体现为不同断裂成岩胶结物各不相同,通过研究认为这是由于各断裂的不同产状、不同部位、不同深度、不同规模的区别,且各断裂演化历史和流体活动特征的不同造成的。也正因如此,西斜坡各主要断层流体成岩作用的影响范围和胶结速率也不尽相同。在这一地区,溶蚀作用的表现不如胶结作用明显,主要作用是为裂缝、孔隙的胶结物沉淀提供物质基础、产生次生孔隙,溶蚀作用的蚀变产物常常是裂缝、孔隙胶结充填物。

一、克百断裂带成岩阶段及次序划分

1. 成岩阶段划分依据

沉积物在经历漫长的成岩作用改造期间,在矿物成分、结构构造、有机质成熟度等方面都

在逐渐发生变化(张善文等,2009)。尤其是在断裂带内,受构造应力的影响巨大并且断裂是地下流体活动最频繁的地质单元,成岩作用普遍发育。在其变化过程中主要控制因素是温度、压力和流体性质(吴孔友等,2011)。

地球内热的向外散发和太阳辐射热在地壳相互作用决定地表的温度分布,由于太阳辐射作用仅影响到地面以下几十米深度范围,因此地壳表层地温场的主要热源来自地球内部,地壳表层结构和物质分布的不均匀性造成了地温在不同地区的差异。由于成岩作用带一般埋藏深度不大,其受热温度不高(通常<200℃),但它确是影响成岩作用最重要的外在因素之一(吴孔友等,2011),沉积物在成岩过程中的受热历史,不但控制着有机质的演化特征、成熟状况和产状,而且决定了沉积岩中黏土矿物和各种自生矿物的形成、转变和分布,同时对原生孔隙的消减和次生孔隙的形成也产生着重要影响。在成岩作用过程中,温度的重要作用在于:(1)影响矿物的结晶速度和地球化学性质;(2)加速水化矿物向含水少和不含水的矿物相转变;(3)降低金属离子的水化作用,促进其进入矿物相;(4)通过对有机酸脱羧作用的控制,影响孔隙流体的 pH 值;(5)影响矿物溶解度;(6)温度差促使流体流动。

压力也是影响成岩作用的重要因素之一,随着沉积堆积作用的不断进行,沉积物埋深不断增加,在上覆沉积物负荷压力作用下即可广泛的发生压实作用。此外压力也可影响矿物转变,如蒙皂石向伊利石转变过程中,压力能使大量水从黏土矿物构造中释放出来,使蒙皂石体积变小,从而向伊利石转变。

断裂带是地下流体活动最频繁的场所(吴孔友等,2011),地下水运移过程中发生的水岩反应和含烃流体运移时,烃类脱羧基释放的 CO_2 溶于地层水,同时烃类生成时形成有机酸使地层水成酸性(王琪等,1999;袁静等,2007),直接影响矿物的沉淀结晶和溶解。所以地下流体也是影响成岩作用的重要因素之一(袁静等,2000;卢红霞等,2009)。

克百地区地温梯度较低,在深度 6000m 范围内多集中在 1.7~2.2℃/100m,平均为 2.0℃/100m 左右(邱楠生等,2001)。烃源岩成熟度差别较大,侏罗系及上三叠统生油岩 R_o 大都小于 0.6%,二叠系生油岩 R_o 为 0.6%~1.2%,处于生油高峰。

2. 成岩胶结作用类型及特征

通过对玛湖凹陷西斜坡多口取心井的镜下观察发现,该区主要存在的成岩胶结作用类型主要有 4 种,即交代作用、胶结作用、溶蚀作用和火山熔岩的特殊成岩作用。

1) 交代作用

克百断裂带内可见方解石交代泥质杂基,在凝灰岩中存在玻屑和火山灰的方沸石化、绿泥石化和硅化及长石晶屑的绿泥石化。玄武岩和安山岩的交代蚀变作用主要表现为岩石的绿泥石化和浊沸石化(图 4-36)。

2) 胶结作用

胶结物主要充填在各种孔隙、裂缝当中,减少了孔隙空间,缩小了孔喉半径,使得储层孔隙度及渗透率大幅下降(赵澄林等,2001)。而早期的胶结物可以增加岩石的抗压实能力,使得一些剩余原生粒间孔隙得以保留,同时也为后期溶蚀作用的发生奠定了物质基础(刘春燕等,2009)。研究区断裂带内主要发生以下胶结作用。

古25井，1200.24m，浊沸石化碎裂玄武岩，碎粉物质被浊沸石交代(100×，左-、右+)

古25井，1200.24m，绿泥石化浊沸石化(20×，左-、右+)

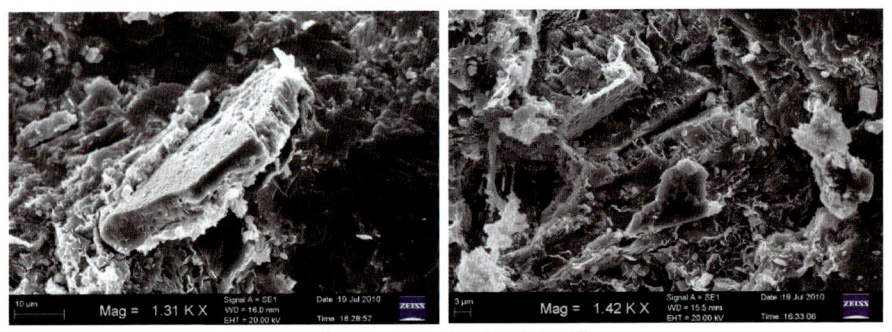

534井，1951.75m，长石晶屑绿泥石化

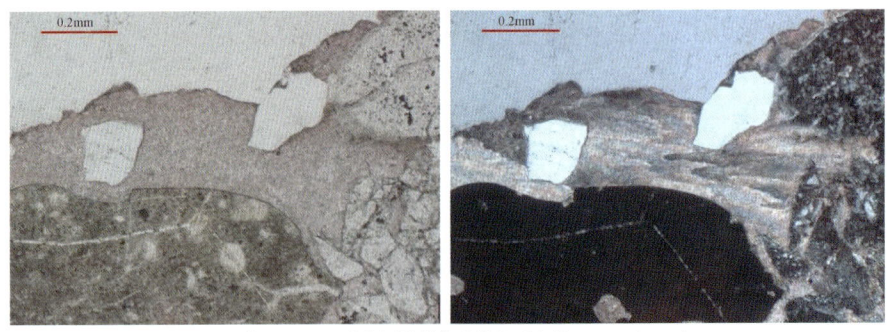

435井，2119m，方解石胶结物交代泥质杂基(20×，左-、右+)

图4-36 克百断裂带交代作用现象

(1)碳酸盐胶结作用。

碳酸盐胶结物是在成岩环境中从富钙的碳酸盐溶液中沉淀下来的矿物,主要由方解石、铁方解石、白云石、铁白云石和菱铁矿等组成(赵澄林等,2001)。本区碳酸盐矿物的胶结作用比较复杂,不同的碳酸盐矿物胶结的方式发生在不同的成岩作用阶段,主要有早成岩阶段的亮晶方解石胶结、中成岩阶段铁方解石—铁白云石胶结(图4-37)。成岩早期碳酸盐矿物的形成主要受沉积时水介质性质和陆源物质矿物成分的控制,但在成岩中晚期,由于泥质岩中有机质演化及烃类运移生成碳酸和有机酸,与岩石发生作用析出 Fe^{2+}、Mg^{2+}、Ca^{2+},形成铁方解石、铁白云石、菱铁矿。本区断裂内岩石早期发育的主要为亮晶方解石胶结,在晚期可被含铁碳酸盐矿物交代,形成亮晶方解石—铁方解石—铁白云石的成岩序列。

(2)黏土矿物的析出和转变。

绿泥石在自然界广泛分布,是沉积岩、低级变质岩、水热蚀变岩中的主要矿物之一,也是热液蚀变作用下的重要产物之一(Deer等,1992;李欣等,2014)。绿泥石胶结物的形成需要大量的铁离子,克百断裂带内火山岩岩屑蚀变产生的铁离子可为绿泥石的形成提供物质来源。绿泥石主要存在于本区的气孔(杏仁)、碎裂玄武岩和安山岩中,主要分布于全岩及气孔、溶蚀洞和裂缝中。浊沸石也是本区玄武岩、安山岩经后期热液作用蚀变形成的特征矿物之一,主要存在于本区的气孔(杏仁)、碎裂玄武岩和安山岩中,总体含量较低,但在碎裂安山岩中的含量较高,主要分布于全岩及气孔、裂缝中。虽然绿泥石和浊沸石的产状和分布大体一致,但其形成的次序却不同,在蚀变阶段,绿泥石的形成早于浊沸石(王盛鹏等,2012)。在裂缝中也发现方沸石的存在,沸石与绿泥石之间无明显交代关系。

根据取心井岩心的观察、写实性描述及室内薄片鉴定、分析测试,可将本区绿泥石的成因归纳为两种方式。

① 蚀变演化。

火山岩固结成岩后,由于后期热液的作用,火山岩中的基质、斑晶乃至已形成的蚀变矿物进一步发生交代蚀变,从而形成绿泥石。绿泥石集合体或保留原有矿物的外形,或充填于细小的裂隙、缝隙,在气孔乃至溶蚀洞内,沿内壁形成一圈薄层状绿泥石,是孔洞中的热液与围岩作用的产物。

火山玻璃、斜长石、辉石的蚀变:火山岩中火山玻璃、斜长石、辉石等基质及橄榄石、斜长石、辉石斑晶,遇热液作用后,转变为绿泥石,镜下可见沿斜长石、辉石的裂隙充填有绿泥石。钠长石蚀变成绿泥石的反应式如下(李欣等,2014):

$$2NaAlSi_3O_8 + 4(Fe,Mg)^{2+} + 2(Fe,Al)^{3+} + 10H_2O \longrightarrow (Mg,Fe)_4(Fe,Al)_2Si_2O_{10}(OH)_8 + 4SiO_2 + 2Na^+ + 12H^+$$

本区富含铁、镁离子的热液可提供绿泥石转变时所需的成分和碱性的水介质条件,因此反应式适合于全岩向绿泥石的转变过程。这种现象多发生在本区绿泥石对气孔、气孔洞及细小的缝隙的充填,为下文所阐述的"沉淀结晶"提供了一部分"绿泥石"溶液源。

② 沉淀结晶。

沉淀结晶是热液成分沉淀生长,胶体溶液充填后的结晶(图4-38)。

439井，方解石胶结岩心照片

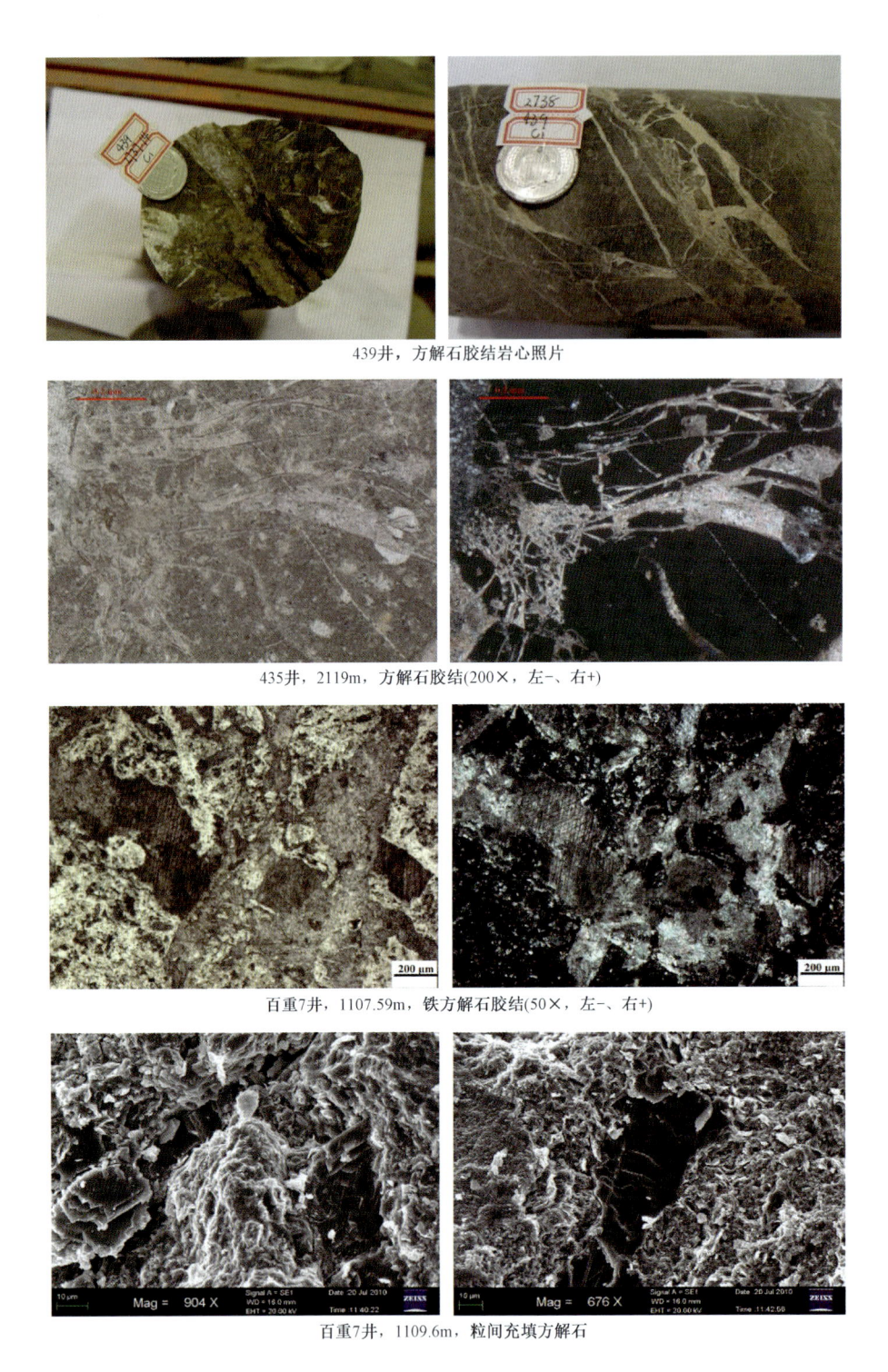

435井，2119m，方解石胶结(200×，左-、右+)

百重7井，1107.59m，铁方解石胶结(50×，左-、右+)

百重7井，1109.6m，粒间充填方解石

图 4-37 克百断裂带碳酸盐胶结作用现象

534井，1951.75m，长石向绿泥石蚀变

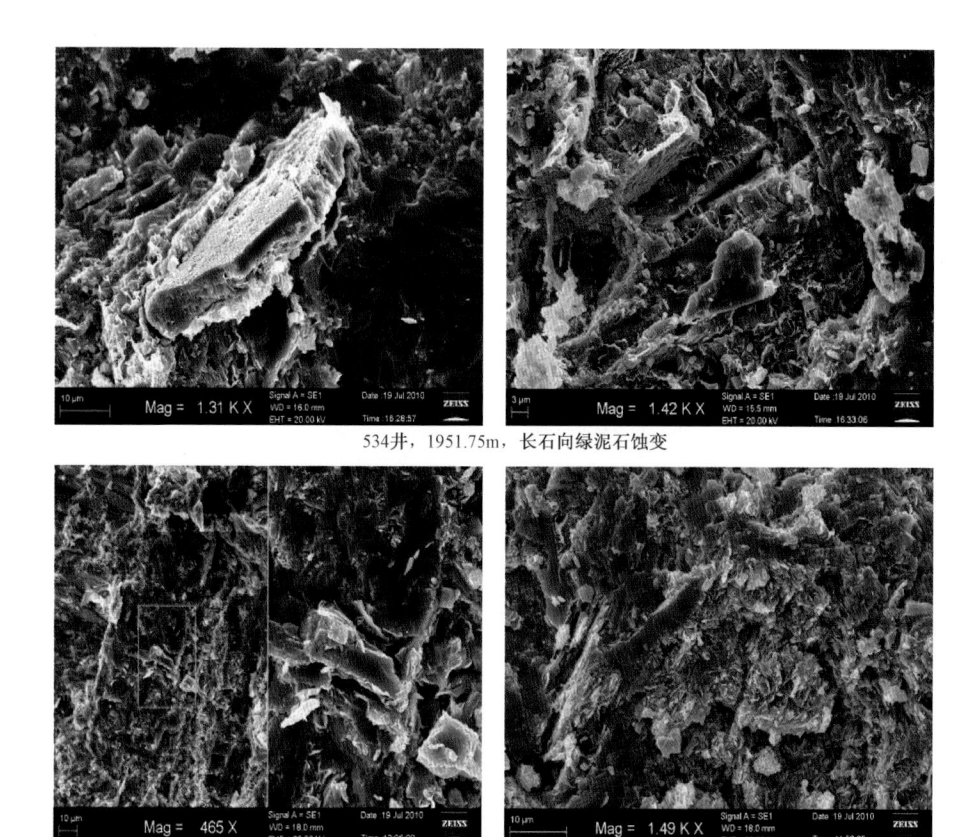

547井，1772m，长石向绿泥石蚀变

图 4-38　克百断裂带绿泥石蚀变演化现象

ⓐ 溶液的沉淀生长：从热液中沉淀结晶的绿泥石充填于火山岩中气孔及细小的裂隙、缝隙中。

ⓑ 胶体溶液充填后的结晶：热液中的"绿泥石"胶体溶液充填于气孔及少量溶蚀洞，绿泥石沉淀结晶存在于孔洞中，呈随机式分布，少见韵律式。"绿泥石"胶体溶液结晶后形成绿泥石。

美国矿物学家 L. Hay Richard 曾对世界各地沉积岩中沸石类矿物的形成与分布做过统计与分析（Hay，1978），发现很多沸石类矿物的形成都与火山物质密切相关，浊沸石的形成与火山物质更是关系密切。在本区中发育的浊沸石也都与火山物质来源有关。火山物质在埋藏成岩早期水化蚀变形成部分浊沸石胶结物，其反应机理与斜长石蚀变形成浊沸石的机理类似（朱国华，1985）（图 4-39）。

$$2CaAl_2Si_2O_8 + 2Na^+ + 4H_2O + 6SiO_2 = 2NaAlSi_3O_8 + CaAl_2Si_4O_{12} \cdot 4H_2O + Ca^{2+}$$

（钙长石）　　　　　　　　　　　（钠长石）　（浊沸石）

浊沸石与碳酸盐矿物有相互排斥的现象，两者总是各自分片出现，原因显然是浊沸石和碳酸盐沉淀过程存在对钙离子争夺。

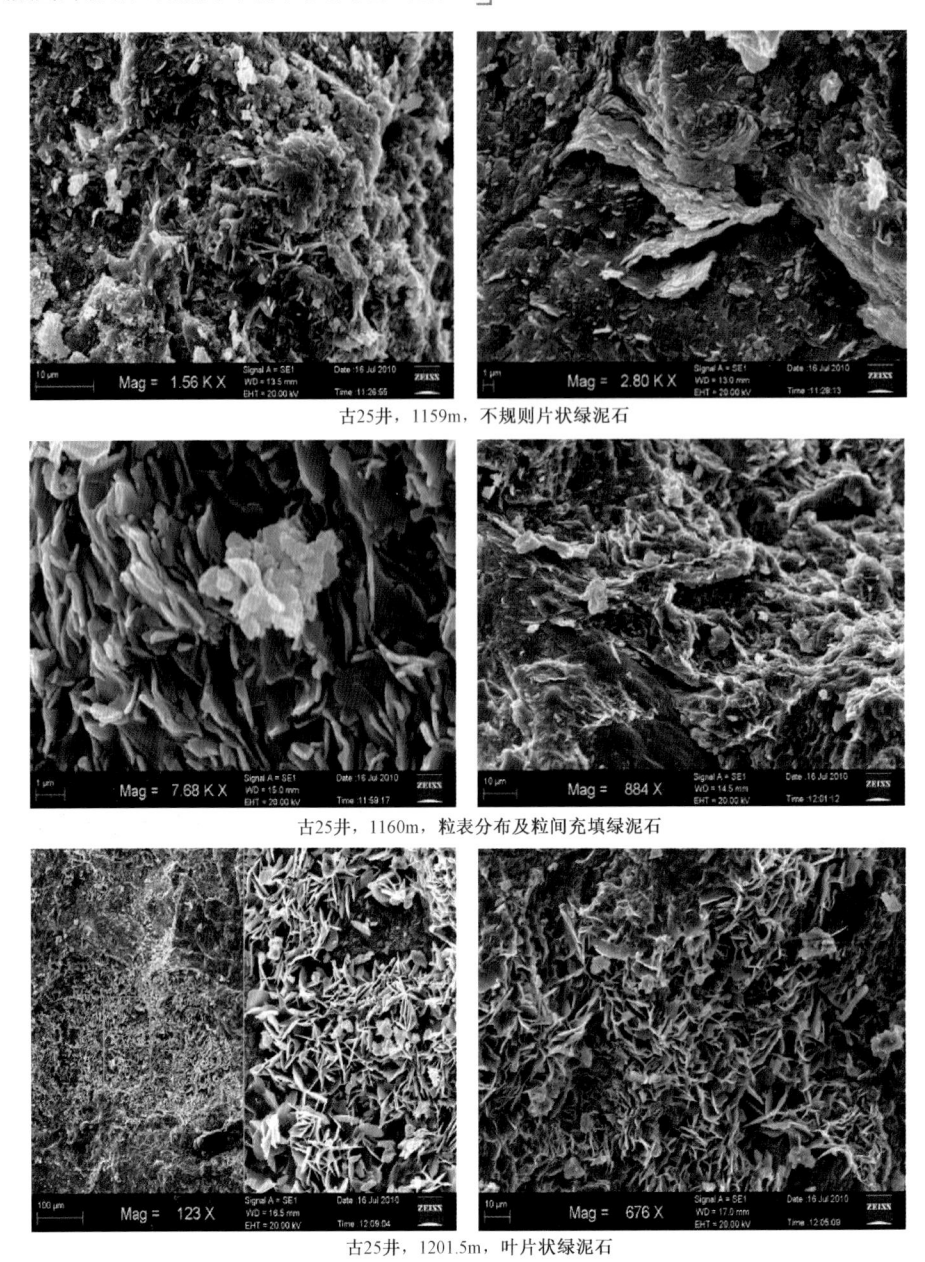

古25井，1159m，不规则片状绿泥石

古25井，1160m，粒表分布及粒间充填绿泥石

古25井，1201.5m，叶片状绿泥石

图4-39 克百断裂带内绿泥石现象

黏土矿物（如高岭石、伊利石等）是流体作用过程中水—岩反应的产物，除了大量生成于风化、成岩等地质过程外，也是中低温条件下常见的热液蚀变矿物（Deer等，1962）。本区断裂带内可见高岭石，在扫描电镜下可以看到高岭石晶粒呈蠕虫状、书页状充填于晶间孔隙中（图4-40），可以确定这种高岭石沉淀于早期胶结和溶蚀孔隙形成之后。一般可以使孔隙度下降，对孔隙破坏性很大。而伊/蒙混层矿物呈薄膜状附着在孔隙壁或颗粒表面上（图4-41），遇水膨胀或分散运移，从而堵塞喉道，同时将原始粒间孔隙分割成微细孔隙，降低渗透性。晚期伊/蒙混层矿物在碱性条件下伊利石比例不断增加，最终变成伊利石。

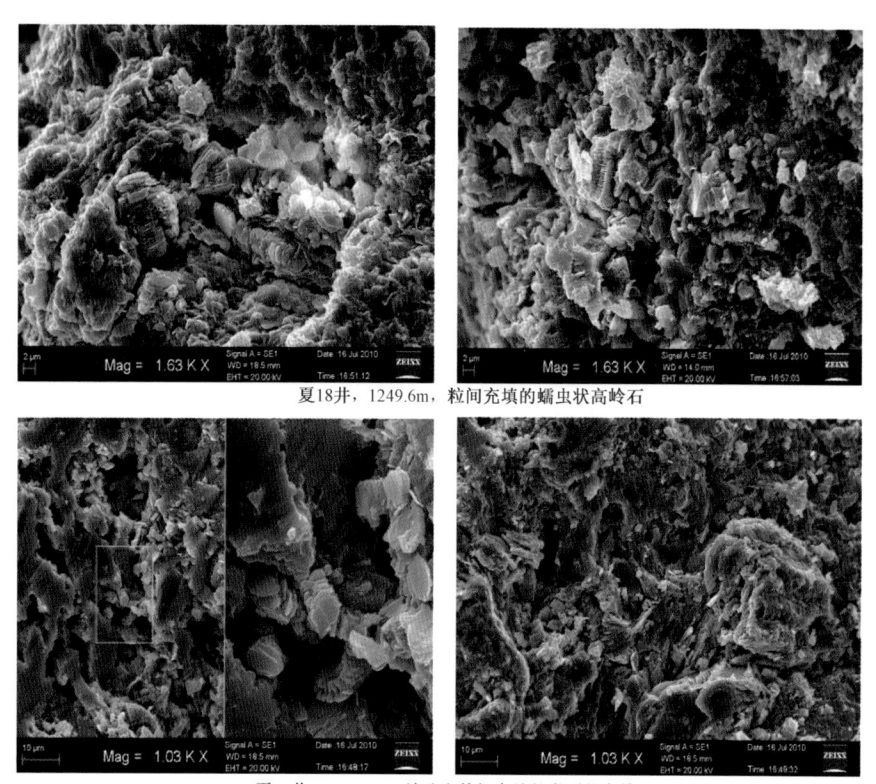

【第四章】 断裂带结构划分及成岩封闭作用

夏18井,1249.6m,粒间充填的蠕虫状高岭石

夏18井,1249.6m,溶孔和粒间充填的书页状高岭石

图4-40 克百断裂带高岭石镜下现象

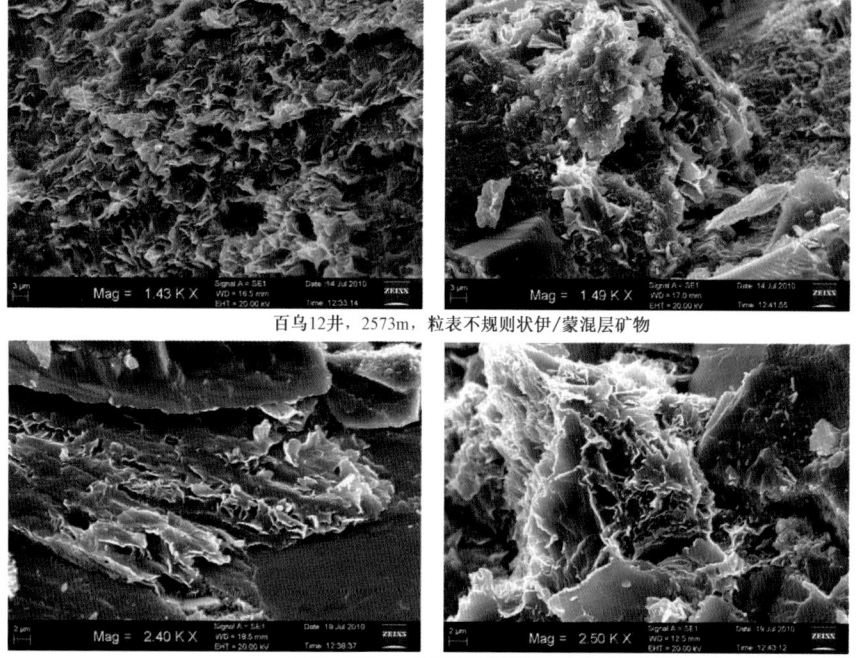

百乌12井,2573m,粒表不规则状伊/蒙混层矿物

534井,1892m,不规则状伊/蒙混层矿物

534井，1892.8m，长石表面的不规则状伊/蒙混层矿物

534井，1951.75m，晶间充填的不规则状伊/蒙混层矿物

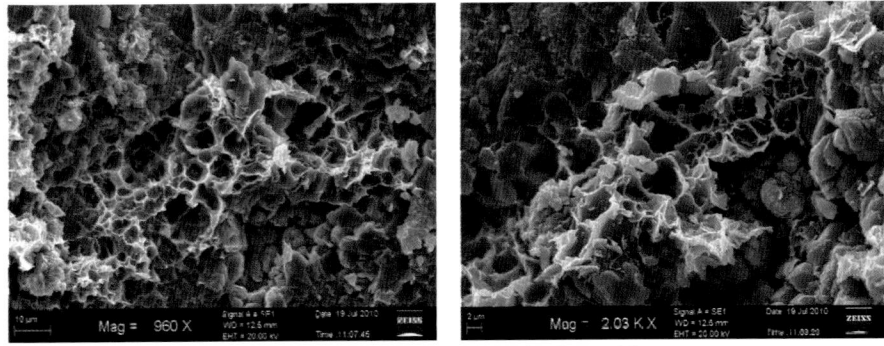

百乌3井，1549.05m，似蜂巢状伊/蒙混层矿物

图4-41 克百断裂带伊/蒙混层矿物镜下现象

（3）硅质胶结作用。

硅质胶结物和碳酸盐胶结物一样是影响断层封闭性的主要成岩胶结矿物，但在克百断裂带内较少见，一般常与伊/蒙混层矿物共生，说明本区硅质胶结物的主要来源应为伊/蒙混层矿物转化过程中形成的 SiO_2。这与克百断裂带内以火成岩、泥岩为主，砂岩较少有关。断裂带内可见粉砂质泥岩的硅化现象，是硅质胶结物的另一重要成因（图4-42）。

胶结作用是本区断裂带内最主要的成岩作用，岩心观察、岩石薄片分析表明，本区断裂带内胶结作用十分发育，大大增强了断层的封闭性。

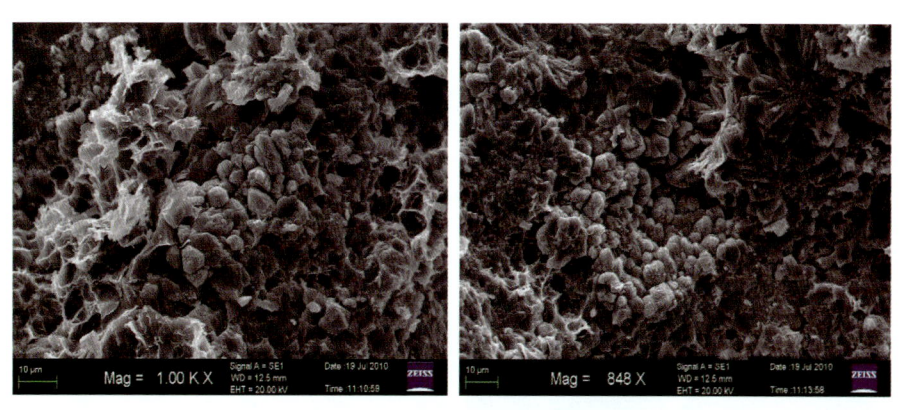

百乌3井，1549.05m，硅质球粒与伊/蒙混层矿物

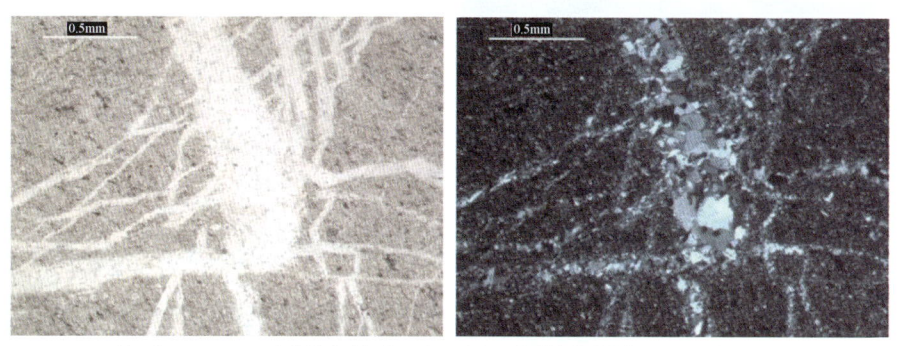

百乌3井，2737.6m，硅化粉砂质泥岩，岩石破碎，破裂缝硅质胶结(100×，左-、右+)

图 4-42　克百断裂带硅质胶结作用现象

3) 溶蚀作用

本区断裂带的溶蚀主要表现为易溶颗粒(长石和岩屑)和碳酸盐胶结物的溶解。碳酸盐胶结物的溶蚀主要形成粒间溶孔，为后期成岩流体提供 CO_3^{2-}，为后期的铁碳酸盐胶结提供来源。岩屑和长石晶屑内的溶蚀常形成晶内溶孔(图 4-43)，更重要的是可以形成新的自生黏土矿物。溶蚀作用主要发生在岩石的压实和黏土、方解石胶结之后。溶蚀作用可以使孔隙度增加、渗透率变大，是断裂带所经历的主要负向的成岩作用类型(朱世发等，2008)。断裂带产生溶蚀作用的原因主要是地层水和大气水通过克乌断裂逆冲推覆产生的断裂体系渗入形成的混合水所致(丘东洲，1994)，其次为有机质产生的有机酸和碳酸，另外黏土矿物脱水也可促进溶蚀作用的进行。

4) 火山熔岩的特殊成岩作用

(1) 脱玻化作用。

脱玻化作用主要是由非晶质的火山玻璃变成晶质矿物，通常酸性火山物质分解后生成长英质混合物，有时结晶出长石、石英细粒，中基性火山玻璃分解后生成绿泥石、方解石和沸石等(赵玉婷等，2007)。

534井，1892m，溶蚀形成孔隙(100×，左-、右+)

534，井1892m，长石晶内溶孔　　　　534井，1951.75m，长石的溶蚀转化

415井，长石溶蚀(500×，左-、右+)

百乌3井，1549.05m，溶蚀孔　　　　417井，2272m，长石晶内溶孔

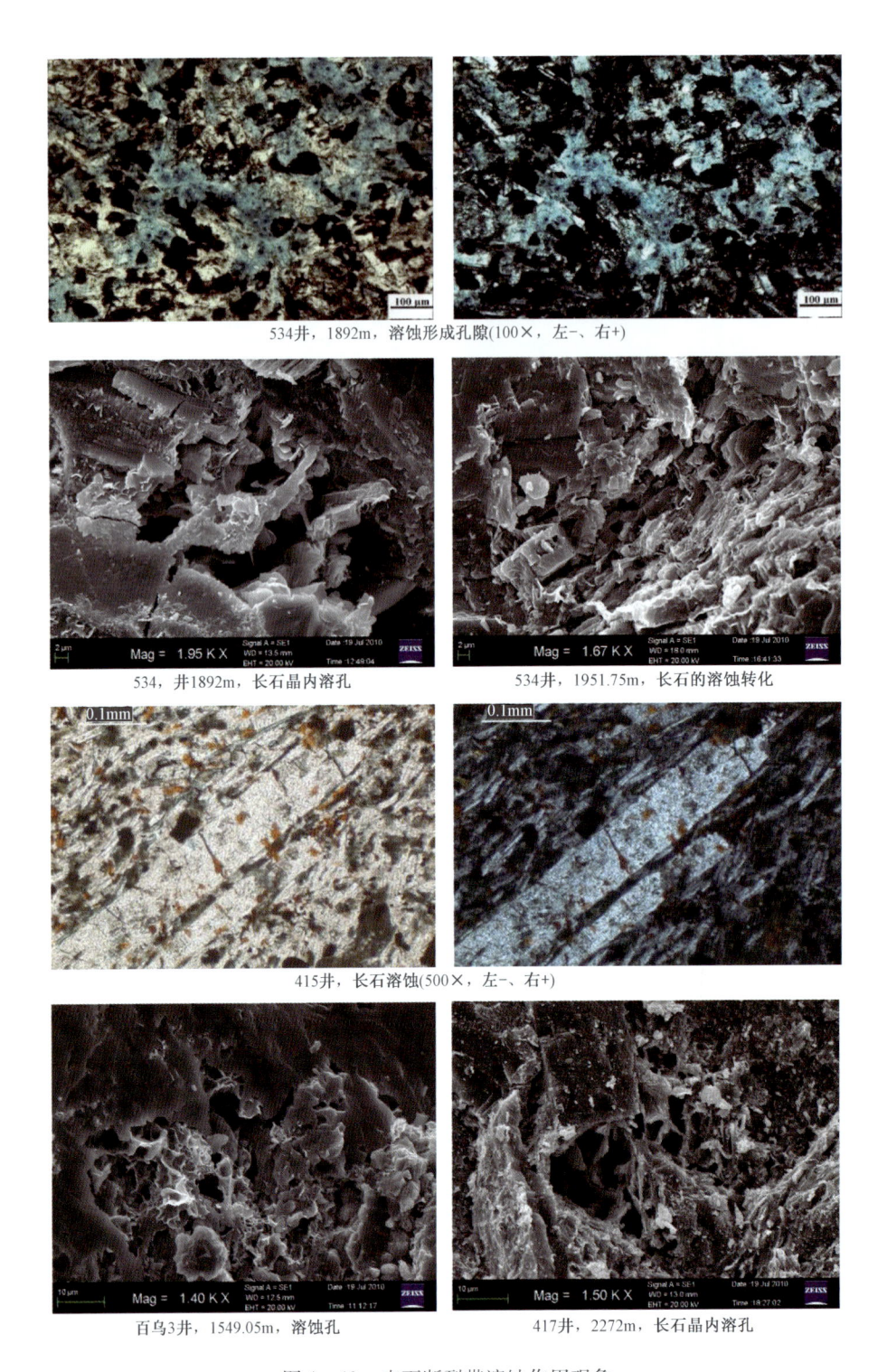

图 4-43　克百断裂带溶蚀作用现象

（2）构造破裂作用。

当岩浆固结成岩后，通常会因构造作用的影响发生破碎破裂，形成角砾状熔岩。同时强烈的构造运动会使岩石形成后期裂缝，加上构造运动的多次叠加，多期裂缝相互连通，会成为很好的油气运移通道，所以构造破裂作用是控制火山岩储集空间发育的主要因素。

3. 成岩阶段和次序的划分

在分析克百断裂带各种资料基础上，又重点进行了岩石薄片、扫描电镜等观察工作，从成岩作用的压实、胶结、溶蚀等方面着手，将研究区划分出早成岩的A、B两期和中成岩的A、B两期（图4-44）。

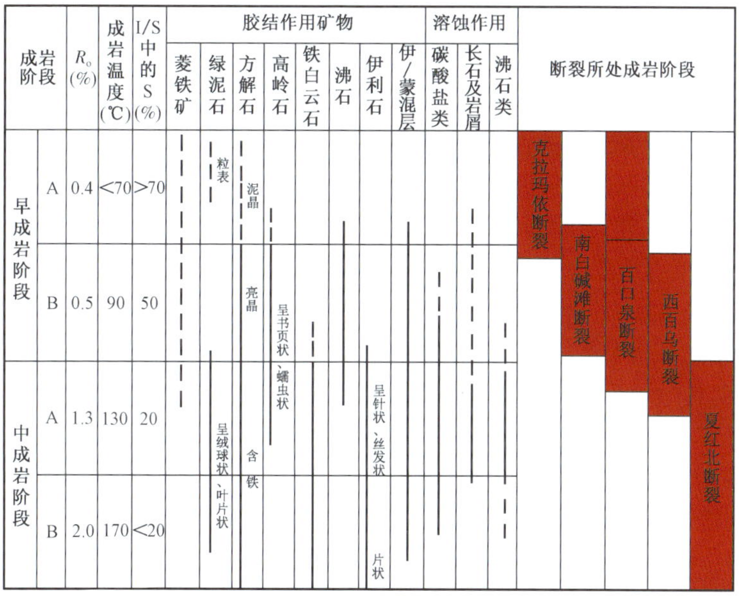

成岩阶段		R_o(%)	成岩温度(℃)	I/S中的S(%)	胶结作用矿物							溶蚀作用		断裂所处成岩阶段
					菱铁矿	绿泥石	方解石	高岭石	铁白云石	沸石	伊利石	伊/蒙混层	碳酸盐类	长石及岩屑	沸石类	
早成岩阶段	A	0.4	<70	>70		粒表	泥晶									克拉玛依断裂
	B	0.5	90	50			亮晶	呈书页状、蠕虫状								南白碱滩断裂 / 百口泉断裂
中成岩阶段	A	1.3	130	20	呈绒球状、叶片状	含铁					呈针状、丝发状					西百乌断裂 / 夏红北断裂
	B	2.0	170	<20							片状					

图4-44 克百断裂带成岩阶段划分及主要标志

在镜下鉴定和扫描电镜特征研究的基础上，详细研究了克百断裂带成岩现象的先后序列。研究结果表明，断裂带内分布大量火山岩，早期低温热液蚀变过程中镁铁质矿物蚀变成绿泥石，沸石也是火山物质在埋藏成岩早期水化蚀变形成。之后在酸性水作用下，长石溶蚀生成高岭石。晚期伊/蒙混层矿物在碱性条件下伊利石比例不断增加，最终变成伊利石。广泛发育的方解石胶结属于早成岩阶段的产物，晚期由于溶蚀作用产生的Fe^{2+}在强还原环境下可以进入$CaCO_3$和$MgCO_3$矿物的晶格中，形成铁方解石和铁白云石。说明铁碳酸盐发生在溶蚀作用之后，应为中成岩阶段的产物。以上分析表明，研究区成岩现象的先后序列为绿泥石、沸石→方解石胶结→溶蚀作用→高岭石→伊利石→铁碳酸盐胶结。克百断裂带经历胶结—溶蚀—再胶结的过程。

克拉玛依断裂内古25井火成岩中长石表面大量分布绿泥石和沸石，属低温热液产物，裂缝中也充填绿泥石与浊沸石，说明成岩作用阶段处于早成岩A段；南白碱滩断裂内裂缝基本被亮晶方解石胶结，可见方解石交代泥质杂基产生泥晶方解石现象，并且在钻遇断层的534井内见大量伊/蒙混层矿物，说明处于早成岩A、B段；百口区断裂内裂缝基本被亮晶方解石胶结,并且可见少量铁方解石,并且钻遇断裂的百乌 12 井内见片状伊利石产生,说明已处于早成岩 B 段及中成岩 A 段;西百乌断裂内裂缝基本被亮晶方解石和铁方解石胶结,并且在钻遇断裂的百重 7 井内见书页状和蠕虫状高岭石生成,说明断裂所处成岩阶段较晚,已处于早成岩 B 段及中成岩 A 段。

二、克百断裂带成岩胶结物类型

根据岩心观察结合岩石薄片研究结果,克百地区各主要断裂内胶结作用普遍发育,孔隙、裂缝基本全部被胶结物充填,但是各断裂的成岩胶结物类型不同,存在多种各具地质意义的成岩胶结矿物相带,主要表现为克百地区克拉玛依断裂的绿泥石—浊沸石相带、南白碱滩断裂及 426 井断裂的方解石(早期碳酸盐)相带、百口泉断裂的方解石(早期碳酸盐)—黏土矿物相带、西百乌断裂的方解石(早期碳酸盐)—铁方解石(晚期碳酸盐)相带。

1. 克拉玛依断裂

通过对钻遇克拉玛依断裂的古 25 井和 547 井岩心观察发现,该断裂带内胶结作用强烈,诱导裂缝带内裂缝发育且普遍被胶结物充填。进一步通过岩石薄片观察发现古 25 井断裂带内岩性主要为玄武岩。斑状间隐间粒结构,胶结致密。岩石中斑晶含量约 20% ~40%,由板柱状基性斜长石和辉石组成。基质由细小柱状斜长石组成格架,格架间分布粒状辉石和玻璃质,玻璃质脱玻有铁质析出。岩石中较均匀分布有约 3% ~5% 的杏仁体,杏仁体较为细小,外形极不规则,由绿泥石充填形成。接近断裂核心部位的岩石受压扭性构造应力作用较强而挤压碎裂,岩石后期具绿泥石化和不均匀浊沸石化(图 4 - 45)。

同样钻遇克拉玛依断裂的 547 井断裂诱导裂缝带内岩性主要为安山岩。交织结构,岩石中杏仁体中早期充填绿泥石,晚期充填浊沸石。基质斜长石间充填的隐晶质具脱玻现象。岩石中见大量微裂缝,缝中充填绿泥石和浊沸石(图 4 - 46)。

通过岩石薄片分析表明,克拉玛依断裂诱导裂缝带内岩性主要为玄武岩、安山岩。岩石后期具绿泥石化和浊沸石化现象及脱玻现象,杏仁体被绿泥石、浊沸石充填。岩石受应力破碎,裂缝发育,缝中充填绿泥石、浊沸石。因此,克拉玛依断裂带胶结物类型属于绿泥石—浊沸石相带。

2. 南白碱滩断裂及 426 井断裂

对钻遇南白碱滩断裂及其分支断裂 426 井断裂的 415 井、416 井、417 井、426 井、435 井、439 井和 534 井的岩心观察发现,南白碱滩断裂带内胶结作用强烈,诱导裂缝带内裂缝普遍被胶结物充填。

进一步通过岩石薄片分析发现,417 井钻遇南白碱滩断裂带内主要为安山质岩屑凝灰岩。岩屑凝灰结构,胶结致密。岩石中主要由安山岩岩屑组成,岩石由火山灰胶结,后期具绿泥石化和方沸石化现象。受构造应力作用,构造破裂缝发育,破裂缝中充填方解石和方沸石。接近断裂核心部位可见碎裂化火山凝灰岩和碎裂化安山岩,碎裂缝中充填方解石。偶见杏仁体也由方解石充填且具有绿泥石化现象(图 4 - 47)。

岩石薄片分析发现 439 井钻遇南白碱滩断裂带内主要为玄武岩和安山岩,胶结致密。岩石中长石格架间玻璃质均已脱玻蚀变为绿泥石,并具微粒状铁质析出。岩石受构造应力作用而挤压破裂,破裂缝中充填方解石。接近断裂核心部位见硅化粉砂质泥岩。岩石受较强的硅化作用,受构造应力作用而挤压破裂,破裂缝中充填方解石、硅质(图 4 - 48)。

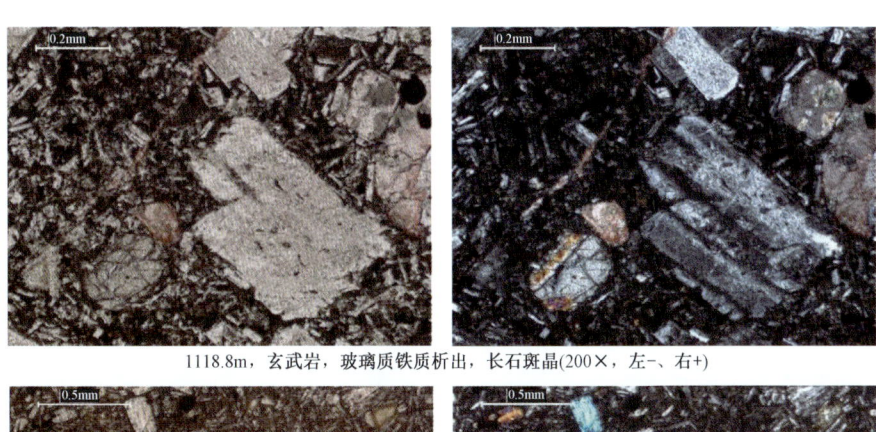

【第四章】 断裂带结构划分及成岩封闭作用

1118.8m,玄武岩,玻璃质铁质析出,长石斑晶(200×,左-、右+)

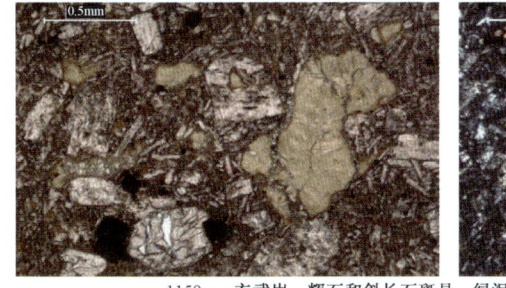

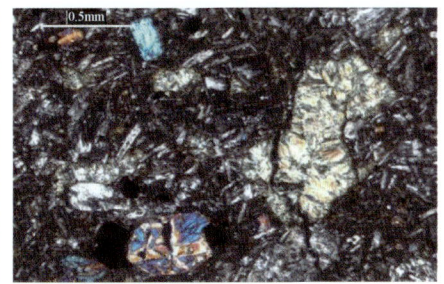

1159m,玄武岩,辉石和斜长石斑晶、绿泥石充填杏仁体(100×,左-、右+)

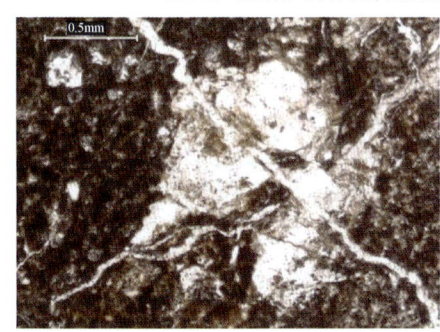

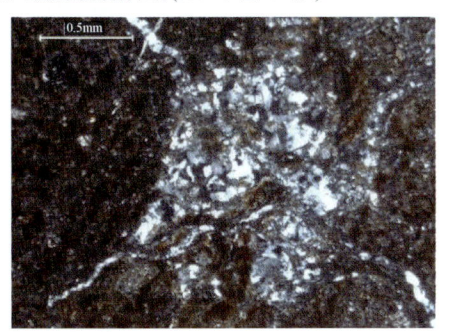

1288m,碎裂岩,绿泥石化和不均匀浊沸石化(200×,左-、右+)

图 4-45 古 25 井岩石薄片照片

1775.2m,安山岩,杏仁体充填绿泥石和浊沸石(200×,左-、右+)

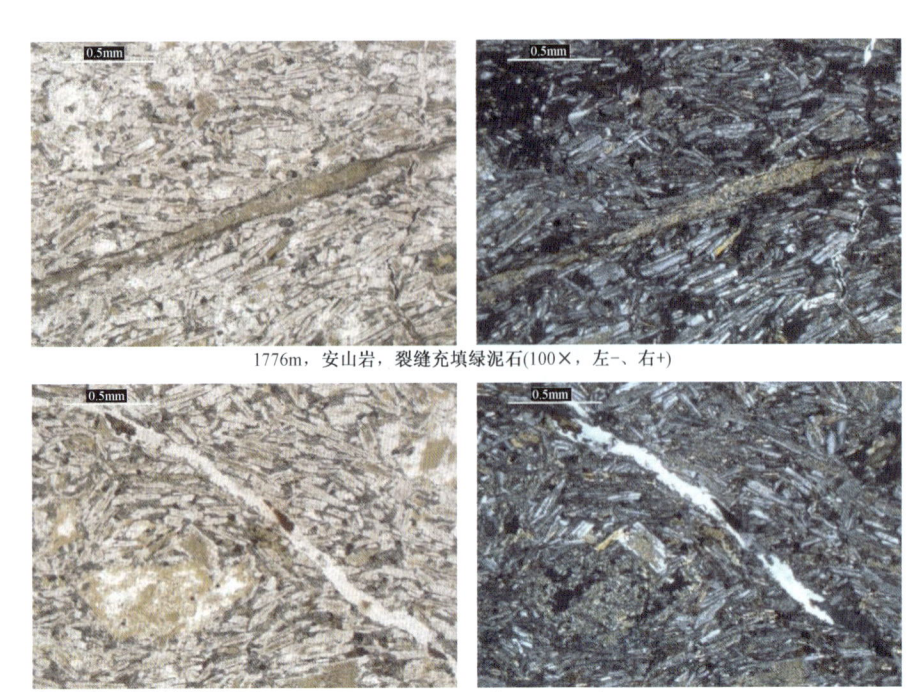

1776m，安山岩，裂缝充填绿泥石(100×，左-、右+)

1776m，安山岩，裂缝充填浊沸石(100×，左-、右+)

图 4-46 547 井岩石薄片照片

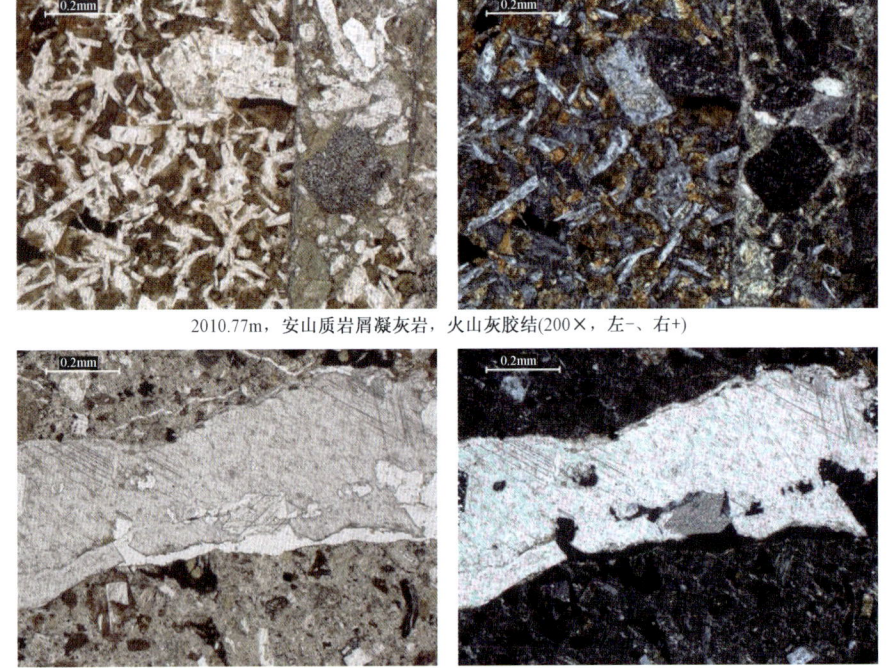

2010.77m，安山质岩屑凝灰岩，火山灰胶结(200×，左-、右+)

2010.77m，安山质岩屑凝灰岩，方解石和方沸石充填破裂缝(200×，左-、右+)

【第四章】 断裂带结构划分及成岩封闭作用

2117.2m，安山质岩屑凝灰岩，火山灰胶结，方沸石化(20×，左-、右+)

2117.2m，安山质岩屑凝灰岩，火山灰胶结，后期具绿泥石化(200×，左-、右+)

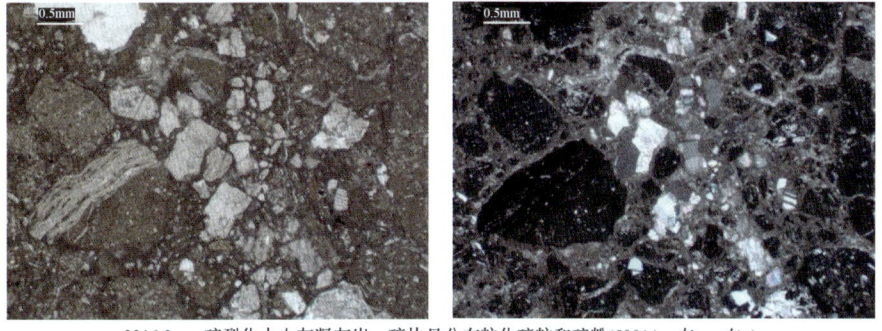

2216.3m，碎裂化火山灰凝灰岩，碎块见分布粒化碎粒和碎粉(500×，左-、右+)

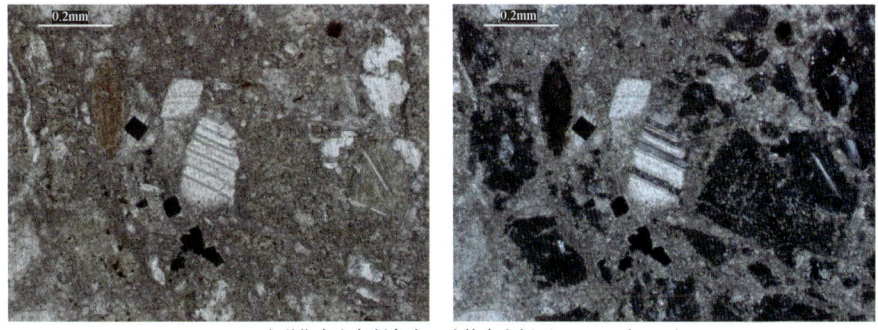

2216.3m，碎裂化火山灰凝灰岩，碎粒中方解石(200×，左-、右+)

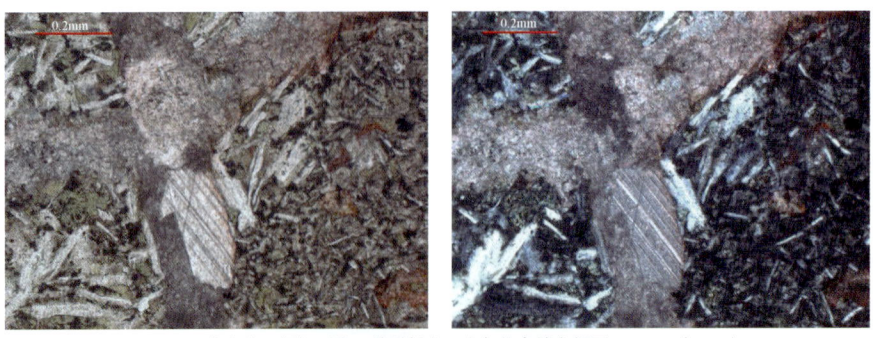

2272m，安山岩，绿泥石化，铁质析出，杏仁体充填方解石(200×，左-、右+)

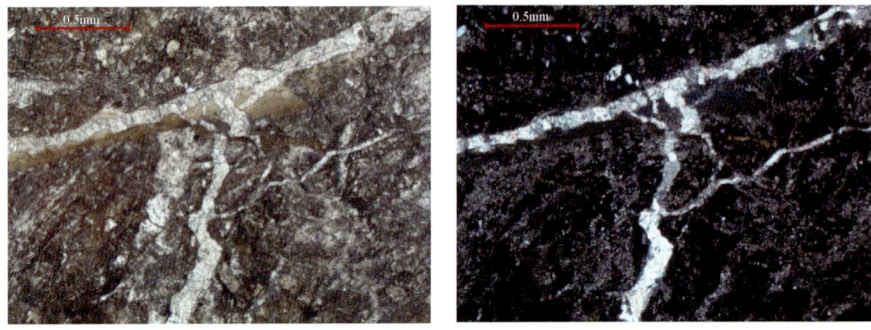

2273m，碎裂火山灰凝灰岩，碎裂缝中充填方解石(100×，左-、右+)

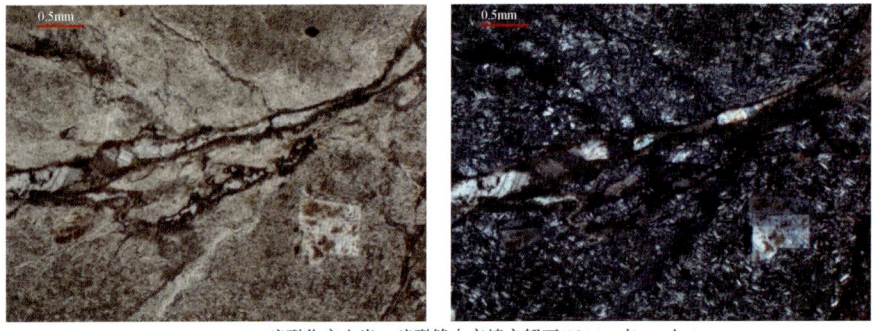

2512m，碎裂化安山岩，碎裂缝中充填方解石(50×，左-、右+)

图4-47　417井岩石薄片照片

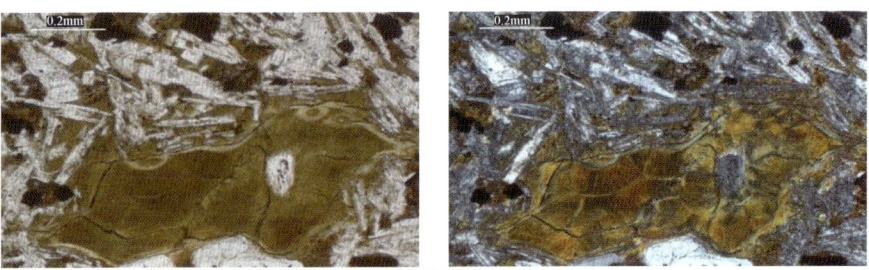

2691.6m，玄武岩，玻璃质脱玻蚀变为绿泥石(200×，左-、右+)

2691.6m，玄武岩，破裂缝中充填方解石(20×，左-、右+)

2737.14m，安山岩，破裂缝中充填方解石(100×，左-、右+)

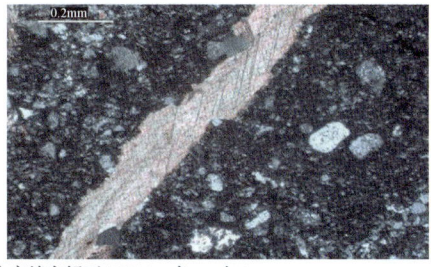

2737.6m，硅化粉砂质泥岩，裂缝中充填方解石(200×，左-、右+)

2737.6m，硅化粉砂质泥岩，破裂缝充填硅质(200×，左-、右+)

图4-48　439井岩石薄片照片

435井钻遇的南白碱滩断裂下盘发现为含灰质砂质砾岩。砂质砾状结构，吸水性差，滴酸反应剧烈，胶结致密。岩石中方解石胶结物分布较均匀，具明显的交代泥质杂基现象（图4-49）。

426井钻遇的南白碱滩断裂分支断裂——426井断裂诱导裂缝带中岩性主要为火山灰凝灰岩。火山灰凝灰结构，胶结致密。岩石受构造应力作用而挤压破裂，破裂缝呈羽状排列，缝中充填方解石（图4-50）。

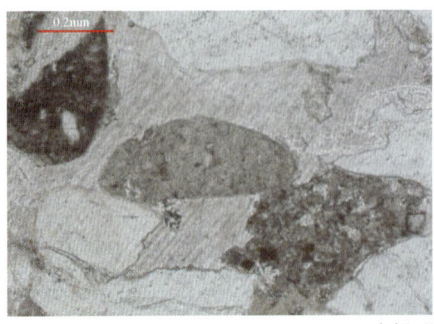

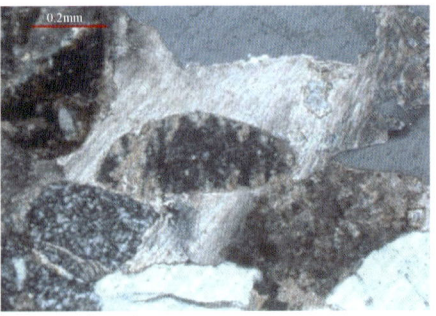

2119m，方解石胶结(200×，左-、右+)

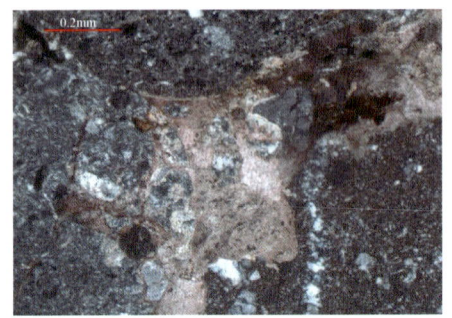

2119m，方解石胶结物交代泥质杂基(200×，左-、右+)

2119m，灰质、泥质杂基方解石交代(200×，左-、右+)

图 4-49　435 井岩石薄片照片

1562.3m，羽裂缝，方解石充填(50×，左-、右+)

图 4-50　426 井岩石薄片照片

通过岩石薄片分析表明,南白碱滩断裂及426井断裂带内岩性主要为安山岩和火山灰凝灰岩。岩石受构造应力作用破裂缝发育,主要为方解石充填,其次为方沸石、硅质充填。火山灰胶结物具绿泥石化和方沸石化,玻璃质脱玻蚀变成绿泥石。方解石胶结物交代泥质杂基。因此,南白碱滩断裂带胶结物类型属于方解石(早期碳酸盐)相带。

3. 百口泉断裂

对钻遇百口泉断裂的423井、424井、百54井、百乌12井的岩心观察发现,百口泉断裂带诱导裂缝带内胶结作用强烈,诱导裂缝带内裂缝普遍被方解石胶结物充填。

进一步岩石薄片观察发现钻遇百口泉断裂的423井,断裂带诱导裂缝带内岩性主要为沉安山质凝灰岩,沉凝灰质结构。破裂缝发育,胶结致密。岩石中发育了数条微裂缝,缝中充填了黏土矿物(图4-51)。

2247m,沉安山质凝灰岩,碎裂缝,黏土矿物充填(200×,左-、右+)

图4-51 423井岩石薄片照片

同样钻遇百口泉断裂的百乌12井,断裂带内岩石破裂缝发育,方解石和黏土矿物充填。并且碎粒由方解石和少量铁方解石胶结(图4-52)。424井岩石薄片观察也发现,断裂带内岩石破碎,破裂缝发育,由方解石和黏土矿物充填,见少量铁方解石(图4-53)。

通过岩石薄片分析表明,百口泉断裂带岩性主要为安山岩和火山灰凝灰岩。岩石受构造应力作用破裂缝发育,主要为方解石充填,其次为黏土矿物充填,见少量铁方解石。火山灰胶结物后期具绿泥石化。因此,百口泉断裂胶结物类型属于方解石(早期碳酸盐)—黏土矿物相带。

4. 西百乌断裂

对钻遇西百乌断裂的百重7井的岩心观察发现,西百乌断裂诱导裂缝带内胶结作用强烈,诱导裂缝带内裂缝普遍被方解石胶结物充填(图4-54)。

进一步对百重7井岩石薄片观察发现,西百乌断裂诱导裂缝带内碎裂缝发育,胶结致密。碎裂缝中充填方解石、铁方解石(图4-55)。

岩石薄片分析表明,西百乌断裂带岩石胶结物致密,胶结物为方解石、铁方解石。岩石受构造应力作用破裂缝发育,方解石、铁方解石充填。因此,西百乌断裂胶结物类型属于方解石(早期碳酸盐)—铁方解石(晚期碳酸盐)相带。

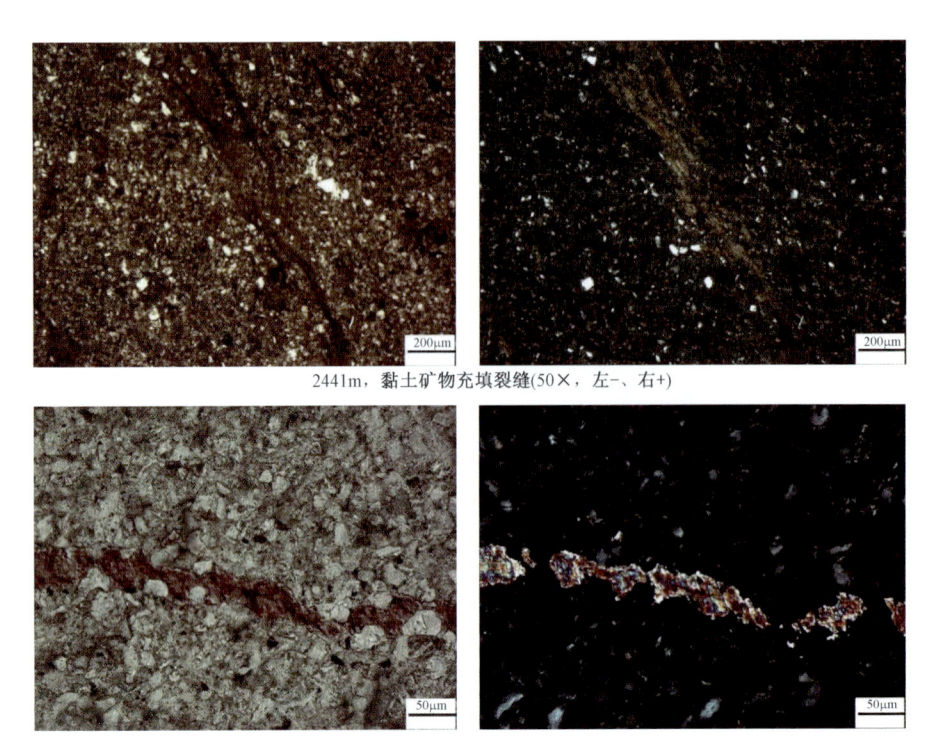

2441m，黏土矿物充填裂缝(50×，左-、右+)

2442m，方解石胶结(200×，左-、右+)

图 4-52　百乌 12 井岩石薄片照片

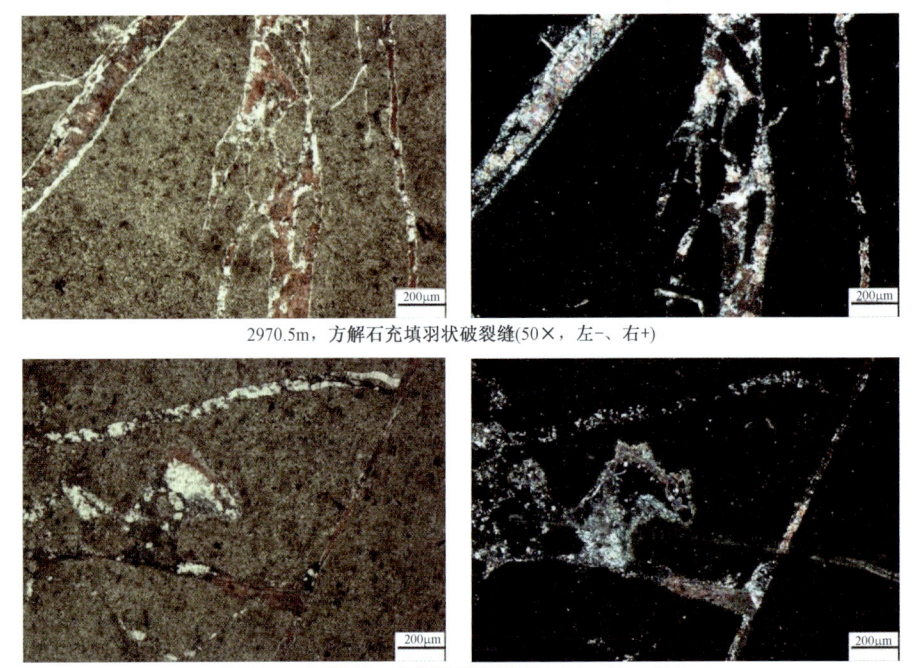

2970.5m，方解石充填羽状破裂缝(50×，左-、右+)

2970.5m，方解石铁、方解石充填破裂缝(50×，左-、右+)

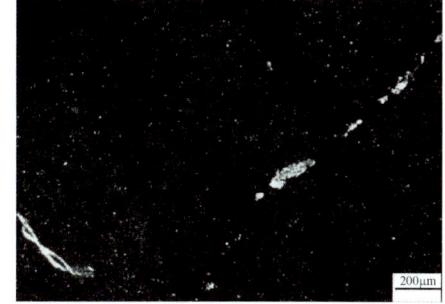

【第四章】 断裂带结构划分及成岩封闭作用

3116m，黏土矿物充填破裂缝(50×，左-、右+)

图 4-53 424 井岩石薄片照片

图 4-54 百重 7 井综合柱状图及岩心照片

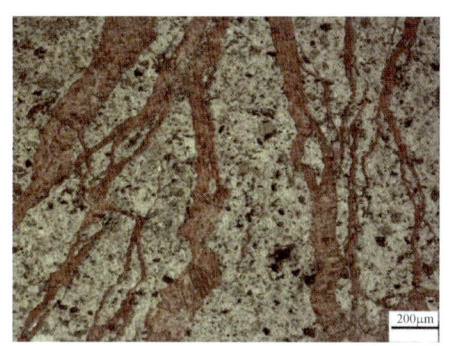

1013.22m，方解石充填破裂缝(50×，左-、右+)

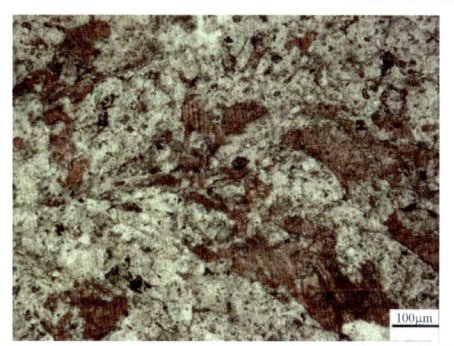

1013.22m，方解石、铁方解石胶结(100×，左-、右+)

1107.5m，铁方解石充填裂缝(50×，左-、右+)

1204m，方解石胶结(50×，左-、右+)

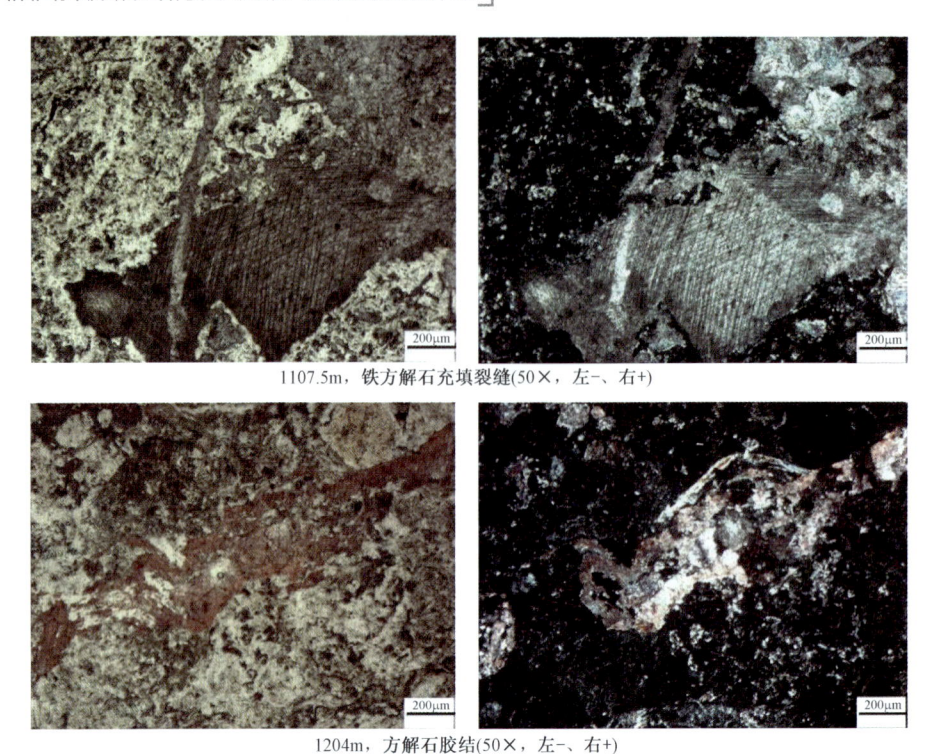

图4-55 百重7井岩石薄片照片

三、成岩胶结作用的影响因素

本区不同断裂成岩胶结物类型不同,由南往北克拉玛依断裂—南白碱滩断裂及426井断裂—百口泉断裂—西百乌断裂,成岩胶结矿物依次为绿泥石、浊沸石相带—方解石(早期碳酸盐)相带—方解石(早期碳酸盐)、黏土矿物相带—方解石(早期碳酸盐)、铁方解石(晚期碳酸盐)相带。显示出本区断裂由南往北成岩胶结作用次序具有由早期趋向晚期的特点。本区断裂带内成岩胶结作用呈现的这一特点,是受地层水性质和断裂活动历史及流体活动期次的影响。

1. 玛湖凹陷西斜坡地层水特征

1) 地层水分析指标及其意义

地层水的总矿化度是指水中各种离子、分子、化合物的总量,通常在110℃下把水分蒸干所剩残渣的量来计量。依据苏林(1946)分类,水型可分为 $CaCl_2$、$NaHCO_3$、$MgCl_2$ 及 Na_2SO_4 型(李英华,1998;李贤庆等,2001)。地表水或浅层地下水主要是 Na_2SO_4 型,矿化度比较低;深层主要是 $CaCl_2$ 型,矿化度最高;两者之间一般是 $MgCl_2$ 型;在浅层和深层均可存在 $NaHCO_3$ 型水,一般浅层水矿化度低,深层水矿化度较高。运用上述规律时应注意,Na_2SO_4 型水不一定都是地表水或浅层地下水。目前,已在玛湖凹陷西斜坡见到一种特殊的 Na_2SO_4 型水,因其矿化度高达26~27g/L,不能简单地称为地表水或浅层水。

地层水矿化度及水型是其成分及离子含量大小比例关系的综合反映,也是地层水地质环境的重要标志。但是,在遭受过地表水渗入影响的地区和层位,只利用地层水矿化度及水型对环境条件的判断,尤其是对油气运聚、保存环境条件的判断就会存在一定偏差,由此应结合离子组合系数进行综合判断。离子组合系数相对于矿化度及水型更具有继承性,能真实地反映地层水的运移、变化及其赋存状态(李明等,2004)。目前,运用最多的离子组合系数有钠氯系数(rNa^+/rCl^-)、脱硫系数($rSO_4^{2-} \times 100/rCl^-$)和碳酸盐平衡系数($[rHCO_3^- + rCO_3^{2-}]/rCl^-$)。

钠氯系数(rNa^+/rCl^-)是地层是否处于封闭环境、地层水变质程度和活动性的重要指标(何生等,1995;于翠玲等,2005),但与油气没有直接关系,属于环境指标。在海相沉积层中,若地下水(rNa^+/rCl^-)>0.87,可能是渗透水(现代渗透水、古渗透水)、现代渗透水与沉积水的混合水,或受岩石中钠与其他盐类(非氯化物)影响的沉积水(姜向强等,2008)。(rNa^+/rCl^-)越大,反映地层水受渗入水的影响越强,对烃类的保存越不利;(rNa^+/rCl^-)越小,反映地层水受渗入水影响越弱,对烃类保存越有利(姜向强等,2008;赵兴齐等,2015)。

对于脱硫系数($rSO_4^{2-} \times 100/rCl^-$)而言,一般认为在油田水中,由于生物化学作用及碳氢化合物参与反应,使SO_4^{2-}还原成H_2S而失去,发生脱硫酸作用,致使油田水中SO_4^{2-}减少(胡绪龙等,2008;赵兴齐等,2015)。脱硫酸可以在厌氧硫酸盐还原细菌作用下发生,也可以在气态烃或液态烃作用下发生。一般脱硫系数越小,地层越封闭,还原环境越强,对有机质向油气转化及油气的保存越有利(胡绪龙等,2008)。

碳酸盐平衡系数($rHCO_3^- + rCO_3^{2-}/rCa^{2+}$)是一个指示油气性质和方向的指标,是反映脱碳酸根强弱作用的参数(李贤庆等,2002)。越靠近油气藏,油气性质越轻,碳酸盐平衡系数值越小(刘桂凤等,2007)。

地层水参数指标受多种因素影响,其数值大小是相对的,并没有绝对的上限值,在实际工作中需要通过对比综合判断。

2)地层水特征

通过分析来看,研究区断裂比较发育,主干断层跟次级断层纵横交错,造成地层水情况比较复杂。

二叠纪地层:克拉玛依断层的地层水主要以$CaCl_2$、$NaHCO_3$型为主,矿化度相对较小,钠氯系数、脱硫系数和碳酸盐平衡系数相对较大;南白碱滩断层地层水以$NaHCO_3$型为主,矿化度最大,钠氯系数、脱硫系数和碳酸盐平衡系数都最大,且显示出西南段大、东北段较小的特点;百口泉断层以$CaCl_2$型水为主,矿化度较大,钠氯系数、脱硫系数和碳酸盐平衡系数都最小;百乌断层地层水主要以$CaCl_2$、$NaHCO_3$型为主,矿化度较大,钠氯系数、脱硫系数和碳酸盐平衡系数都较小(图4-56、表4-30)。通过分析,本层段克拉玛依断层和南白碱滩断层西南部地层的地层水显示其封闭性差于其他各处。

表4-30 二叠系层段地层水分析数据

二叠纪地层	地层水类型	矿化度(mg/L) 范围	平均值	钠氯系数 范围	平均值	脱硫系数 范围	平均值	碳酸盐平衡系数 范围	平均值
克拉玛依断层	$CaCl_2$、$NaHCO_3$型	1800~16000	12000	0.40~0.70	0.53	0.8~16	8.2	0~0.3	0.12
南白碱滩断层	$NaHCO_3$型为主、$CaCl_2$型次之、Na_2SO_4型最少	4200~69000	25000	0.50~1.90	0.73	0.9~25	16.1	0~3.0	0.23
百口泉断层	$CaCl_2$型为主	6700~33000	18000	0.15~0.63	0.40	0.2~19	2.03	0~0.2	0.05
百乌断裂	$CaCl_2$、$NaHCO_3$型	9800~34000	20000	0.20~0.73	0.45	0.34~6.66	3.06	0~0.49	0.07

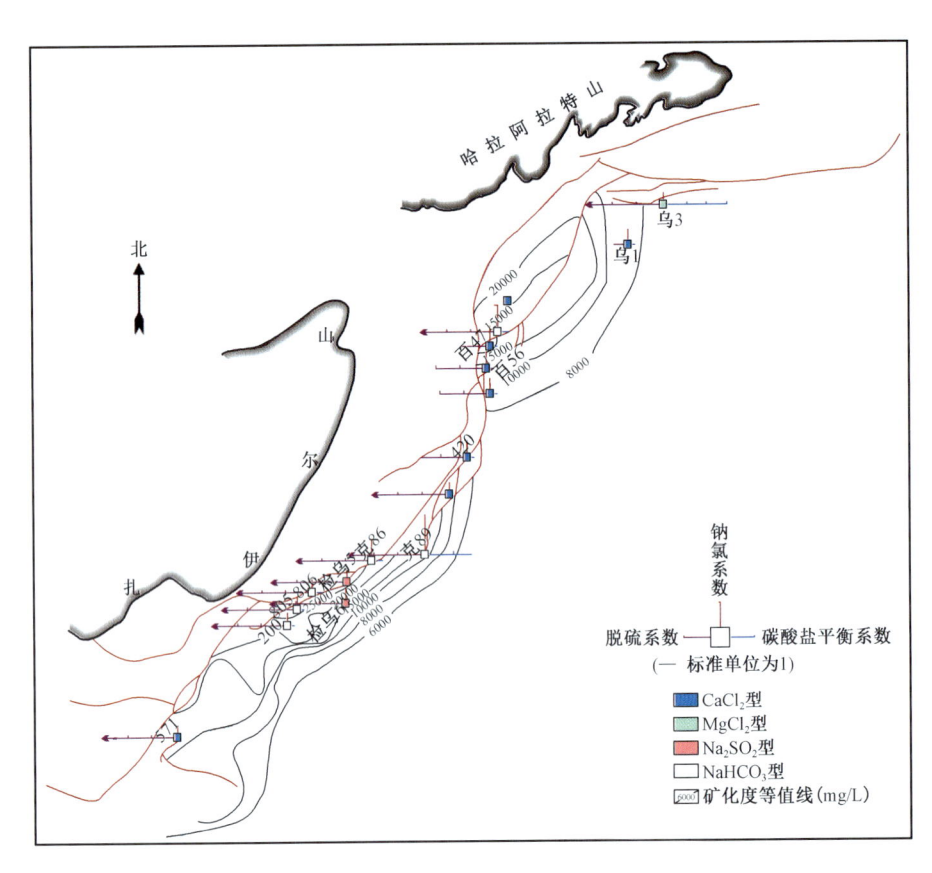

图 4-56 二叠系层段断层附近地层水分析图

三叠纪地层：克拉玛依断层地层水主要以 $CaCl_2$、$NaHCO_3$ 型为主，矿化度以及其他三个参数都为中等；南白碱滩断层地层水主要以 $NaHCO_3$ 型为主，矿化度最大，钠氯系数、脱硫系数和碳酸盐平衡系数偏大；百口泉断层地层水以 $NaHCO_3$ 型为主，$CaCl_2$ 型次之，矿化度最小，钠氯系数和碳酸盐平衡系数偏大，脱硫系数相对最小；百乌断裂地层水以 $NaHCO_3$ 型为主、$CaCl_2$ 型次之、Na_2SO_4 型和 $MgCl_2$ 型较少，矿化度中等，钠氯系数和碳酸盐平衡系数相对最小。通过分析，本层段地层整体相对较封闭，有利于油气藏的保存（图 4-57、表 4-31）。

表 4-31 三叠系层段地层水分析数据

三叠纪地层	地层水类型	矿化度(mg/L) 范围	平均值	钠氯系数 范围	平均值	脱硫系数 范围	平均值	碳酸盐平衡系数 范围	平均值
克拉玛依断层	$CaCl_2$、$NaHCO_3$ 型	4000~15000	8900	0.2~1.5	0.75	0.05~8.0	2.04	0~2.5	0.55
南白碱滩断层	$NaHCO_3$ 型为主	6000~68000	23000	0.6~1.2	0.98	0.23~11.8	5.40	0~1.3	0.86
百口泉断层	$NaHCO_3$ 型为主、$CaCl_2$ 型次之、Na_2SO_4 型最少	2800~16000	6800	0.49~3.0	0.96	0.12~6.6	2.08	0~6.0	0.85
百乌断裂	$NaHCO_3$ 型为主、$CaCl_2$ 型次之、Na_2SO_4 型和 $MgCl_2$ 型较少	3000~17000	9800	0~1.2	0.75	0.22~7.6	2.84	0~1.44	0.43

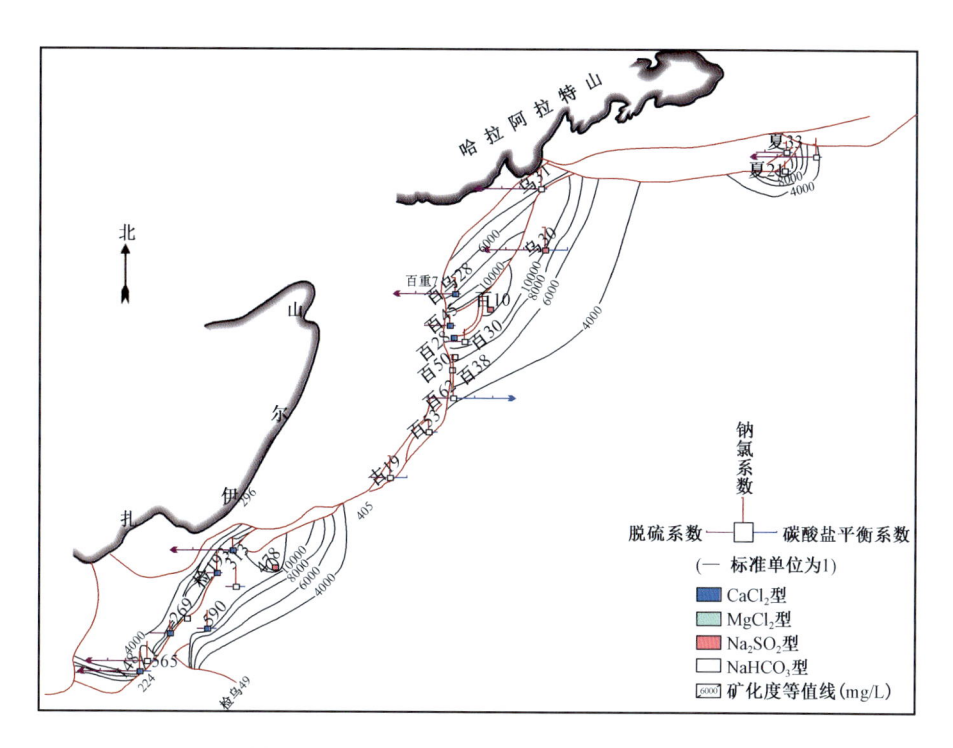

图4-57 三叠系层段断层附近地层水分析图

侏罗纪地层：克拉玛依断层地层水主要以 $NaHCO_3$ 型为主，矿化度最小，钠氯系数、脱硫系数和碳酸盐平衡系数较大；南白碱滩断层地层水主要以 $NaHCO_3$ 型为主，矿化度较小，钠氯系数、脱硫系数和碳酸盐平衡系数较大；百口泉断层地层水主要以 $NaHCO_3$ 型为主，矿化度中等，钠氯系数和碳酸盐平衡系数较大；百乌断裂地层水主要以 $NaHCO_3$ 型为主，矿化度中等，钠氯系数、脱硫系和碳酸盐平衡系数相对较小（图4-58、表4-32）。通过分析，本层段由于埋深较浅，地层水数据相对下伏三叠系和二叠系较差，但是在克拉玛依断裂和百口泉断裂的部分地区及百乌断裂封闭性较好，具有油气藏保存的条件。

表4-32 侏罗系层段地层水分析数据

侏罗纪地层	地层水类型	矿化度(mg/L) 范围	平均值	钠氯系数 范围	平均值	脱硫系数 范围	平均值	碳酸盐平衡系数 范围	平均值
克拉玛依断层	$NaHCO_3$型为主	1580~6700	3800	0~1.55	0.94	0.17~18.70	5.83	0~2.5	0.8
南白碱滩断层	$NaHCO_3$型为主	1800~18700	7200	0~2.30	1.10	0.36~20.14	5.14	0~4.4	1.2
百口泉断层	$NaHCO_3$型为主	7500~10900	9340	0.80~1.40	1.04	0.24~0.78	0.45	0.47~1.8	1.0
百乌断裂	$NaHCO_3$型为主	3700~16000	9600	0.66~0.86	0.78	0.22~2.70	1.50	0.02~0.52	0.32

从地层水特征可以看出，各断裂地层水矿化度基本呈"上小下大"的正向水化学沉积序列。地层水性质说明本地区胶结作用使断裂带封闭性增加，输导能力下降。不同断裂之间地层水型及指标参数差异很大，这也导致不同断裂成岩胶结物类型不同。

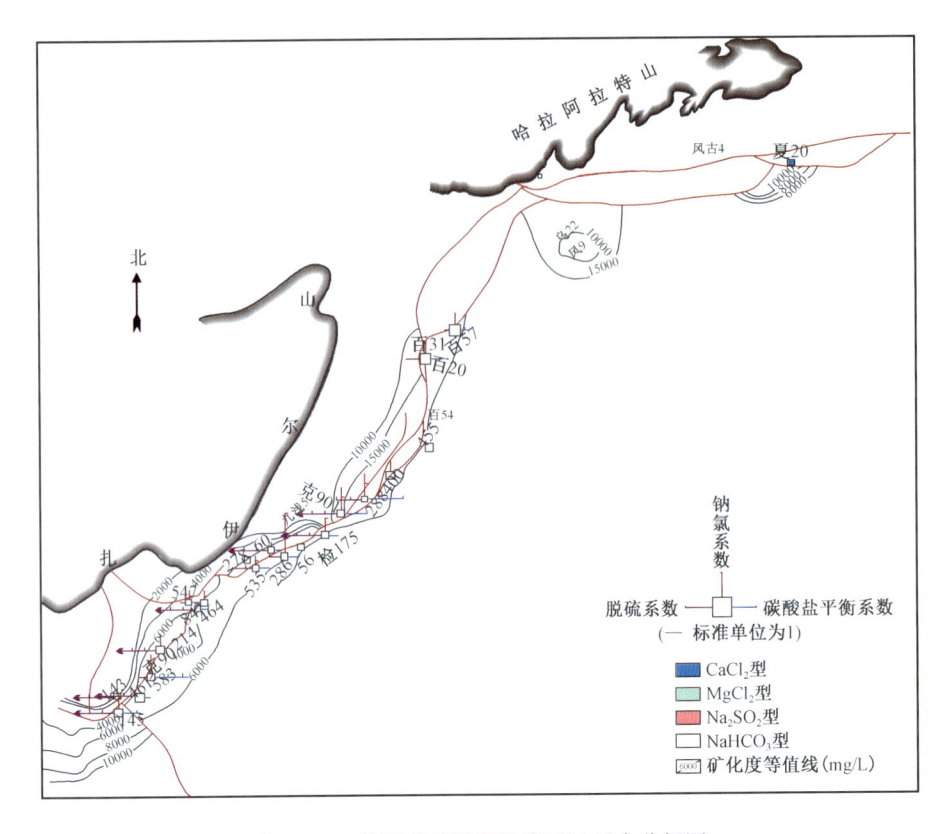

图 4-58 侏罗系层段断层附近地层水分析图

2. 玛湖凹陷西斜坡主要断层活动性分析

从断层活动性分析可以看出，克百地区断层活动开始时间由南往北逐渐提前，克拉玛依断裂在早三叠世基本没有活动，中—晚三叠世出现一个小的活动高峰，活动强度的峰值出现在中晚侏罗世。南白碱滩断裂与克拉玛依断裂类似，活动时期比之略有提前。百口泉断裂和百乌断裂开始活动的时间较早，活动强度的峰值出现在三叠纪（图 4-59 至图 4-61）。

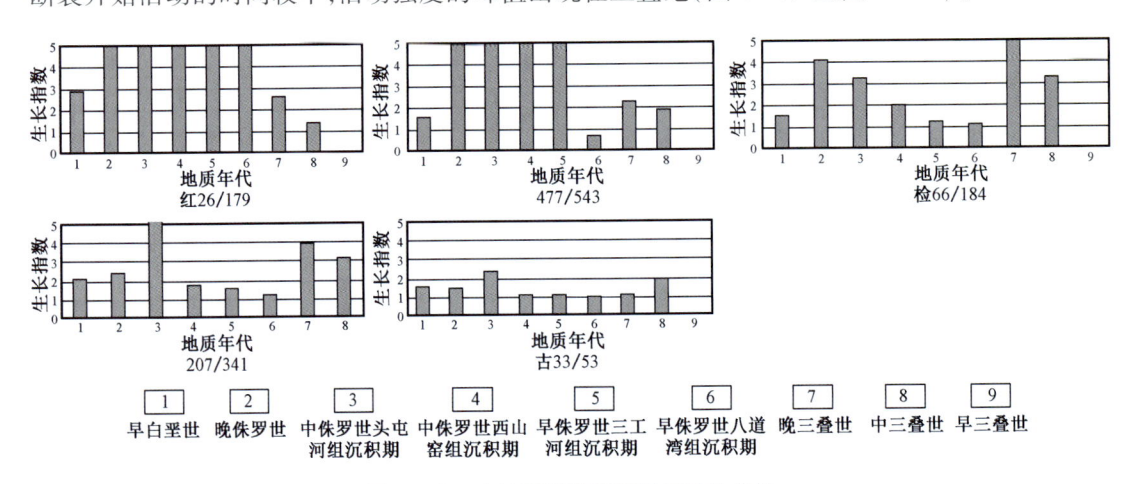

1	2	3	4	5	6	7	8	9
早白垩世	晚侏罗世	中侏罗世头屯河组沉积期	中侏罗世西山窑组沉积期	早侏罗世三工河组沉积期	早侏罗世八道湾组沉积期	晚三叠世	中三叠世	早三叠世

图 4-59 克拉玛依断裂断层活动性分析

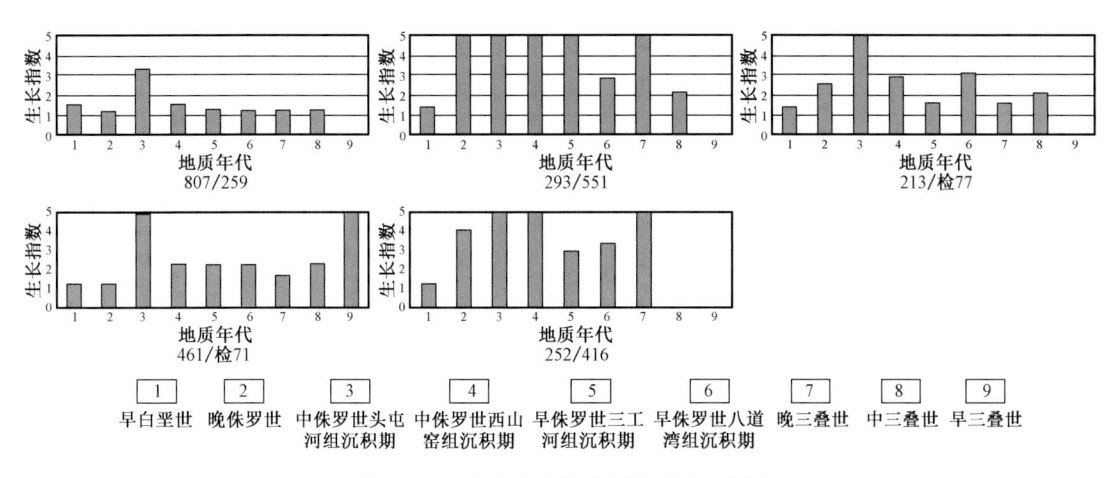

图 4-60 南白碱滩断裂断层活动性分析

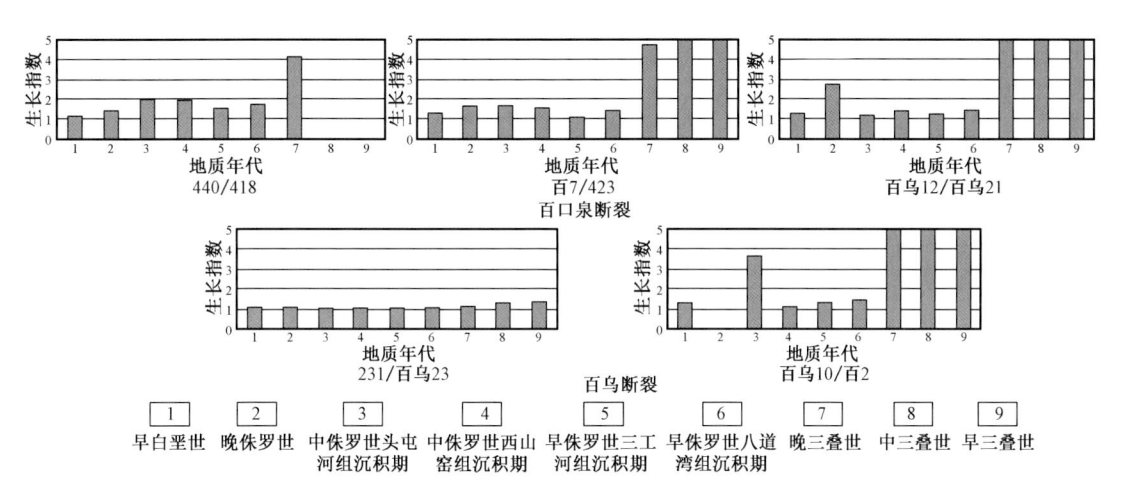

图 4-61 百口泉断裂和百乌断裂断层活动性分析

通过分析可知,克百断裂带断层活动性具有由南往北活动开始时期和活动高峰期提前的特点,而本区由南往北成岩胶结作用次序具有由早期趋向晚期的特点,与此密切相关。百口泉断裂和百乌断裂由于活动开始时间也较早,可见由溶蚀作用产生的 Fe^{2+} 在强还原环境下进入 $CaCO_3$ 矿物的晶格中形成的铁方解石,但仍以方解石充填为主。南白碱滩断裂活动时期较晚,断裂内胶结物类型主要是早期地层水沉淀形成方解石。克拉玛依断裂开始活动时期最晚,断裂内流体活动较少,胶结物主要以早期火山岩蚀变产物——绿泥石、浊沸石为主。

四、断层流体成岩作用的影响范围和期次分析

Fulljames 等(1997)和 Crawford(1998)通过实验研究表明,由于成岩胶结作用使断裂带与相邻的原地岩性相比具有较低的孔隙度和渗透率,同围岩相比,孔隙度下降 1 个数量级,渗透率下降 3 个数量级,甚至低于 6 个数量级。通过对克百断裂岩石胶结程度的研究表明:断裂带附近的岩石胶结率明显异常增大,胶结物含量明显增多,胶结程度增强,断裂带附近的孔隙度(<5%)、渗透率(<0.2mD)较低,胶结率比正常岩石大(图 4-62)。说明断裂带是流体频繁活动的重要场所,矿物沉淀现象非常普遍,成岩胶结作用大大提高了断裂的封闭能力。

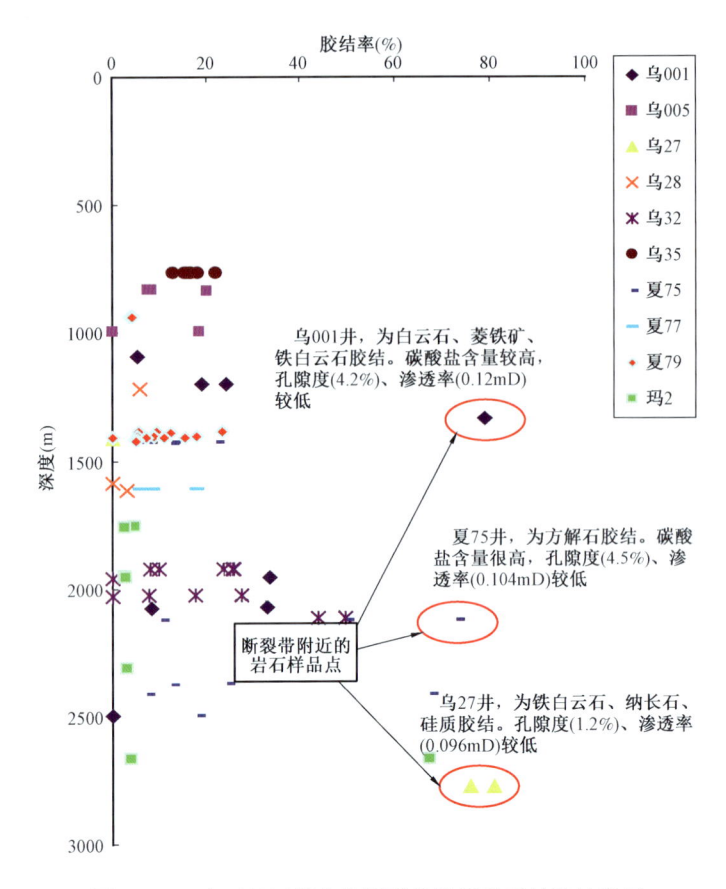

图 4-62 克百地区部分井断裂带附近岩石的胶结程度

断裂带附近胶结物含量的增多与孔隙度、渗透率的降低在曲线上形成了较好的负相关关系,反映出随断裂带矿物沉淀、胶结物的增多,断裂带孔渗性能变差,断裂封闭条件变好。

可见,断裂带的产生有虽利于流体的流动,但后期地下水流动造成的矿化、胶结和油气氧化形成的沥青化作用,可降低断裂带物质的孔渗能力,排替压力升高造成断裂封闭,对流体的运移起到封堵作用。

1. 成岩胶结作用影响范围

前已述及,断裂带并不是一个简单的"面",而是一个具有复杂三维结构的地质"体",断裂带又可以进一步分为滑动破碎带和诱导裂缝带两部分。由于断裂带内结构的差异,导致流体通过断层运移时主要通过诱导裂缝带。通过对研究区钻遇的断裂进行断裂带结构划分并结合岩心观察和岩石薄片观察发现,断裂成岩作用范围与断裂带结构具有很好的一致性,压实和充填作用在破碎带中极为发育,而成岩胶结作用主要发生在诱导裂缝带内。

2. 玛湖凹陷西斜坡主要断裂胶结作用范围

对于断裂带而言,流体的活动主要发生在诱导裂缝带内,并且胶结作用也主要发生在这一区域(吴孔友等,2012)。通过断裂带结构划分,结合前文所述的岩心、薄片分析认为,成岩胶结作用能够在很大的范围内对断裂带封闭性能产生影响(表 4-33),主断裂胶结作用影响范围 60~120m，如克拉玛依断裂成岩胶结作用的影响范围达 80~100m。分支断裂胶结作用影响范围为 40~50m，如 426 井断裂。

表 4-33 克百断裂带主要断裂胶结作用范围

序号	断裂	胶结作用影响范围(m)
1	克拉玛依断裂	80~100
2	南白碱滩断裂	70~100
3	426 井断裂	40~50
4	百口泉断裂	100~120
5	西百乌断裂	约 80

3. 流体活动期次分析

1) 流体包裹体岩相学特征

玛湖凹陷西斜坡内的克百断裂带活动历史长，断裂内流体活动频繁。为了研究克百断裂带内流体活动的期次，在系统采集断裂带内方解石样品后，通过显微镜系统观察流体包裹体特征，并结合流体包裹体均一温度测定，定量确定断裂带内流体活动的期次及形成时间。

在断裂带方解石脉中发现了大量包裹体，但包裹体的丰度在不同的方解石脉中相差甚大，其中以 439 井的方解石脉中包裹体的丰度最大。方解石脉中包裹体的产状有沿方解石解理纹呈面上分布、也有沿某条微裂隙呈线状分布、还有簇状及孤立状分布（图 4-63）。根据包裹体

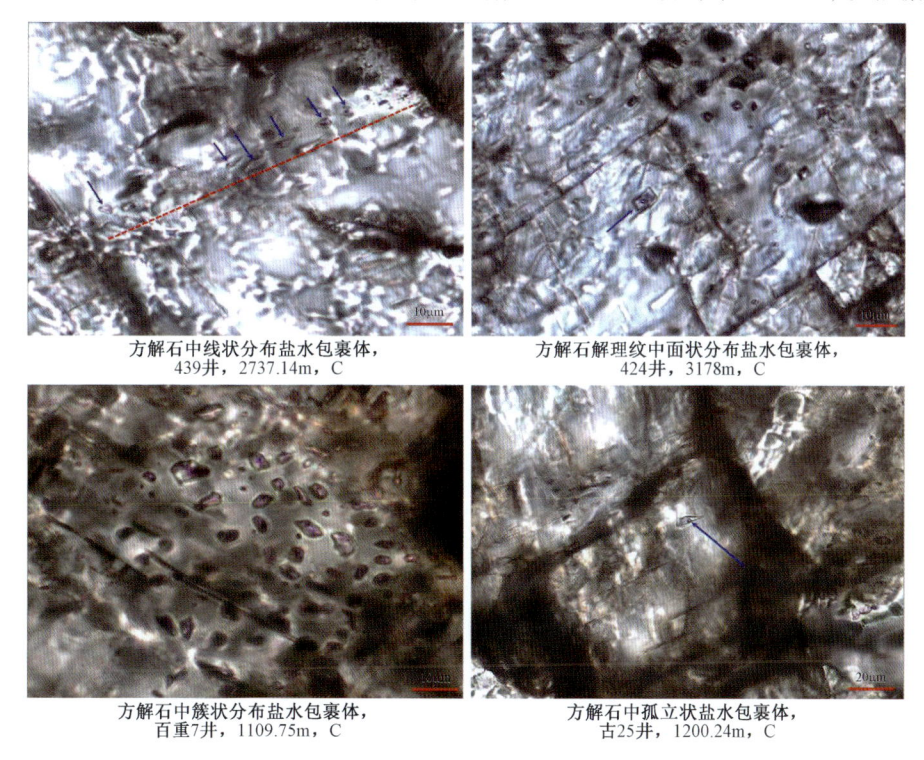

方解石中线状分布盐水包裹体，
439井，2737.14m，C

方解石解理纹中面状分布盐水包裹体，
424井，3178m，C

方解石中簇状分布盐水包裹体，
百重7井，1109.75m，C

方解石中孤立状盐水包裹体，
古25井，1200.24m，C

图 4-63 方解石脉中包裹体的主要产状

类型可分为盐水包裹体及烃类包裹体。盐水包裹体根据气液比的大小又可以分为纯液相盐水包裹体及气液两相盐水包裹体，大小为 1.9~28.1μm，以 3~7μm 居多；包裹体的形态有负晶形、椭球形、长条形及其他形状；投射光下液相无色透明，气相通常呈黑色。

断裂带的方解石脉中多数被沥青充填，是断裂带输导油气的良好证据。沥青多呈块状充填在方解石脉的孤立孔洞和连通的孔洞及裂纹中，有时甚至充填整个火成岩裂缝，而方解石仅在沥青收缩形成的孔洞中结晶，在透射光下的沥青多呈红褐色和黑色，蓝光激发下有较微弱的棕褐色荧光（图4-64）。因此，对于某一条裂缝而言，油气在其中运移可以发生在裂缝被方解石胶结之前，也可以在其之后；油气在裂缝中活动是暂时性事件，而盐水的活动（方解石胶结）是绝对的，方解石能在液态石油转变成固态沥青形成的收缩孔洞中结晶而生成孤立状方解石晶体。

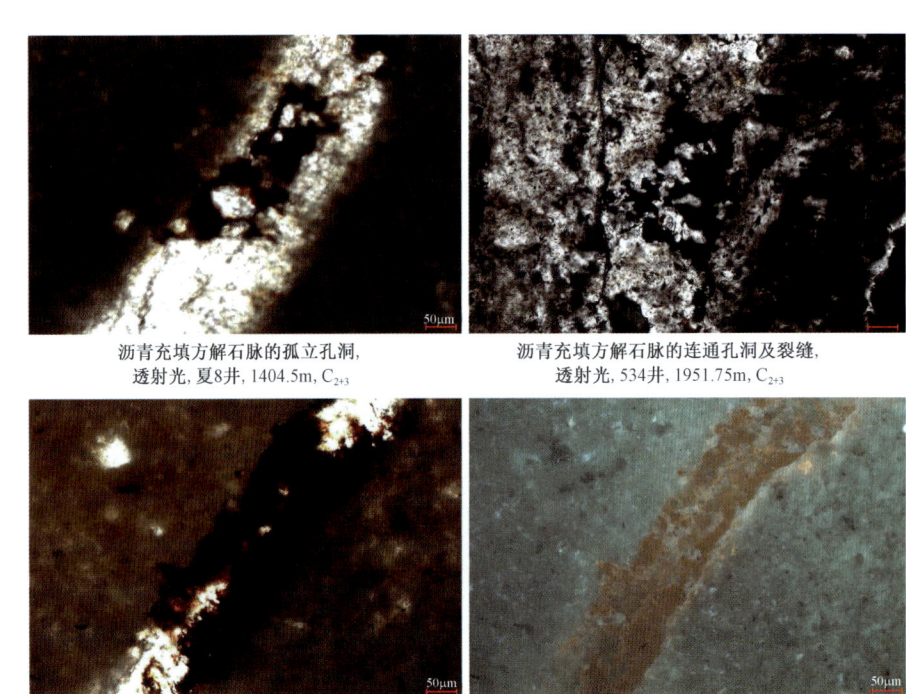

沥青充填方解石脉的孤立孔洞，透射光，夏8井，1404.5m，C_{2+3}

沥青充填方解石脉的连通孔洞及裂缝，透射光，534井，1951.75m，C_{2+3}

沥青充填火成岩裂缝，而方解石呈孤立状结晶，沥青在蓝光激发下发微弱的棕褐色荧光，夏8井，1405.5m，C_{2+3}

图4-64 方解石脉中沥青的充填特征

现今在方解石脉中观察到的固体沥青是原油发生变质的产物，因此其对于研究该原油在裂缝中运移时的温压条件意义不大。而流体包裹体是地质流体的原始样品，记录了当时地质环境的各种地球化学信息，且其形成之后发生的后期变化较小，这对于恢复流体的温压条件具有十分重要的意义。

在断裂带方解石脉中，特别是有沥青充填的方解石脉中烃类包裹体十分发育，如423、534等井的烃类包裹体丰度很大，烃类包裹体颜色的深浅受包裹体的油气组成和包裹体的大小影响较大，通过观察，方解石脉中的烃类包裹体在透射光下主要呈淡黄、黄褐及褐黄色，且以黄褐及褐黄色最为常见（图4-65至图4-67）。烃类包裹体从椭圆到不规则形状皆有分布，长径一般为 5~11μm，短径一般为 3~9μm，但也有一些比较大的包裹体（长径为 20~40μm）。与盐水包裹体不同的是,烃类包裹体在荧光镜下发特殊颜色的荧光,因此包裹体的荧光显微镜观察就成为镜下鉴别烃类包裹体和含烃包裹体的重要手段。

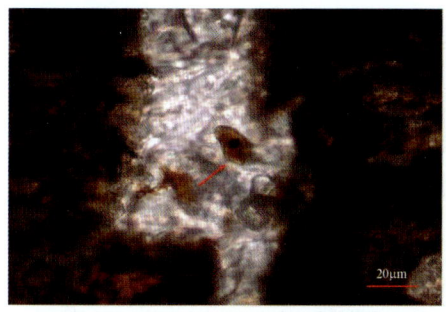

透射光下方解石脉中烃类包裹体为黄褐色,
夏古3井,2257.6m,C_{2+3}

蓝光激发下方解石脉中烃类包裹体为棕褐色,
夏古3井,2257.6m,C_{2+3}

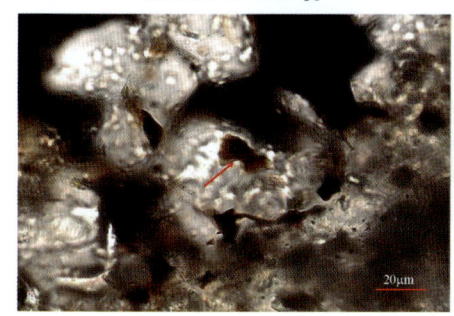

透射光下方解石脉中烃类包裹体为黄褐色,
534井,1951.75m,C_{2+3}

蓝光激发下方解石脉中烃类包裹体为棕褐色,
534井,1951.75m,C_{2+3}

图4-65　发棕褐色荧光的烃类包裹体透射光和荧光照片

发棕褐色荧光的烃类包裹体在镜下最为常见,透射光下为黄褐色到褐色,其荧光强度受包裹体的大小、厚度及油气组成的影响较大,有的包裹体荧光十分微弱(图4-65)。一般认为,这类包裹体是在油气低成熟阶段或早期生油阶段捕获的密度大、重烃和沥青质含量高的原油而形成的。随着成熟度增高,或运移分异作用增加,原油密度变低,包裹体的颜色由黄褐色变成淡黄色,荧光也由棕褐色变成橙黄—亮黄色(图4-66);当成熟度进一步升高,生成的原油中气体组分显著上升,原油密度低,该阶段捕获的烃类包裹体颜色为淡黄色,透光度较好,荧光为黄绿色,此外较大的气液比是该期包裹体区别于其他两期的显著特征(图4-67)。

因此,通过烃类包裹体的岩相学观察可以确定克百断裂带主要经历了三期大规模油气活动,而且早期的油气活动规模大于晚期,这对研究区油气的保存条件提出了较高的要求。

2)流体包裹体期次划分

流体包裹体测温是现在最流行和应用最广泛的包裹体非破坏性分析方法,也是包裹体地球化学学科中研究最早和发展最快的一部分,是包裹体地球化学中一个主要的研究内容,均一法是矿物中包裹体测温的基本方法。均一温度测量使用的仪器是英国Linkam公司生产的MDS 600冷热台,配备Linksys32温度控制软件,实验误差为±0.1℃。

本次研究共采取流体包裹体样品41块,盐水包裹体与烃类包裹体均一温度测试数据分别为173和57组,并采用流体包裹体组合(FIA)的原理对测温数据的可靠性进行了检验并对流

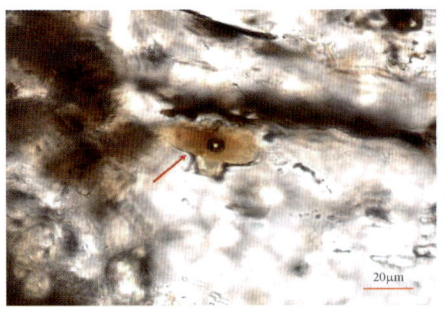

透射光下方解石脉中烃类包裹体为淡黄色,
534井,1893m,C$_{2+3}$

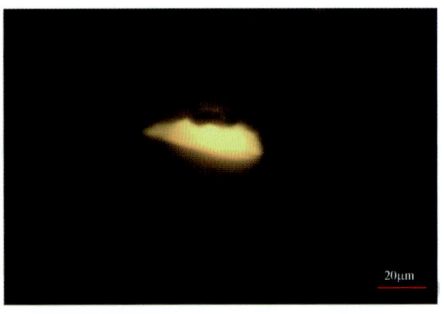

蓝光激发下方解石脉中烃类包裹体为亮黄色,
534井,1893m,C$_{2+3}$;透射光下方解石脉中烃类包裹体为淡黄色,古25井,1201.2m,C$_{2+3}$

蓝光激发下方解石脉中烃类包裹体为亮黄色,
古25井,1201.2m,C$_{2+3}$

透射光下方解石脉中烃类包裹体为淡黄色,
423井,2247m,P$_1$j

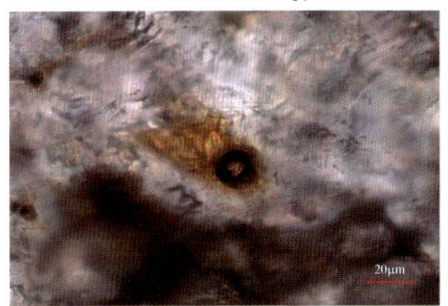

蓝光激发下方解石脉中烃类包裹体为淡黄色,
古25井,1201.2m,C$_{2+3}$

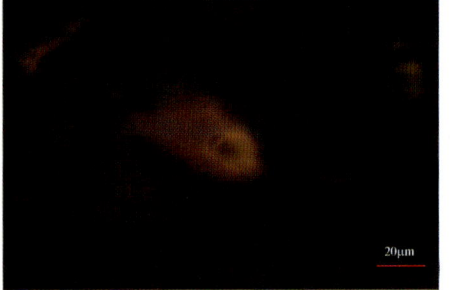

蓝光激发下方解石脉中烃类包裹体为橙黄色,
423井,2247m,P$_1$j

图4-66 发亮黄色荧光的烃类包裹体透射光和荧光照片

体活动期次进行了分析。流体包裹体组合是由Goldstein等(1994)最早提出的,一个流体包裹体组合指的是"岩相上能够分得最细的有关联的一组包裹体"或"通过岩相学方法能够分辨出来的、代表最细分的包裹体捕获事件的一组包裹体"(孙贺等,2009)。

克百断裂带方解石脉中盐水包裹体与烃类包裹体的均一温度分布直方图显示(图4-68),盐水包裹体的均一温度有四个区间,分别为40~70℃、70~110℃、110~160℃及160~190℃,每个区间均有明显的峰值,分别为50~70℃、80~100℃、130~140℃及160~180℃。本次取样的最大深度为3178m(424井),而准噶尔盆地西北缘的古地温梯度最大的时期是石炭纪末,地温梯度为4.0~4.4℃/100m(邱楠生等,2001),此外,当时地层的埋深要小于现今的埋深,因此均一温度大于130℃显然不符合正常的地温演化曲线。

烃类包裹体的均一温度从40~190℃连续分布,证明矿物捕获烃类包裹体是一个长期、渐

透射光下方解石脉中烃类包裹体为淡黄色，
534井，1893m，C_{2+3}

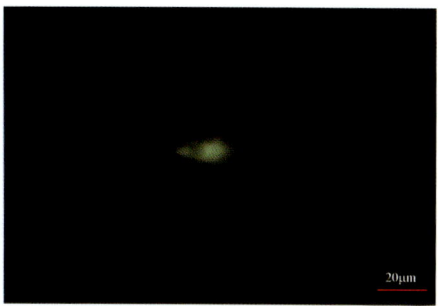

蓝光激发下方解石脉中烃类包裹体为黄绿色，
534井，1893m，C_{2+3}

透射光下方解石脉中烃类包裹体为淡黄色，
古25井，1201.2m，C_{2+3}

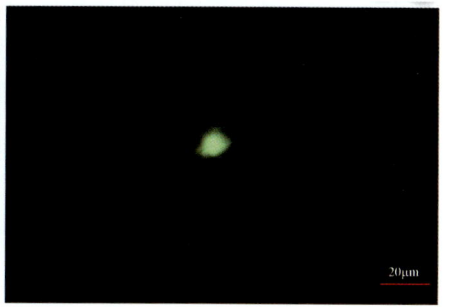

蓝光激发下方解石脉中烃类包裹体为黄绿色，
古25井，1201.2m，C_{2+3}

图4-67　发黄绿色荧光的烃类包裹体透射光和荧光照片

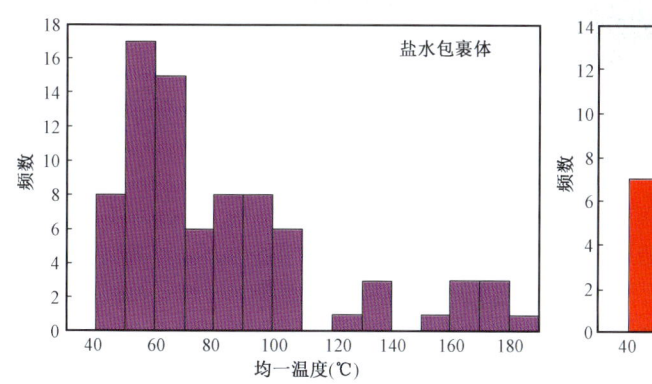

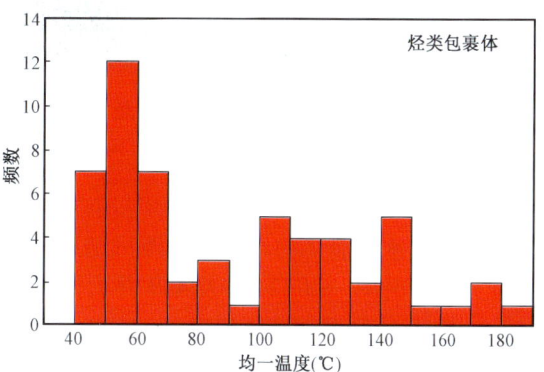

图4-68　克百断裂带方解石脉中盐水包裹体(左)与烃类包裹体(右)均一温度直方图

进的过程。特别需要指出的是，由于烃类包裹体的成分复杂，而且容易随温度升高而发生蚀变，因此容易测出一些均一温度很高的数据。如图4-68所示，烃类包裹体的均一温度可分为40~70℃、80~90℃及100~130℃三个主要的温度区间，这三个主峰预示着断层曾三次沟通了源岩，油气大量向外排泄，是研究区重要的成藏期。根据断裂带内方解石脉中烃类包裹体的均一温度分布特征，将断裂带内油气的活动概括为："三期充注，多期调整"。

在对发同一荧光颜色的烃类包裹体的均一方式不同，即一部分包裹体随着温度升高均一液相，而另一部分则均一为气相，且均一到气相的那部分烃类包裹体的均一温度均大于110℃，与此同时，与烃类包裹体共生的盐水包裹体的均一温度有大于130℃的样品；同样的现象也发生在424井(3178m)方解石脉中盐水包裹体的均一温度测试过程中。这一现象是油气快速充注、幕式成藏的良好证据,与在东营凹陷发现"沸腾包裹体"有异曲同工之处(邱楠生等,2001)。在烃类包裹体岩相学观察中,我们找到了油气与水快速充注的例子,如图4-69所示。该图所反映的信息有:(1)沿方解石脉生长方向(图中绿色虚线箭头所示),分别捕获了棕褐色荧光烃类包裹体和亮黄色烃类包裹体,证明发亮黄色荧光烃类包裹体的形成时间晚于发棕褐色荧光烃类包裹体;(2)图中发棕褐色荧光的烃类包裹体是一个油水不混溶体系,油与水的分界明显,属于典型的不均一捕获,究其原因可能是油与水快速向断裂带排泄还未来得及分离,矿物包裹体正好捕获了这种混相流体,随着温度、压力的降低,油与水发生分离即形成图4-69所示的特征。既然断裂带中存在烃类热流体的快速充注现象,那么盐水包裹体均一温度大于130℃的数据即是这些热流体活动的真实记录。

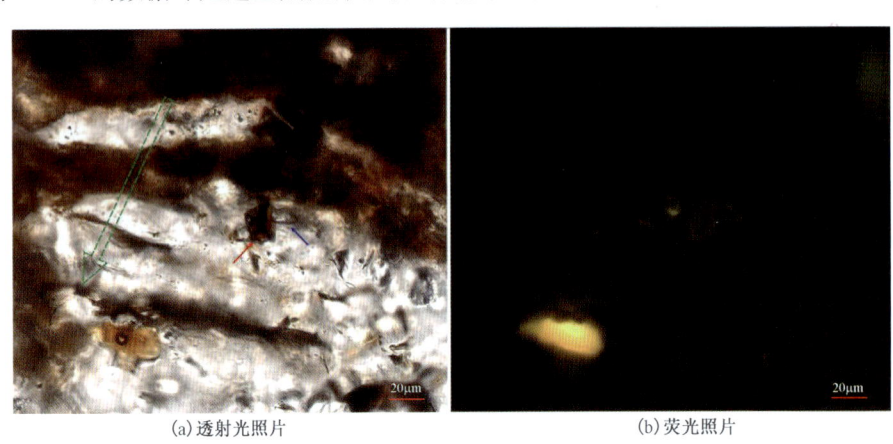

(a)透射光照片 (b)荧光照片

图4-69 克百断裂带中油气快速充注的流体包裹体证据

图中绿色虚线箭头代表方解石脉的生长方向;红色箭头指示多相烃类包裹体的油相部分;蓝色箭头指示水相部分

3)流体活动时间确定

根据盐水包裹体的均一温度测试结果,结合埋藏—热史曲线可以确定流体(含油气)向断裂带充注的时间。以424井及439井为例,可以确定第Ⅰ期流体活动的时间为早三叠纪(距今230—240Ma),第Ⅱ期流体活动的时间为晚二叠纪—早侏罗纪(距今200—220Ma)。经过Ⅰ、Ⅱ期流体活动断裂带的裂缝中已基本被方解石脉充填,第Ⅲ期流体对于方解石脉的形成贡献较小,这也是为什么根据烃类包裹体的荧光特征及均一温度可以划分出三期油气成藏,而盐水包裹体却只有两期。张义杰等(2010)通过对储层包裹体的研究,确定第Ⅲ期油气成藏的时间为晚侏罗纪—早白垩纪(距今125—150Ma)(图4-70),与前述分析相吻合。

玛湖凹陷西斜坡不同断裂带现今已探明的储量存在较大差异,由此说明不同断裂输导油气的能力有强弱之分。为了确定断裂输导油气能力的强弱,需要对断裂带裂缝的含油性及充填在其中的方解石中捕获的烃类包裹体进行综合研究,因为二者都是断裂在地质历史时期曾经输导油气的直接证据。玛湖凹陷西斜坡石炭系、二叠系主要为火成岩,裂缝极其发育且含油性易于观察,为工作的顺利开展提供了良好的基础。

荧光显微镜下方解石脉中烃类包裹体的观察结果表明:克拉玛依断裂、南白碱滩断裂及百口泉断裂均发育有三期油气充注,百乌大断裂无烃类包裹体(图4-71)。结合岩心观察的结

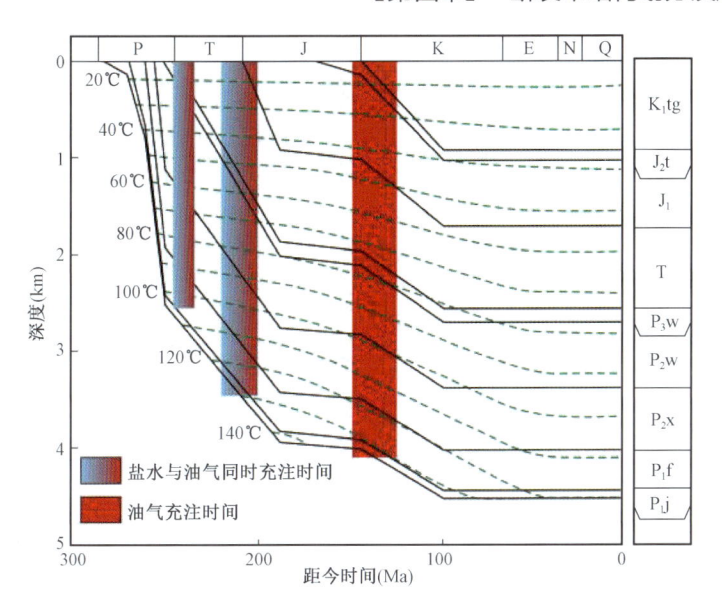

图 4-70 克百断裂带流体活动期次图(据张义杰等,2010)

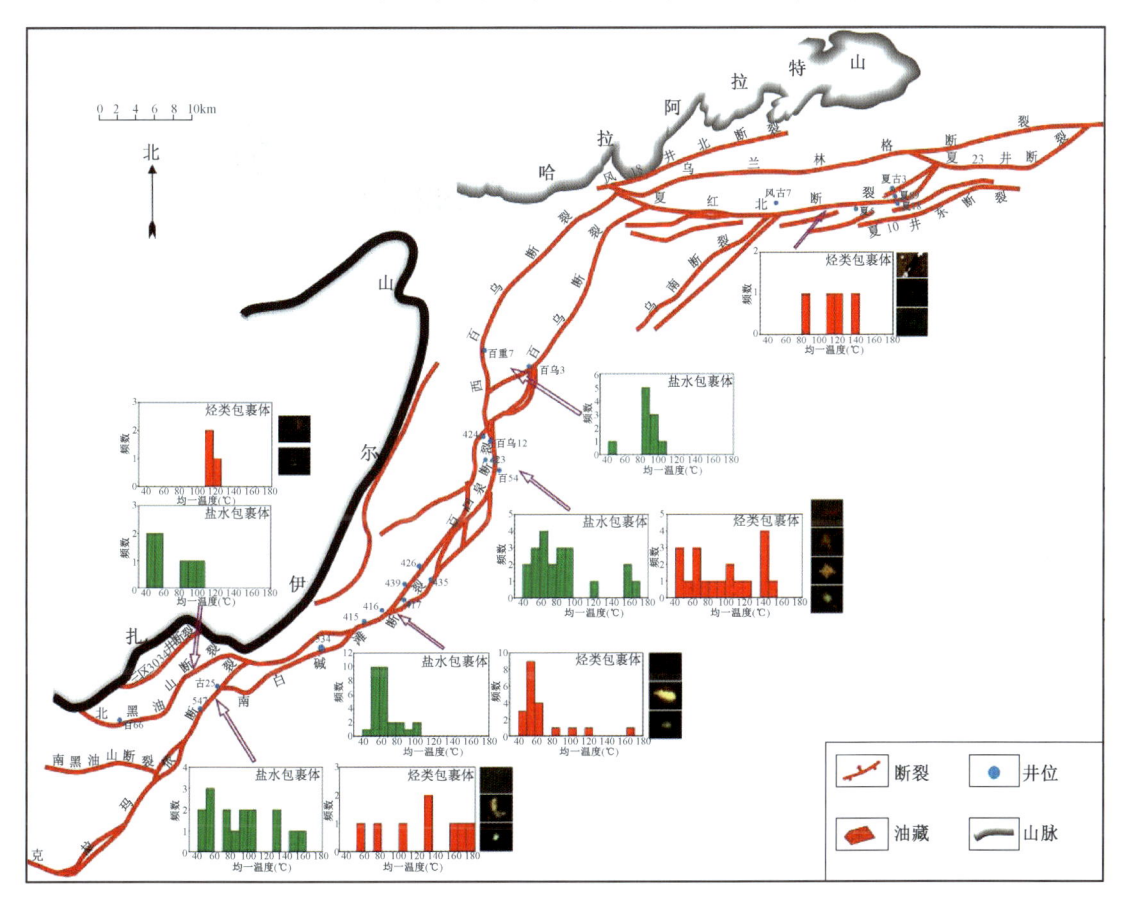

图 4-71 克百断裂带不同断层流体活动期次图

果,对玛湖凹陷西斜坡不同断裂带输导油气性能的综合评价结果表明(表4-34),克拉玛依断裂、南白碱滩断裂和百口泉断裂输导油气的能力最好,而百乌大断裂较差。评价结果与现今油气勘探中已探明的油气储量相当吻合,说明早三叠世、晚三叠—早白垩世断层活动对西斜坡地区油气成藏至关重要。

表4-34　断裂输导性能综合评价表

断裂带	井号	岩心观察井段（m）	层位	裂缝含油性	烃类包裹体	输导性能综合评价
克拉玛依断裂	古25	1118.2~1289.7	C_{2+3}	含油	发育	好
	547	1770.03~1822.10	C_1	含油	发育	
南白碱滩断裂	415	903.5~905.0	Pz	含油	发育	好
	416	1932.7~2058.5	C_{2+3}	不含油	未见	
	417	2008.8~2563.8	C_{2+3}	不含油	未见	
	439	2737.1~2739.4	C_1	不含油	未见	
	534	1891~1953	C_{2+3}	稠油沥青充填	发育	
百口泉断裂	423	2246.6~2249.1	Pz	不含油	发育	好
	424	2813.1~3116.0	Pz	稠油沥青充填	发育	
	百乌12	2290.5~2442.0	Pz	含油	未见	
百乌大断裂	百乌3	1548.0~1549.1	C_1	油迹	未见	差
	百重7	1012.12~1422.94	C_{2+3}	不含油	未见	

4)流体活动对克百断裂带成岩胶结与溶蚀作用的影响

(1)克拉玛依断裂。

克拉玛依断裂共经历三期流体活动,主要为地层水的运移,且以第Ⅰ、Ⅱ期流体为主。烃类流体与地层水同时运移,导致溶蚀作用弱,断裂内火山岩孔缝被早期热液蚀变产物(绿泥石和浊沸石)胶结充填后阻止了后期胶结物的沉淀,使得断裂带内成岩阶段处于早期,早期胶结物得以保留(图4-72)。

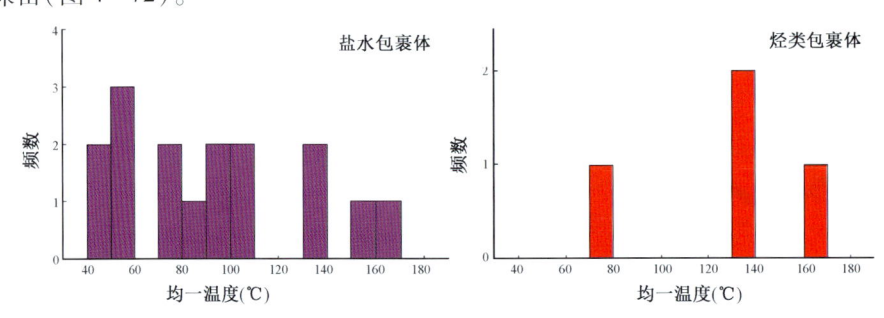

图4-72　克拉玛依断裂包裹体均一温度统计

(2)南白碱滩断裂。

南百碱滩断裂主要经历第Ⅰ期流体活动,同时也对应着第Ⅰ期烃类活动。早期热液蚀变产物被烃类活动导致的酸性地层水溶蚀后,有利于早期方解石胶结物沉淀。之后流体活动较弱,使早期方解石胶结物得以保存(图4-73)。

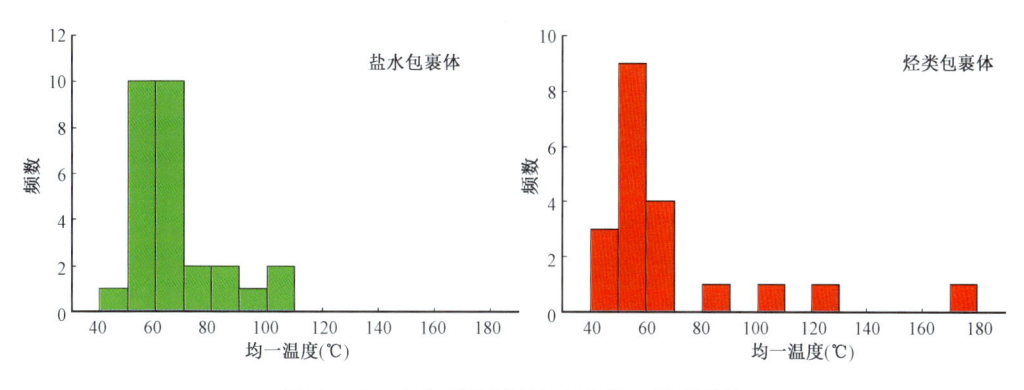

图 4-73 南白碱滩断裂包裹体均一温度统计

(3) 百口泉断裂。

百口泉断裂共经历三期流体活动。使胶结和溶蚀作用交替进行,由于最后一期流体活动时间较晚,断裂已进入深埋期,随着深度、温度和压力的增高,断裂内成岩作用进入晚成岩阶段。这也是百口泉断裂中出现部分铁方解石胶结物的重要原因(图 4-74)。

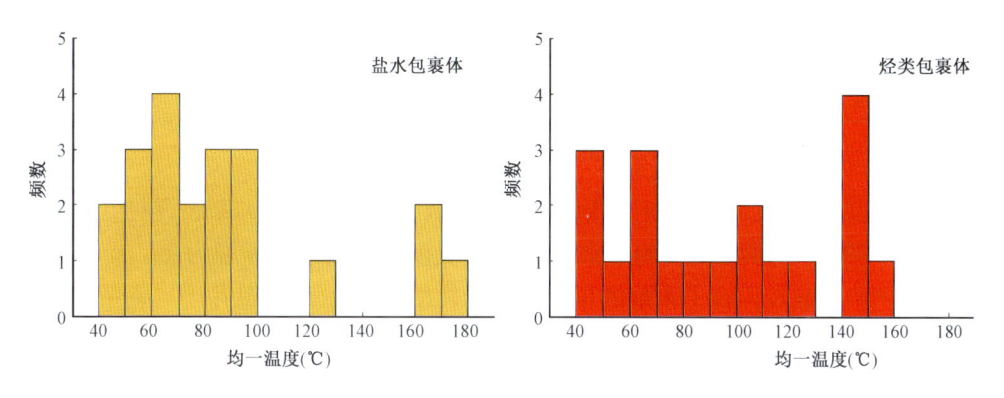

图 4-74 百口泉断裂包裹体均一温度统计

(4) 西百乌断裂。

西百乌断裂主要经历了第 II 期的流体活动(图 4-75),为地层水运移,未发现烃类活动。流体活动期次较克拉玛依断裂晚,胶结作用发生于晚成岩阶段,铁离子可在强还原环境下可以进入 $CaCO_3$ 矿物的晶格中,形成铁方解石。

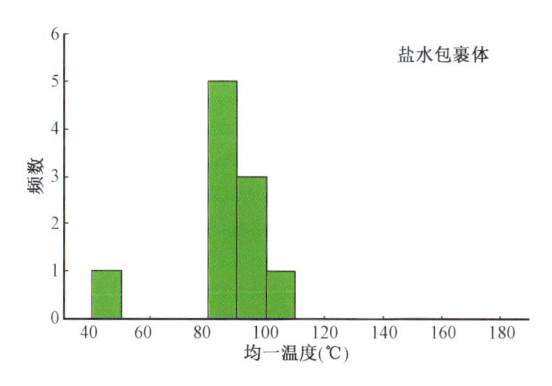

图 4-75 西百乌断裂包裹体均一温度统计

第五章 断裂控藏作用分析

在玛湖凹陷西斜坡,断裂对油气成藏的控制作用显著。目前在该区域内已发现的构造油气藏的分布绝大多数均与断裂有关,平面上,主要油气聚集带沿着断裂"带状"分布特征明显,而在纵向上则呈现"断裂通到哪里,油气就走到哪里"的特点(丁文龙等,2002),表明了油气成藏与断裂活动之间的密切关系,因此,断裂控藏作用的分析对于指导后续勘探具有重要的现实意义。通过近年来地震解释工作的不断深入,人们逐渐认识到,在玛湖凹陷西斜坡具有低角度、高角度两套断裂系统,在平面上,低角度断裂主要位于山前地区,处于传统认识的断裂带区域,而新识别出的高角度断裂则主要分布于斜坡区,地震解释难度大。在剖面上,低角度断裂呈典型的板式、铲式断面形态,而高角度断裂则近于直立。这种不同的断裂构造特征势必会导致其对油气成藏的控制作用有所差异,从而导致了不同的油气成藏过程并形成了不同的油气成藏模式。

第一节 低角度断裂控藏作用

本书中所述的低角度断裂是指与高角度走滑断裂相对应的一系列断裂,包括逆冲断裂、正断裂等。在玛湖凹陷西斜坡的低角度断裂中,以大规模发育的逆冲断裂为主。受这些断裂的控制,在玛湖凹陷西斜坡发育了大量的与低角度断裂相关的油气藏,赋存于二叠系、三叠系、侏罗系等多套层位中。

一、低角度断裂控制烃源岩分布

玛湖凹陷西斜坡的油气主要来自于玛湖凹陷下二叠统佳木河组和风城组,这些二叠系烃源岩层的有机碳含量高、类型好,是盆地最优质的烃源岩层,是玛湖凹陷西斜坡,也是整个准噶尔盆地大型及特大型油气田形成的物质基础。

下二叠统佳木河组在沉积过程中,沉积范围比较大,其沉积边界可向北西延伸至达尔布特断裂附近(亦即晚石炭世、早二叠世古准噶尔盆地的西北边界位置),而其沉积中心则位于现今扎伊尔山前(图5-1)。

靠近达尔布特断裂及整个扎伊尔山地区,沉积相类型主要为扇三角洲相,包括扇三角洲平原、扇三角洲前缘等。靠近玛湖凹陷腹地,沉积相逐渐过渡为大面积分布的滨浅湖相。由扎伊尔山向玛湖凹陷,沉积相类型由扇三角洲平原相逐渐变化为滨浅湖相,沉积物的粒度也由粗变细,显示了受逆冲断层控制,盆地边缘隆升对沉积物分布的控制作用。同时,从佳木河组泥质烃源岩厚度来看靠近扎伊尔山(图5-2),厚度最大可超过250m,向南东方向逐渐减薄,但仍有几十米厚。此外,在佳木河组内还分布有大面积火山岩。

下二叠统风城组沉积时,较新的风城组沉积边界已大幅远离达尔布特断裂,向着盆地方向后退至扎伊尔山山前,平面移动距离约10~20km(图5-3)。从沉积相类型看,扇三角洲分布范围明显变小,仅在扎伊尔山南部及北部有小范围分布,其余大面积分布为半封闭浅湖—半深湖及滨浅湖相。从风城组泥质烃源岩分布图来看(图5-4),泥岩层厚度最大处在扎伊尔山北部,可达200m以上,向四周泥岩层厚度减薄,到玛湖凹陷,泥岩层厚度变为几十米左右。

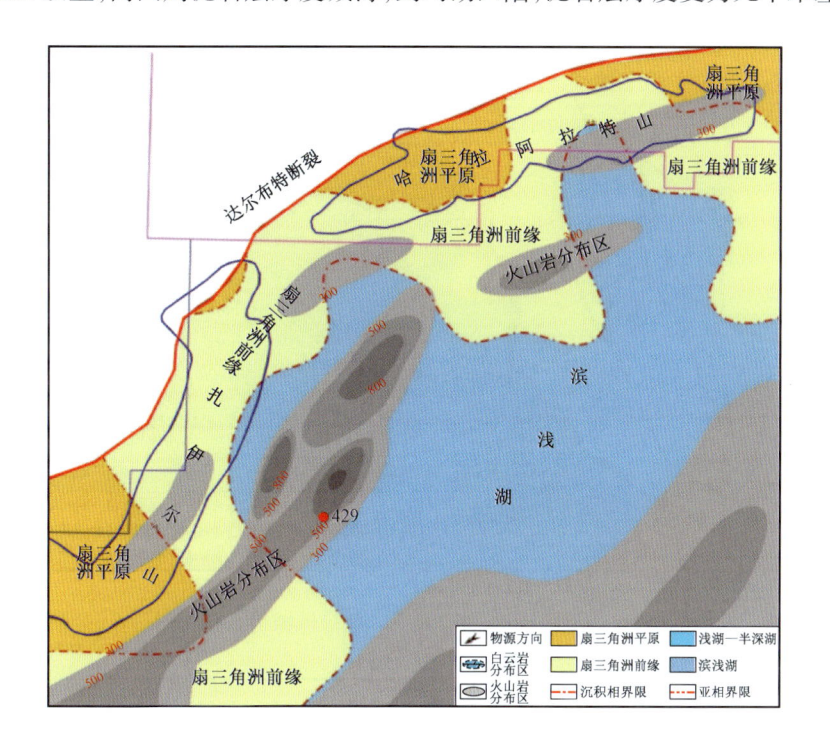

图5-1 玛湖凹陷西斜坡下二叠统佳木河组沉积相图

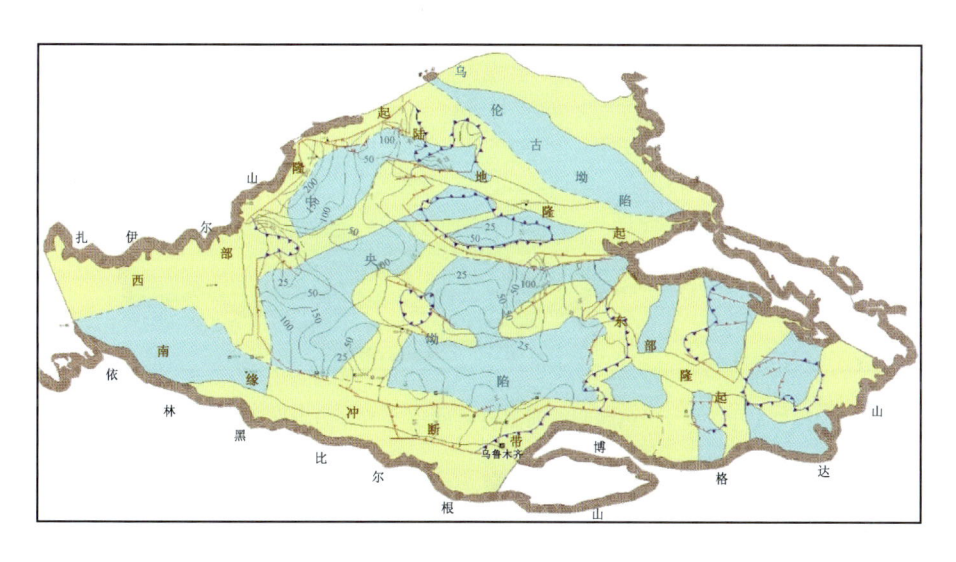

图5-2 玛湖凹陷西斜坡佳木河组泥质烃源岩厚度图

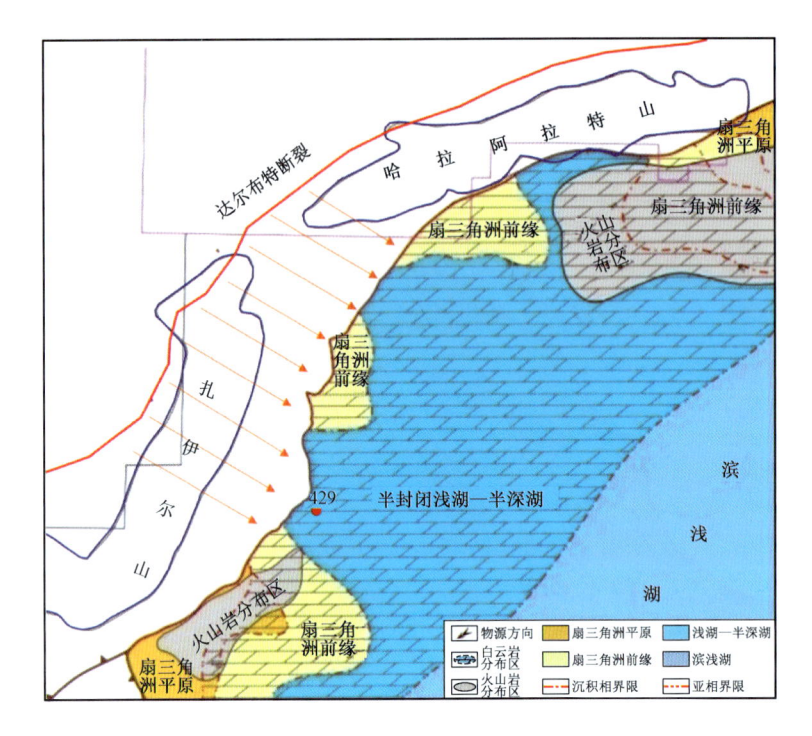

图 5-3 玛湖凹陷西斜坡下二叠统风城组沉积相图

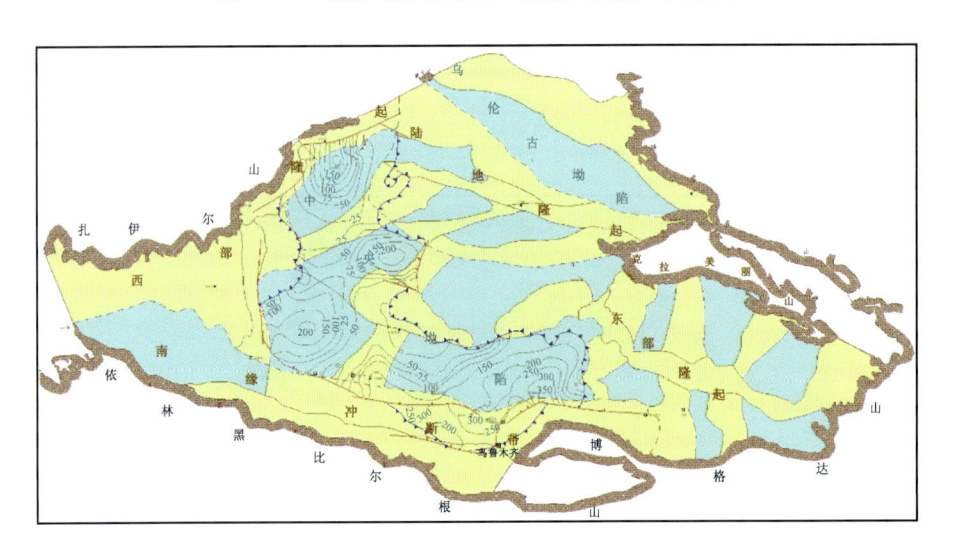

图 5-4 玛湖凹陷西斜坡风城组泥质烃源岩厚度图

二、低角度断裂控制储层(扇体)发育

构造作用与沉积作用的关系一直以来都是盆地分析及油气勘探中的关键问题,受到广大地质工作者的重视,构造活动对沉积物的分布起到了极大的控制作用。玛湖凹陷西斜坡先后经历了多次构造活动,形成了多条具有推覆性质的同生逆断裂。前人研究表明,自二叠纪—侏罗纪,玛湖凹陷西北缘广泛的发育有冲积扇、水下扇、扇三角洲等粗碎屑沉积(表5-1)(雷振

宇等,2005;蔚远江等,2007),成为该区域重要的储层类型,而这些扇体的形成和分布,以及后期的迁移均与逆冲断裂的活动有关。

表5-1 玛湖凹陷西斜坡二叠纪—侏罗纪充填序列及沉积特征表(据蔚远江等,2007)

地层		代号	组名	沉积体系及岩相特征
侏罗系	上统	J_3q	齐古组	河流、泛滥平原及湖相为主的红色碎屑岩沉积,厚度50~150m,地面仅在克拉玛依有出露
	中统	J_2t	头屯河组	河流、河流三角洲、冲积扇、扇三角洲及滨浅湖相红色粗碎屑含煤沉积,下细上粗的反旋回序列
		J_2x	西山窑组	以辫状河、辫状河三角洲、湖相及零星扇体沉积为主,在西北缘地面没有沉积
	下统	J_1s	三工河组	以滨浅湖—半深湖、湖泊三角洲及小型扇三角洲和冲积扇体系为主
		J_1b	八道湾组	湿地扇、扇三角洲、辫状河相含煤粗—细粒碎屑岩沉积体系,岩性岩相比较稳定,厚度变化较大
三叠系	上统	T_3b	白碱滩组	以巨厚的滨浅湖相泥岩沉积为主,其次发育冲积扇、扇三角洲体系,但规模都不大
	中统	T_2k_2	克上组	冲积扇、扇三角洲、水下扇、三角洲和滨浅湖相混合沉积体系,具多旋回结构
		T_2k_1	克下组	冲积扇、扇三角洲、水下扇、三角洲和滨浅湖相混合沉积体系,具多旋回结构
	下统	T_1b	百口泉组	洪冲积扇、河湖三角洲、水下扇相红色粗碎屑沉积体系
二叠系	上统	P_3w	上乌尔禾组	大型水下扇、冲积扇、辫状河、湖泊沉积体系组合,以大面积发育水下扇为特征
	中统	P_2w	下乌尔禾组	大型水下扇、扇三角洲、湖泊沉积体系组合
		P_2x	夏子街组	扇三角洲平原、前缘或水下扇、湖泊沉积体系组合,在垂向上形成了退积型沉积序列
	下统	P_1f	风城组	陆棚近海滨浅湖、扇三角洲、冲积扇有湖底扇体系,白云质泥岩、泥岩互层及碎屑岩夹山岩
		P_1j	佳木河组	水下扇、扇三角洲相碎屑岩与火山岩相、滨浅湖相混合沉积体系,向上变粗的大型沉积旋回

二叠纪,盆地具有压陷盆地(前陆盆地)的特点,克百断裂为控盆断裂,对沉积具有控制作用,沿断裂带发育多个扇体。佳木河组(P_1j)沉积期,沉积扇体以发育水下扇为主,比较大的扇体分布在五区南和百口泉区,总体为一套火山岩及砾质粗碎屑岩组合。风城组(P_1f)沉积时,发育有扇三角洲、冲积扇,扇体空间分布局限,五—八区发育扇三角洲,百口泉区为冲积扇—扇三角洲沉积。夏子街组(P_2x)沉积期,发育扇三角洲及水下扇,五—八区为扇三角洲,百口泉区为水下扇。下乌尔禾组(P_2w)沉积期,五—八区和百口泉区发育大型水下扇。上乌尔禾组(P_3w)沉积时,大面积发育水下扇,是沉积扇体发育的高峰期。虽然二叠纪在各个沉积时期都有扇体发育,但相对来说,佳木禾组和上乌尔禾组内部扇体最为发育,风城组内部扇体分布范围及规模最小(雷振宇等,2005;雷振宇等,2005)。从空间展布来看,二叠纪发育的扇体具有向盆地推进扩展的趋势,各时期扇体具有很好的继承性。

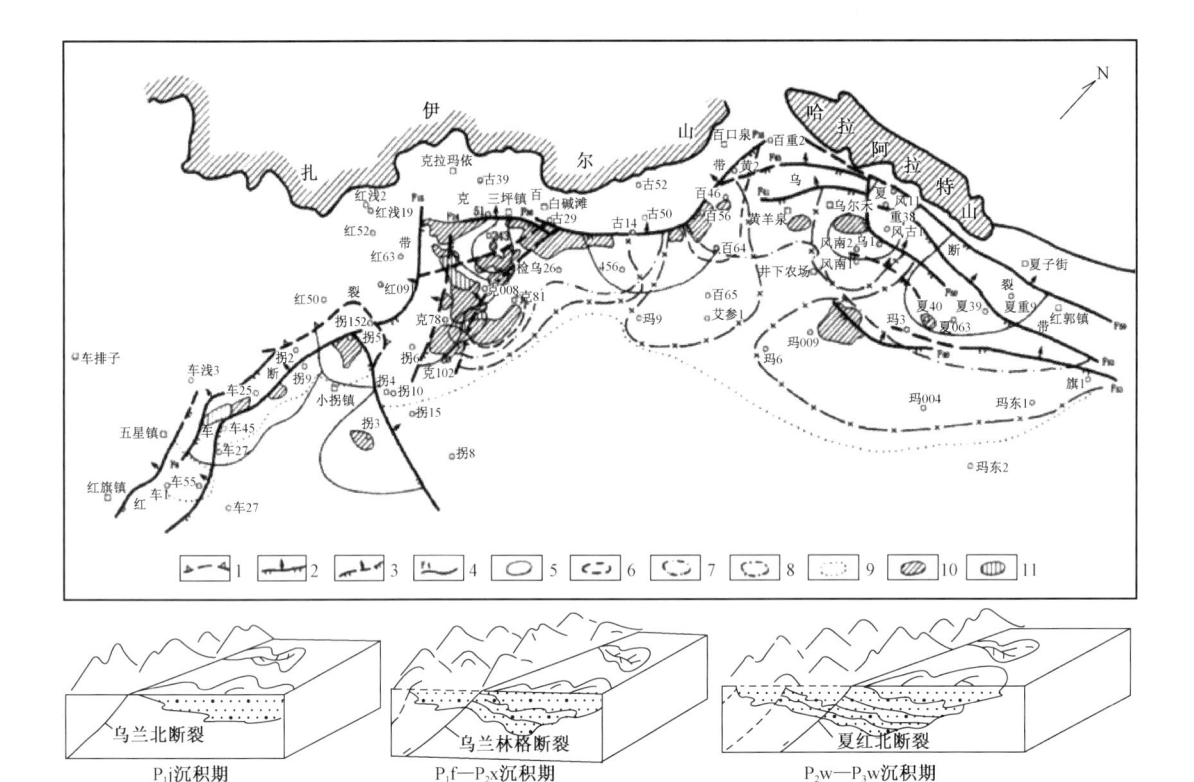

图 5-5 玛湖凹陷西斜坡二叠系扇体展布与空间叠合图(据蔚远江等,2007)

1—地层尖灭线;2—同沉积逆断裂;3—推测同沉积逆断裂;4—断层编号;5—P₁j 扇体界线;6—P₁f 扇体界线;
7—P₂x 扇体界线;8—P₂w 扇体界线;9—P₃w 扇体界线;10—探明含油面积;11—探明含气面积

三叠纪,盆地属性仍为压陷盆地,其发育仍与扎伊尔山的活动有关,扇体的发育受断裂控制减弱且整体向扎伊尔山方向后退。沉积相类型有扇三角洲、辫状河、辫状河三角洲、泛滥平原和湖泊相等。随着后退式断裂活动,扇体发育由盆地向腹陆后退式发展,形成多级、多个扇体联合和叠合的现象(图 5-6)。具体表现为:克拉玛依段百口泉组沉积时期,扇体的面积和规模最大,晚三叠世白碱滩组沉积期退缩至扎伊尔山根。百口泉区,早、中三叠世扇体发育具有好的继承性发育,并逐渐由盆内向盆缘收缩,晚三叠世没有扇体发育。

侏罗纪,扇体的发育情况与三叠纪类似(图 5-7)。受多条断层控制,形成多个扇体的联合和叠置。沉积相类型有三角洲、曲流河、辫状河、泛滥平原和湖泊相等。从时间上看,侏罗纪八道湾组沉积时期,断裂活动性相对较大,扇体规模较大,其余时期断裂活动性较小,扇体规模相对较小。从空间上看,一方面,由于各断裂的活动性相差不大,因此不同时期形成的扇体叠置性较差,分布较为稀散;另一方面,扇体的发育从早到晚由盆内到造山带物源区后退。

白垩纪早期,克百地区大部分断裂已停止活动,盆地进入萎缩发育阶段,只是沿山前发育扇体。早白垩世后期,克百地区整体向南东掀斜抬升,结束了盆地发育。

总的来看,二叠纪—侏罗纪,克百地区的扇体规模从大到小变化,二叠系扇体规模最大,三叠系次之,侏罗系最小,反映了断裂活动性由强到弱的变化。从扇体迁移性及叠加关系来看,二叠系发育的扇体叠置关系好,由造山带向盆地内部推进式发展;三叠系扇体叠置关系中等,

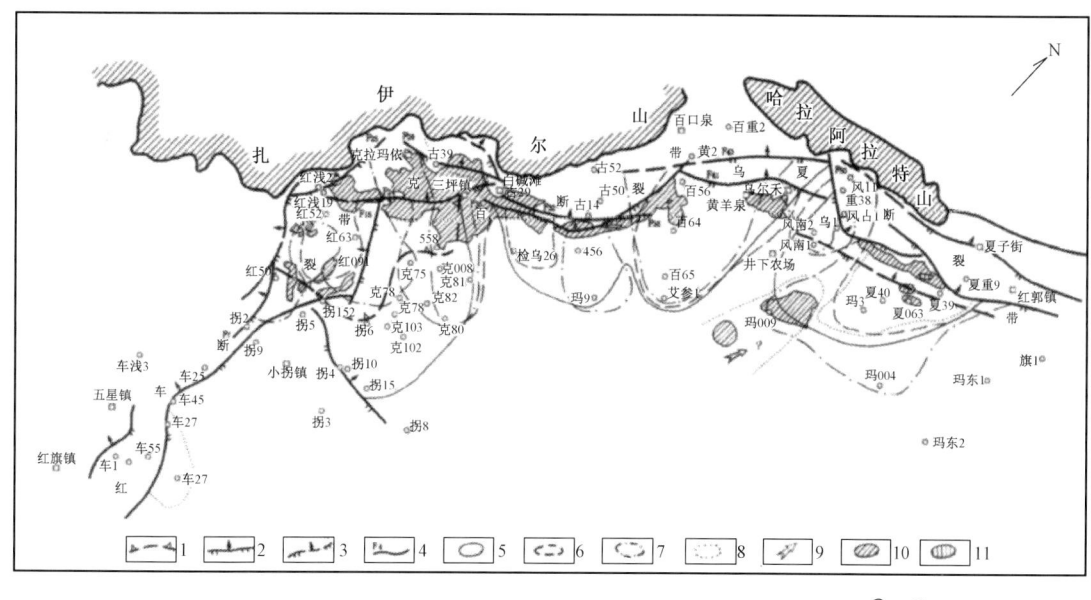

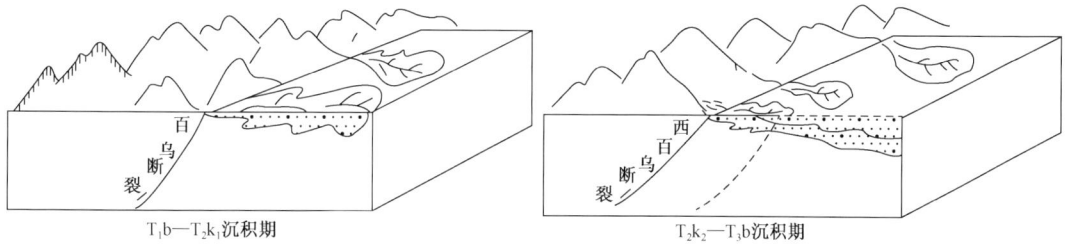

图 5-6　玛湖凹陷西斜坡三叠纪扇体展布与空间叠合图（据蔚远江等，2007）

1—地层尖灭线；2—同沉积逆断裂；3—推测同沉积逆断裂；4—断层编号；5—T_1b 扇体界线；6—T_2k_1 扇体界线；
7—T_2k_2 扇体界线；8—T_3b 扇体界线；9—推测物源方向；10—探明含油面积；11—探明含气面积

扇体由盆地内部向造山带方向迁移；侏罗系发育的扇体基本都是零散的，叠置关系差，扇体发育从盆地内部向造山带方向迁移。二叠系和三叠系内部扇体的发育特征，克拉玛依段和百口泉段存在差异，反映不同地段构造活动性不同。

三、低角度断层控藏作用

1. 玛湖凹陷西斜坡断控油气藏类型

1）断块型油气藏

储层上倾方向受断层遮挡所形成的圈闭为断层圈闭，油气在断层圈闭中聚集形成的油气藏为断层油气藏（张厚福，1989）。本区此类油藏的特点为：(1)油气分布主要决定于断层侧向封堵和圈闭的闭合度；(2)含油气面积通常比较小；(3)通常呈带状分布；(4)单一断层的油气水系统简单，油水界面平行于构造等深线。各断块之间的油气水系统复杂，油(气)水界面变化大，流体性质也不一致；(5)油气藏以层状为主，其次为块状；(6)中生界断层圈闭封闭性相对较差，难以形成气藏，断块型气藏主要分布在埋深较大的二叠系；(7)断块油气藏主要分布于断阶带和中拐凸起北斜坡的二叠系。

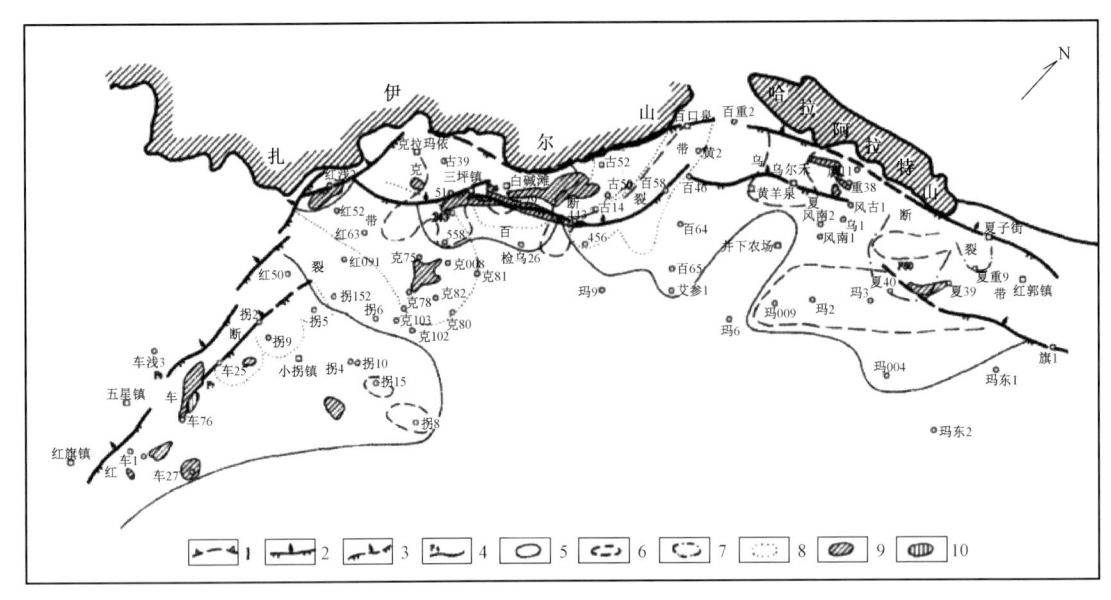

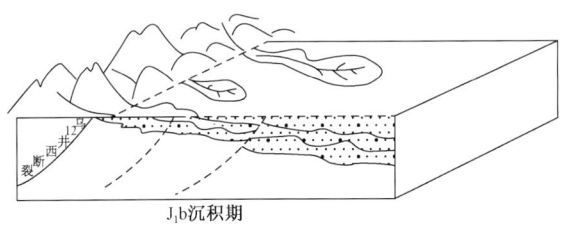

图 5-7 玛湖凹陷西斜坡侏罗纪扇体展布与空间叠合图(据蔚远江等,2007)
1—地层尖灭线;2—同沉积逆断裂;3—推测同沉积逆断裂;4—断层编号;5—J_1b 扇体界线;
6—J_1s 扇体界线;7—J_2x 扇体界线;8—J_2t 扇体界线;9—探明含油面积;10—探明含气面积

本区主要的断层油气藏为多组逆掩断层与储层结合形成各种形态的断块油气藏。本区断块油气藏包括弧形断层断块油气藏、交叉断层断块油气藏和网状断层断块油气藏。

(1) 弧形断层断块油气藏。

弧形断层断块油气藏在倾斜地层的上倾方向被一向上倾凸出的弯曲断层面包围,在构造平面图上表现为较平直的构造等高线和弯曲断层线相交。克 82 井区佳木河组中亚组气藏为典型的弧形断层断块气藏(图 5-8),该气藏上倾方向受两条相互交叉的弧形断裂——克 82 井西断裂和克 82 井北断裂的遮挡,在气藏的南部边界受克 82 井南断裂的遮挡封堵,气水边界同构造线平行。

(2) 交叉断层断块油气藏。

交叉断层断块油气藏在倾斜储层的上倾方向被两条相交叉的断层所包围,在构造平面图上表现为较平直的构造等高线与交叉断层相交。123 断块克拉玛依下亚组油藏被克拉玛依断裂和 565 井断裂夹持(图 5-9),地层等高线同两条断层相交,此种断块为本区最为重要的断块类型。

(3) 网状断层断块油气藏。

在复杂的断块区,多组断层的交叉切割与地层产状相结合,多条构成网状遮挡的断层,形

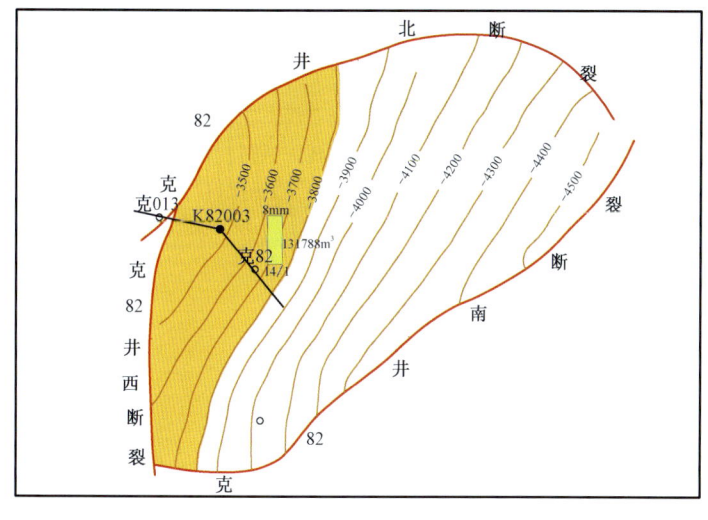

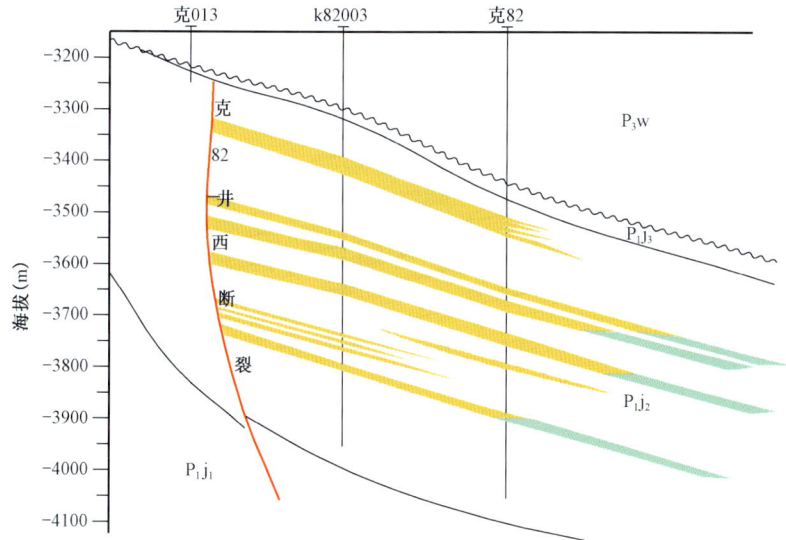

图 5-8 弧形断层断块油藏——克 82 井区佳木河组中亚组气藏构造图

成多个封闭断块,构造图上形成多条断层与构造等值线构成闭合区。四 2 区克拉玛依下亚组油藏为被平行和垂直于克拉玛依断裂的一系列断层切割组合形成的网状断层断块油藏(图 5-10),由于多条断层的封闭性差异较大,本区的原油密度差异也较大。

此类油气藏主要受到断层和构造线的影响,受储集砂体的影响较小。本区断块油气藏包括 123 断块克拉玛依组油藏、检 188 断块克拉玛依上亚组油藏、422 克拉玛依上亚组断块油藏、克 82 佳木河组气藏、581 佳木河组气藏等。

2) 复合型油气藏

多数油气藏其控制因素比较复杂,受到断裂、地层、岩性等多方面因素控制而形成复合型油气藏。在本区,有低角度断层存在的复合型油气藏包括断层—岩性油气藏、断层—背斜—岩性油气藏、断层—地层油气藏、地层—岩性—断层等。

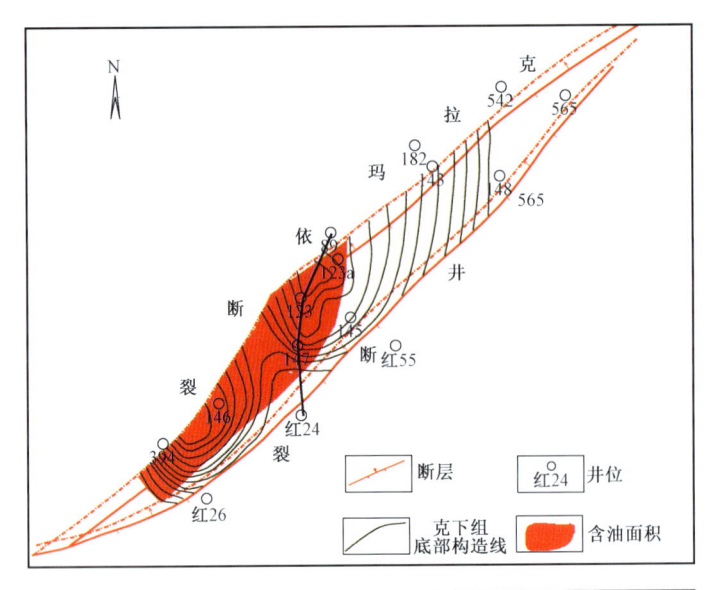

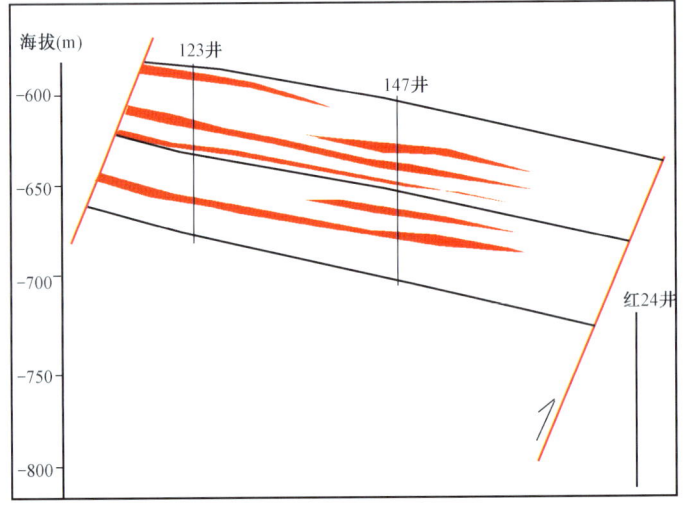

图 5-9 交叉断层断块油藏——123 断块克拉玛依下亚组油藏构造图

(1)断层—岩性油气藏。

断层—岩性油气藏为构造岩性油气藏的一种,是本区发现数量最多、分布最为广泛的油气藏类型(图 5-11),自二叠系至侏罗系各层组均有发现,为本区"断—扇"控藏的重要体现。

此类油气藏的特点是:① 上倾方向被断层所遮挡,两侧受扇间地带岩性封堵,或储层物性变差而形成,下倾方向油水界面与构造等高线平行或者相互交切;② 多沿大型断层成群成带分布,本区主要发育于断阶带和断裂带前缘两个油气聚集带;③ 由于本区主断裂附近扇体常相互叠置,且油气来源路径畅通,易于形成较大规模的油气聚集,油藏规模的大小受制于扇体的规模。

(2)断层—背斜—岩性油气藏。

断层—背斜—岩性油气藏也是构造岩性油气藏的一种,油气藏受到背斜构造形态和岩性

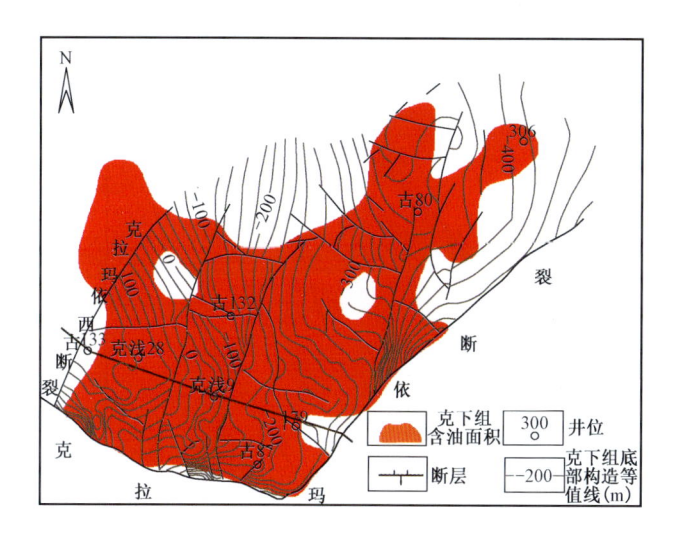

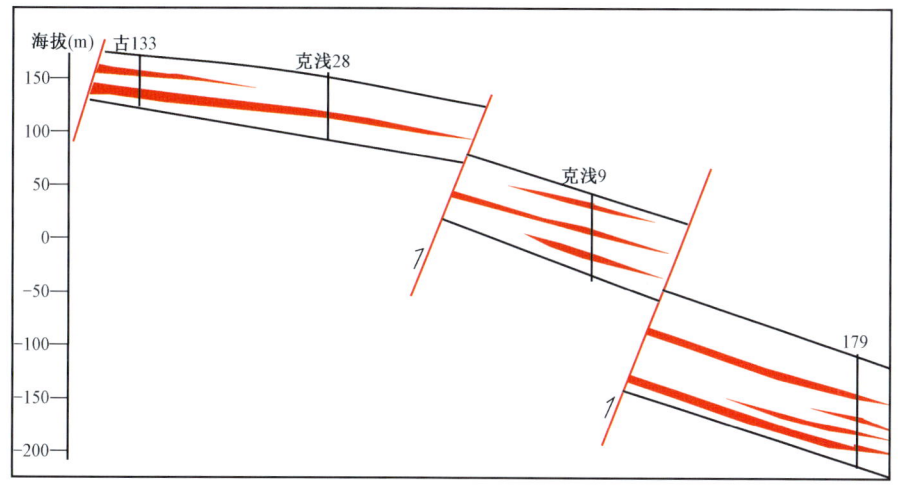

图 5-10　网状断层断块油气藏——四2区克拉玛依下亚组油藏构造图

的控制。

这种油气藏的特点是：① 封闭性较好,往往在油藏的顶部存在有气顶气,边底水不活跃,油水界面与构造等高线不平行；② 油气分布范围受岩性和物性控制；③ 主要发育在挤压应力较强的湖湾区。

克百地区现已探明的断层—背斜—岩性油藏主要分布在二区(图 5-12),二区克拉玛依上亚组油气藏和八道湾组油藏均为断层—背斜—岩性油藏。

（3）断层—地层油气藏。

断层—地层油气藏为构造—地层复合油气藏的一种,圈闭的形成受断层和地层两种因素控制。

此类油气藏的特点是：① 在储层上倾方向为不整合直接遮挡,侧向上被断层遮挡控制,下倾方向油(气)水界面多与构造等高线平行；② 油藏为层状或者块状,多个相同类型的油气藏常呈带状分布；③ 油藏规模往往受圈闭大小控制；④ 该类型油气藏多发育在受抬升剥蚀比较

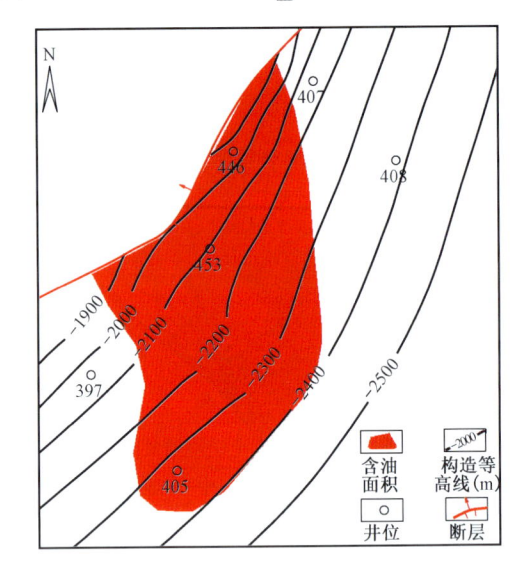

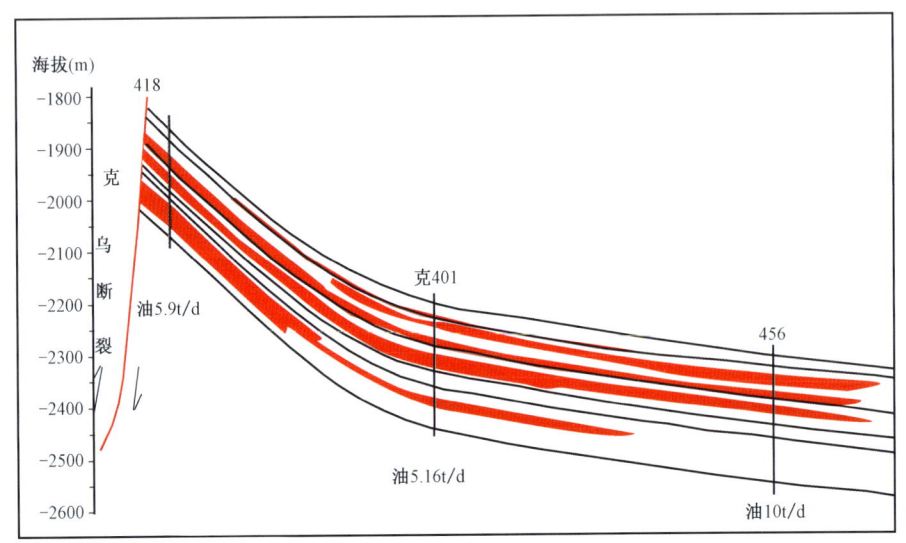

图 5-11　玛湖凹陷西斜坡克百地区典型断层—岩性油藏——446 井区白碱滩组油藏构造图

强烈的中拐凸起北斜坡的佳木河组及超覆沉积形成的上乌尔禾组中。

目前探明的此种类型的油气藏,主要是储层位于不整合面之下,顶部遭受削蚀,为不渗透层覆盖不整合面形成封堵条件,如 574 井区佳木河组上部砂砾岩油藏(图 5-13)。

(4) 地层—岩性—断层油气藏。

油气在地层、扇体与断层三种因素控制形成的圈闭中聚集,即为地层—岩性—断层油气藏。该类油气藏的成藏特点:① 上倾方向为不整合直接遮挡,侧向为岩性或者断层封堵,下倾方向油气边界受岩性变化控制,无统一的油水边界;② 由于断层与不整合同时又是油气运移的重要通道,封闭能力相对较弱,因此,此类油气藏的储量规模相对不会太大;③ 以层状油藏为主,多个油气藏常呈带状分布;④ 这类油藏一般发育在遭受剥蚀较为强烈的地层或者超覆沉积的地层中,比如中拐凸起北斜坡的佳木河组和上乌尔禾组。

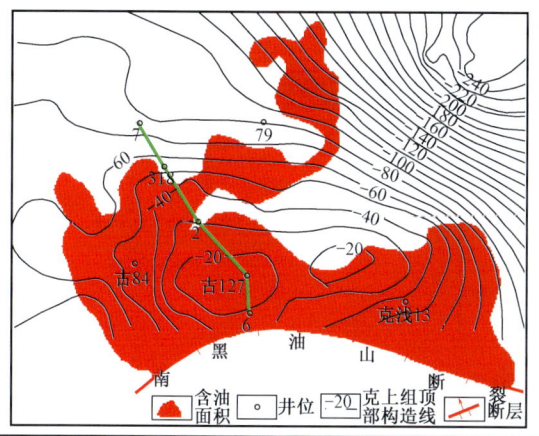

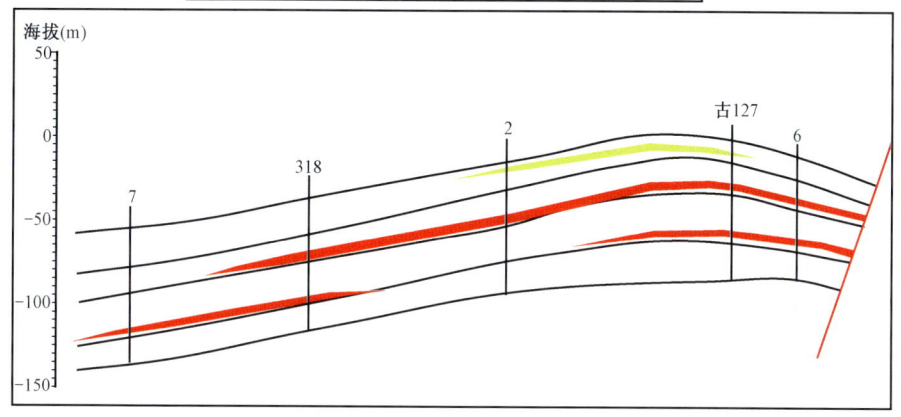

图 5-12 玛湖凹陷西斜坡克百地区典型断层—背斜—岩性油藏——二区克拉玛依上亚组油藏构造图

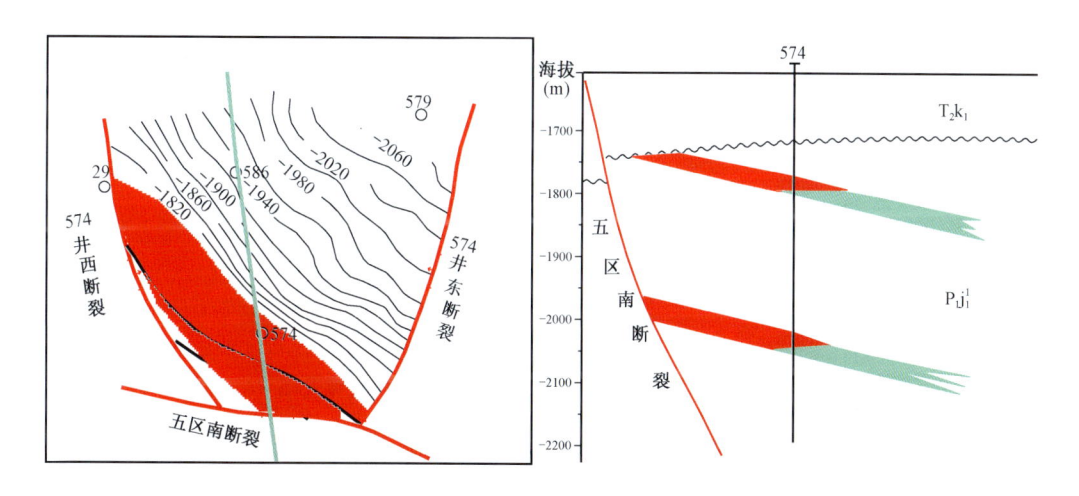

图 5-13 玛湖凹陷西斜坡克百地区典型断层—地层气藏——574井区佳木河组油藏构造图

本区现已勘探发现的地层—岩性—断层油气藏分布在上乌尔禾组。如五3东区304井区上乌尔禾组油藏(图 5-14),储集砂体超覆沉积于不整合面之上,超覆层上部泥岩盖层分布范围大于下伏砂岩,不整合面之下有物性相对较差的岩层,从而形成了顶底板遮挡层。

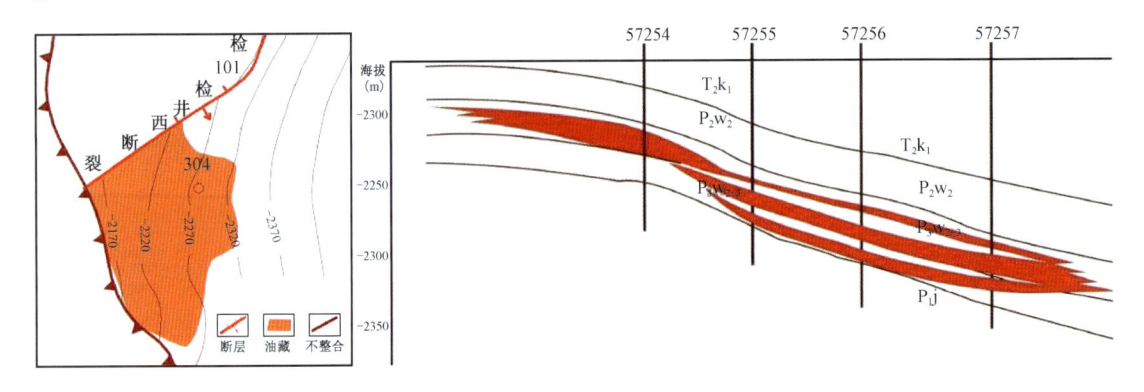

图 5-14　玛湖凹陷西斜坡典型地层—岩性—断层油藏——304 井区上乌尔禾组油藏构造图

2. 低角度断裂控藏模式

本区构造极为复杂,经历了多期构造运动,发育了一套纵横交错的断裂系统。这些断层把本区分为或大或小的断块,在断块内,断层在上倾方向的遮挡、封闭成为了控制本区油气分布的重要因素。例如,在断褶带分布的逆冲断裂由南向北依次为黑油山断裂、北黑油山断裂、白碱滩断裂、西百乌断裂等,由于断裂的切割,使本区形成了北西向南东逐级下降的断阶构造,形成大量油气藏(图 5-15)。

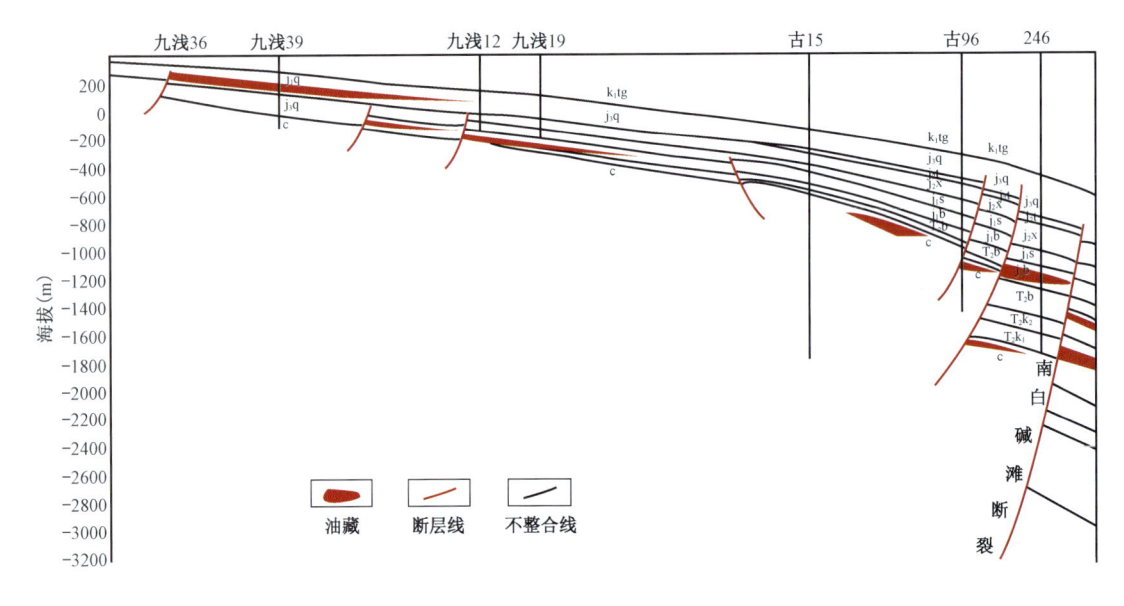

图 5-15　玛湖凹陷西斜坡克百断裂带油气藏模式图

断裂带既可以作为油气运移的通道,又可以对油气藏的形成起到封闭作用。遮挡强调的是断层的侧向封闭,而通道则强调断层的垂向开启程度(付广等,1997)。油气进入主断裂垂向运移过程中,遇到上盘地层的不整合或渗透性输导层后,向构造上倾部位侧向运移。在油气输导路径上可以发育多条断层,构造位置依次升高,输导路径上断层一方面遮挡油气形成油气藏,另一方面,由于断层的相对封闭性,部分油气通过断层向构造更高部位输导,当再次遇岩性或断层遮挡时又聚集形成油气藏。在此过程中,断层主要起遮挡和垂向输导两方面的作用。

第二节 高角度断裂控藏作用

通过对玛湖凹陷西环带高角度断层的特征及成因分析,可以确定这类断层实际上为具有压扭性质的走滑断层(陶国亮等,2006;杨庚等,2009;邵雨等,2011)。Harding(1974)指出三种因素控制走滑相关油藏圈闭类型:(1)走滑断裂演化阶段或走滑断裂强度;(2)发生横向运动逆冲推覆体的几何形态以及断裂本身的几何形态;(3)变形地质体本身构造响应差异。邵雨等(2011)从区域背景上分析了走滑构造对准噶尔盆地西北缘油气运聚的控制作用。张越迁等(2011)研究认为,与走滑断层伴生的断块与断鼻是西北缘下一步油气勘探的重点。近两年,新疆油田公司在玛湖西斜坡按照高角度断层控藏的思路,部署了几口探井,均获得了重大突破,显示高角度断层对玛湖西斜坡的油气运聚具有重要控制作用。

走滑断裂演化阶段对走滑断裂油藏圈闭类型起控制作用,每个演化阶段都具有其特定的油藏类型和分布规律。走滑断层演化阶段对相关油藏类型影响如下:(1)早期走滑位移较小,走滑断裂两侧形成雁行排列褶皱,褶皱通常向远离走滑断裂端倾伏,油藏类型以背斜构造油藏为主;(2)中期阶段走滑位移较大,走滑断裂通常切割早期形成的雁行褶皱,削去背斜的顶部,发育半背斜、穹窿、单斜构造;走滑断裂通常形成鼻状背斜/半背斜的上倾方向的封堵;油藏以背斜构造油藏、背斜断块油藏、地层及岩性油藏为主;(3)成熟阶段走滑位移很大,走滑变形带逐渐增宽,临近走滑断裂的背斜遭受强烈抬升剥蚀,甚至基底也被抬升至地表,远离走滑断裂出现多期不整合面,顶超现象明显,为地层—岩性圈闭形成提供有利条件;远离走滑断裂,鼻状背斜向盆地方向倾伏,鼻状构造倾伏端甚至横跨盆地边缘的沉积楔体,形成较为完整的鼻状背斜构造油藏。因此,从较小走滑位移到中等走滑位移、以及较大走滑位移,有利勘探区块的位置及圈闭类型均与走滑构造演化阶段有密切关系。

本区由于受到达尔布特断裂走滑的影响,形成了一系列与高角度断层相关的圈闭和油气藏,这也为深入勘探玛湖凹陷西斜坡的油气资源提供了新的勘探思路。油源对比显示,玛湖凹陷西环带的油气主要源于二叠系的风城组和乌尔禾组,主力排烃时期从二叠纪末期持续至白垩纪末期(王绪龙等,1999、2001;曹剑等,2006)。从切割的地层来看,特别是根据大侏罗沟断层活动时间来判断,高角度断层应活动于三叠纪至侏罗纪,而该时期恰恰是二叠系主力烃源岩的生烃期。这也为断裂作为油气运移通道提供了可能性。

举例而言,大侏罗沟断裂是受达尔布特断裂走滑控制而形成的一条北西向右行走滑断裂,吴孔友等(2014)利用地震、测井资料,在精细分析、落实地层的基础上,建立了目的层三叠系百口泉组的岩性配置关系图(图5-16),并利用断面应力(p)、泥质充填(R_m)、泥质涂抹(SGR)等参数,定量对大侏罗沟断裂的封闭性进行了评价。

结果表明,①号为主断层(大侏罗沟断层),②和③号为分支断层。通过单因素计算和多因素综合评价,三叠系百口泉组主要砂体封闭性均处于好至较好之间。这一结果证实了这一断裂对油气藏形成的封闭、控制作用。油气成藏的过程是当油气进入走滑断裂带后,在浮力和压差作用下,快速沿断裂带输导部分向上运移,同时沿分支断裂呈发散式运移,能在剖面上多个层位、平面上多个圈闭聚集成藏(图5-17)。另外,由于玛湖凹陷西斜坡发育的高角度断层近乎垂直造山带,由斜坡高部位延伸至生烃凹陷,又构成了油气侧向运移的输导网络,将生烃中心排出的油气运移至山前构造带成藏。

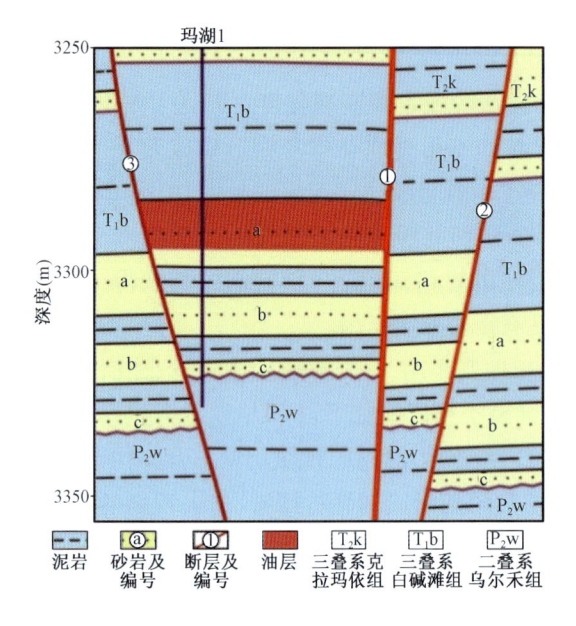

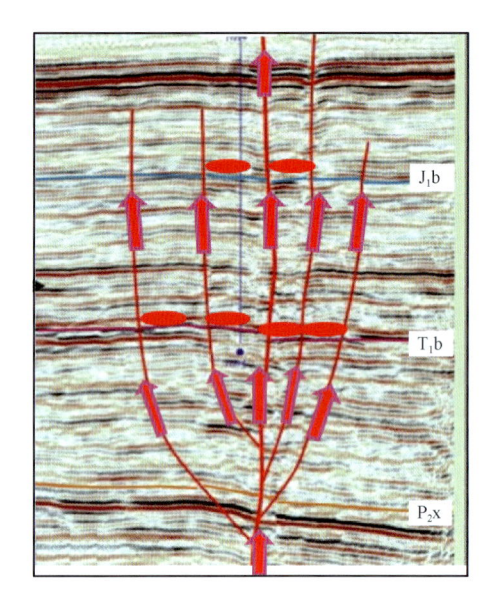

图5-16 大侏罗沟断裂体系封闭性评价

图5-17 走滑断裂油气运移成藏过程

前已述及,对于高角度断裂而言,其可以在平面上形成平行式和斜交式两种平面组合构造样式,而在剖面上也可以形成复合型和单一型两类剖面组合构造样式。与此对应,油气在运聚过程中,在空间上也可以构成两种成藏模式,包括花状和墙角状。花状成藏模式是指油气沿复合型高角度断层由下向上呈发散式运移,聚集在主断层与分支断层间的夹块中(图5-18)。墙角状成藏模式是指油气沿单一型高角度断层运移,在上倾方向受近平行于造山带的逆冲断层遮挡,聚集在呈墙角式的断夹块中(图5-18)。

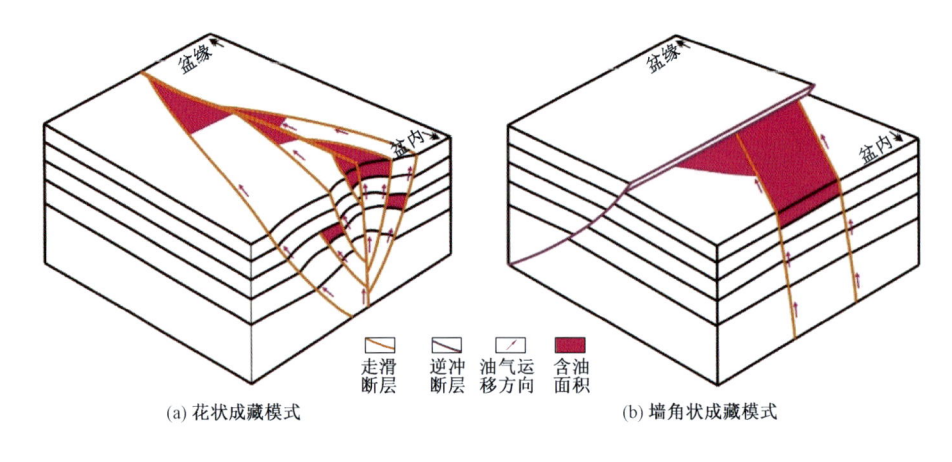

(a) 花状成藏模式

(b) 墙角状成藏模式

图5-18 花状成藏模式和墙角状成藏模式

准噶尔盆地玛湖凹陷西斜坡在演化过程中经历了多期构造运动,形成了一个由超剥带、断褶带、单斜带组成的大型逆冲推覆系统。同时,由于该区与北东向达尔布特大型走滑断裂毗邻,断裂的强烈走滑作用也对该区构造格局产生了重大影响,并派生出多条小型走滑断裂,如大侏罗沟断裂。这些走滑断裂共同组成了玛湖凹陷西斜坡高角度断裂系统,并在平面、剖面上形成了全新的压扭性构造解释方案,为油气勘探寻找有利圈闭提供了全新的思路和方法。

以玛湖凹陷西斜坡 MH1 三维工区为例,这一地区正处于大侏罗沟走滑断裂的范围内。在花状成藏模式指导下,针对大侏罗沟断裂体系钻探的 MH1 井,日产油达到 39.4t、日产气达到 2500m³;MH2 井钻探部位处于圈闭边缘,仅见油气显示(图 5 – 19)。在墙角状成藏模式指导下,针对 MX1 井三维工区范围内,先后钻探了 MA18 井及 AH1 井,其中 MA18 井稳定日产油 33.23t、气 6900m³,AH1 井稳定日产油 29.28t、气 2080m³,且与相邻的 MA6 井等压力系统均存在明显差异,进一步证实高角度断层对该区油气成藏的控制作用。这也是玛湖凹陷西环带继玛湖 1 井三维区块取得突破(MH1 井获得高产工业油流)后的又一重大探索和发现,为新疆油田的增储上产打开了新的局面。

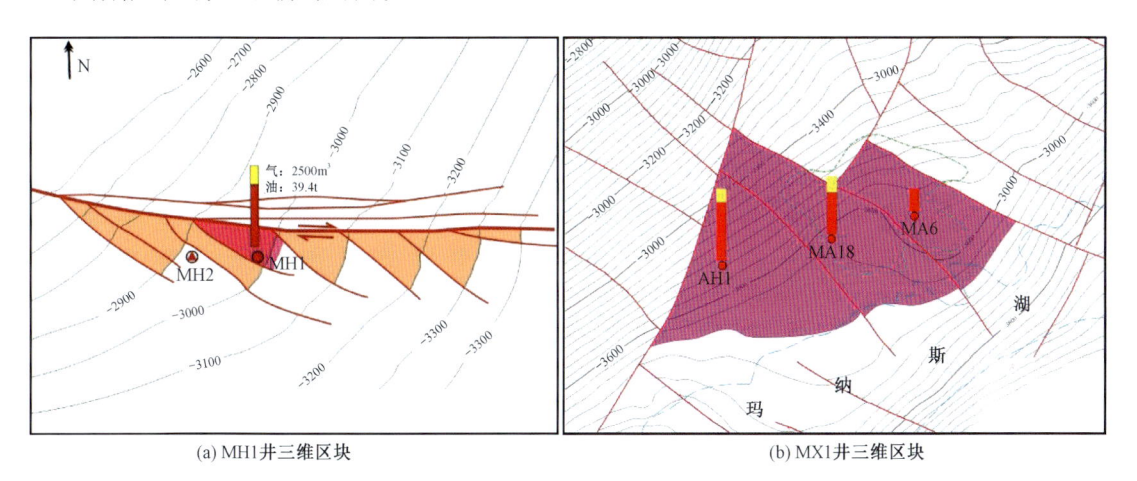

(a) MH1井三维区块

(b) MX1井三维区块

图 5 – 19 含油面积图

第六章　结论与认识

（1）扎伊尔造山带早期逆掩推覆距离大，后期压扭冲断作用明显，发育断层相关褶皱及双重构造。

（2）扎伊尔山前掩覆带主要构造特征为：① 剖面断裂为陡—缓—陡的椅状，浅层表现为逆冲断裂；② 前缘断裂锋端多级断块台阶状叠置；③ 多期推覆体高角度纵向叠置，自东南向西北卷入推覆体的地层逐渐变老；④ 断裂前端未见大规模线性褶皱发育，但掩覆带褶皱发育。

（3）山前冲断裂形成于石炭纪末—二叠纪初，海西期及印支期构造作用产生的应力场对其挤压作用强烈，由此形成的主干断裂走向又多与应力方向呈大角度相交，断面正应力值大，断裂带挤压强烈，并且随着深度越大，所受作用力越大，断裂紧闭程度越好。

（4）达尔布特断裂形成于中二叠世，并发生右旋走滑，在柳树沟附近形成小型、狭窄的走滑盆地，沉积了中二叠世地层；三叠纪开始达尔布特断裂转变为左旋走滑运动，断裂带内二叠纪地层遭受强烈挤压，产状变陡。

（5）玛湖凹陷西斜坡逆冲断层为达尔布特断裂带的花状分支，走滑断层是在简单剪切模式下沿 R 与 R′剪裂面形成的派生构造，具压扭性质，封闭性强。

（6）根据地层发育、构造变形等特征，将玛湖凹陷西斜坡分为超剥带、断褶带和单斜带三个构造单元。

（7）地貌上，大侏罗沟断层错断山体；露头上，断面直立，发育水平擦痕和竖直阶步；地震剖面上，同相轴反射杂乱，发育明显的花状构造，平面上形成典型的扭动断裂体系；该断裂形成于印支期，在燕山期有强烈活动。

（8）大侏罗沟断层形成于压扭环境，属达尔布特大型走滑断层的派生构造，沿 Sylvester 简单剪切模式中的 R′剪裂面发育，是右行平移断层。该断层平移错动过程中也能形成派生构造，组成走滑断裂体系，并得到物理模拟实验证实。

（9）高角度断层剖面上组合为复合型与单一型，平面上组合为斜交式与平行式；平面上斜交式组合的断层，在剖面上多为花状，而平面上平行式组合的断层，剖面上多为单一型；高角度断层属于压扭性的走滑断层。

（10）玛湖凹陷西斜坡断裂带岩石破碎，结构明显，且断裂带结构发育程度与断裂规模有关，级别越高，活动期越长的断裂，断裂带结构越完整，带宽度越大；断裂带的厚度与垂直断距呈指数关系。根据岩石破碎程度，将断裂带划分为滑动破碎带和诱导裂缝带两部分。

（11）玛湖凹陷西斜坡断裂带成岩胶结作用较强，胶结物类型包括碳酸盐类、硅质、黏土矿物及沸石类矿物；碳酸盐类主要为早期方解石、白云石和晚期铁方解石、铁白云石、菱铁矿五类；硅质包含自身石英及石英颗粒次生加大两种；沸石类矿物为早期方沸石及晚期浊沸石；黏土矿物为早期绿泥石、伊/蒙混层、高岭石及晚期伊利石。

（12）成岩胶结作用对断裂带的封闭性，尤其是诱导裂缝带的封闭性起重要控制作用。受后期构造运动影响，早期封闭性断裂会重新开启，流体将再次活动，形成新的胶结物。故断裂的封闭常是多期流体活动发生成岩胶结作用的结果。

（13）决定胶结物类型最主要因素为原岩类型，火山岩、碎屑岩及变质岩与地层水作用蚀变产物各不相同，是形成不同离子种类及胶结矿物的基础；次要影响因素包括地层水性质及断裂活动强度与期次。偏碱性地层水可促进矿物间的析出与转化，酸性地层水环境的改变将抑制某些矿物的形成并对可溶物质溶蚀造成次生孔隙的发育。断裂的强烈活动可沟通地层深部位与浅层流体的融合，促使成岩环境发生改变。

（14）低角度断裂控制了西北缘丰力烃源岩的分布，控制了储层的发育及扇体的迁移，也控制了各类构造圈闭的发育，形成了山前复式油气聚集带。

（15）高角度断层形成期与油气生成期匹配合理，构成油气垂向运移的良好通道；静止期，在断面应力、泥质充填和泥岩涂抹作用下封闭性较好，能够形成有效的油气圈闭，空间上构成墙角式和花状两种成藏模式，因此，高角度断层围限的断块、断鼻是下一步油气勘探的重点目标。

参 考 文 献

蔡忠贤,陈发景,贾振远.2000.准噶尔盆地的类型和构造演化.地学前缘,7(4):431-440.
曹剑,胡文瑄,姚素平,等.2006.准噶尔盆地西北缘油气成藏演化的包裹体地球化学研究.地质论评,52(5):700-707.
曹荣龙,朱寿华,朱祥坤,等.1993.新疆北部板块与地体构造格局.北京:科学出版社,11-26.
陈发景,汪新文,汪新伟.2005.准噶尔盆地的原型和构造演化.地学前缘,12(3):77-89.
陈石,郭召杰.2010.达拉布特蛇绿岩带的时限和属性以及对西准噶尔晚古生代构造演化的讨论.岩石学报,26(8):2336-2344.
陈书平,张一伟,汤良杰.2001.准噶尔晚石炭世—二叠纪前陆盆地的演化.石油大学学报(自然科学版),25(5):11-15,23.
陈伟,吴智平,侯峰,等.2010.断裂带内部结构特征及其与油气运聚关系.石油学报,31(5):774-780.
陈新,卢华复,舒良树,等.2002.准噶尔盆地构造演化分析新进展.高校地质学报,8(3):257-267.
陈业全,王伟锋.2004.准噶尔盆地构造动力学过程.地质力学学报,10(2):155-164.
陈永峤,周新桂,于兴河,等.2003.断层封闭性要素与封闭效应.石油勘探与开发,30(6):38-40.
戴俊生,李理.2002.油区构造分析.东营:石油大学出版社,1-195.
戴俊生.2006.构造地质学及大地构造.北京:石油工业出版社,1-367.
杜社宽.2005.准噶尔盆地西北缘前陆冲断带特征及对油气聚集作用的研究.中国科学院广州地球化学研究所,1-140.
樊春,苏哲,周莉.2014.准噶尔盆地西北缘达尔布特断裂的运动学特征.地质科学,49(4):1045-1058.
冯鸿儒,李旭,刘继庆.1990.西准噶尔达拉布特断裂系构造演化特征.地球科学与环境学报,12(2):46-55.
冯鸿儒.1991.应用卫星数字图像研究达拉布特断裂.国土资源遥感,3(4):30-39.
冯建伟,戴俊生,刘巍,等.2007.准噶尔盆地乌夏断裂带构造分区.新疆石油地质,28(4):406-409.
冯益民.1986.西准噶尔蛇绿岩生成环境及其成因类型.西北地质科学,13(2):
冯益民.1991.新疆东准噶尔地区构造演化及主要成矿期.西北地质科学,32(2):47-60.
付广,李玉喜,张云峰,等.1997.断层垂向封闭油气性研究方法及其应用.天然气工业,17(6):31-34.
付广,孟庆芬.2002.断层封闭性影响因素的理论分析.天然气地球科学,13(3-4):40-44.
付广,殷勤,杜影.2008.不同填充形式断层垂向封闭性研究方法及其应用.大庆石油地质与开发,17(1):1-5.
付晓飞,方德庆,吕延防,等.2005.从断裂带内部结构出发评价断层垂向封闭性的方法.地球科学,30(3):328-336.
付晓飞,付广,赵平伟.1999.断层封闭机理及主要影响因素研究.天然气地球科学,10(3-4):54-62.
付晓飞,温海波,吕延防,等.2011.勘探早期断层封闭性快速评价方法及应用.吉林大学学报(地球科学版),41(3):615-621.
葛双成.1995.利用地震资料研究花状构造的方法.浙江地质,11(1):91-99.
辜平阳,李永军,张兵,等.2009.西准达尔布特蛇绿岩中辉长岩LA-ICP-MS锆石U-Pb测年.岩石学报,25(6):1364-1372.
管树巍,李本亮,侯连华,等.2008.准噶尔盆地西北缘下盘掩伏构造油气勘探新领域.石油勘探与开发,35(1):17-22.
郭召杰,吴朝东,张志诚,等.2011.准噶尔盆地南缘构造控藏作用及大型油气藏勘探方向浅析.高校地质学报,17(2):185-195.
韩宝福,郭召杰,何国琦.2010."钉合岩体"与新疆北部主要缝合带的形成时限.岩石学报,26(8):2233-2246.
韩宝福,何国琦,王式洸.1999.后碰撞幔源岩浆活动、底垫作用及准噶尔盆地基底的性质.中国科学(D辑:地球科学),29(1):16-21.
韩宝福,季建清,宋彪,等.2006.新疆准噶尔晚古生代陆壳垂向生长(I)——后碰撞深成岩浆活动的时限.

岩石学报,22(5):1077-1086.

何登发,John SUPPE,贾承造.2005.断层相关褶皱理论与应用研究新进展.地学前缘,12(4):353-364.

何登发,管树巍,张年富,等.2006.准噶尔盆地哈拉阿拉特山冲断带构造及找油意义.新疆石油地质,27(3):267-269.

何登发,尹成,杜社宽,等.2004.前陆冲断带构造分段特征——以准噶尔盆地西北缘断裂构造带为例.地学前缘,11(3):91-101.

何生,唐仲华,陶一川,等.1995.松南十屋断陷低压系统的油气水文地质特征.地球科学,20(1):79-84.

贺敬博,陈斌.2011.西准噶尔克拉玛依岩体的成因:年代学、岩石学和地球化学证据.地学前缘,18(2):191-211.

胡绪龙,李瑾,张敏,等.2008.地层水化学特征参数判断气藏保存条件——以呼图壁、霍尔果斯油气田为例.天然气勘探与开发,31(4):23-26.

华保钦.1995.构造应力场、地震泵和油气运移.沉积学报,13(2):77-85.

姜向强,柳广弟,张年富,等.2008.准噶尔盆地克百断裂封闭性研究及其对成藏的控制作用.高校地质学报,14(2):243-249.

康玉柱.2003.新疆三大盆地构造特征及油气分布.地质力学学报,9(1):37-47.

匡立春,薛新克,邹才能,等.2007.火山岩岩性地层油藏成藏条件与富集规律——以准噶尔盆地克百断裂带上盘石炭系为例.石油勘探与开发,34(3):285-290.

况军,张越迁,侯连华.2008.准噶尔盆地西北缘克百掩伏带勘探领域分析.新疆石油地质,29(4):431-434.

赖世新,黄凯,陈景亮,等.1999.准噶尔晚石炭世—二叠纪前陆盆地演化与油气聚集.新疆石油地质,20(4):293-297.

雷振宇,卜德智,杜社宽,等.2005.准噶尔盆地西北缘扇体形成特征及油气分布规律.石油学报,26(1):8-12.

雷振宇,鲁兵,蔚远江,等.2005.准噶尔盆地西北缘构造演化与扇体形成和分布.石油与天然气地质,26(1):86-91.

李明,罗凯声.2004.地层水资料在油气勘探中的应用.新疆地质,22(3):304-307.

李贤庆,侯读杰,柳常青,等.2002.鄂尔多斯中部气田下古生界水化学特征及天然气藏富集区判识.天然气工业,(04):10-14.

李贤庆,侯读杰,张爱云.2001.油田水地球化学研究进展.地质科技情报,20(2):51-54.

李辛子,韩宝福,季建清,等.2004.新疆克拉玛依中基性岩墙群的地质地球化学和K—Ar年代学.地球化学,33(6):574-584.

李欣,杜德道,蔡郁文,等.2014.松辽盆地徐家围子地区火山岩储层主要次生矿物研究.岩性油气藏,26(6):98-105.

李阳.2009.从断层岩的角度认识泥岩涂抹及其定量表征——以济阳坳陷东辛油田营32断层为例.地质学报,83(3):426-434.

李英华.1998.油田水地化指标研究的新认识.中国海上油气.中国海上油气(地质),12(1):19-23.

李忠,费卫红,寿建峰,等.2003.华北东濮凹陷异常高压与流体活动及其对储集砂岩成岩作用的制约.地质学报,77(1):126-134.

林隆栋.1984.断裂掩筱油藏的发现与克拉玛依油田勘探前景.石油与天然气地质,5(1):1-10.

刘春燕,王毅,胡宗全,等.2009.鄂尔多斯盆地富县地区延长组沉积特征及物性分析.世界地质,28(4):491-497.

刘桂凤,王莉,李春涛,等.2007.准噶尔盆地腹部地层水化学特征与油气成藏关系.新疆石油地质,28(1):54-56.

刘和甫.1993.沉积盆地地球动力学分类及构造样式分析.地球科学,18(6):699-724.

刘和甫.1995.前陆盆地类型及褶皱—冲断层样式.地学前缘,2(3):59-63.

刘立,于均民,孙晓明,等.2000.热对流成岩作用的基本特征与研究意义.地球科学进展,15(5):583-585.

刘亮明.2001.断层带中超压流体及其在地震和成矿中的作用.地球科学进展,16(2):238-243.

卢红霞,陈振林,高振峰,等.2009.碎屑岩储层成岩作用的影响因素.油气地质与采收率,16(4):53-55.

鲁雪松,蒋有录,吴伟.2004.对断层开启机制的再认识.油气地质与采收率,11(6):7-9.

陆克政,戴俊生,陈清华.1996.构造地质学教程.东营:石油大学出版社,1-265.

陆友明,牛瑞卿.1999.封闭性断层形成机理及研究方法.天然气地球科学,10(5):12-16.

罗胜元,何生,王浩.2012.断层内部结构及其对封闭性的影响.地球科学进展,27(2):154-164.

吕延防,付广,张云峰,等.2002.断层封闭性研究.北京:石油工业出版社,1-157.

吕延防,李国会,王跃文,等.1996.断层封闭性的定量研究方法.石油学报,17(3):39-45.

马宗晋,曲国胜,李涛,等.2008.准噶尔盆地盆山构造耦合与分段性.新疆石油地质,29(3):271-277.

孟家峰,郭召杰,方世虎.2009.准噶尔盆地西北缘冲断构造新解.地学前缘,16(3):171-180.

彭文利,崔殿,吴孔友,等.2011.准噶尔盆地西北缘南白碱滩断裂成岩封闭作用研究.岩性油气藏,23(5):43-48.

漆家福,夏义平,杨桥.2006.油区构造解析.北京:石油工业出版社,1-161.

丘东洲.1994.准噶尔盆地西北缘三叠系—侏罗系隐蔽油气圈闭勘探.新疆石油地质,15(1):1-9.

邱楠生,王绪龙,杨海波,等.2001.准噶尔盆地地温分布特征.地质科学,36(3):350-358.

邱楠生,杨海波,王绪龙.2002.准噶尔盆地构造—热演化特征.地质科学,37(4):423-429.

曲国胜,马宗晋,陈新发,等.2009.论准噶尔盆地构造及其演化.新疆石油地质,30(1):1-5.

任森林,刘琳,徐雷.2011.断层封闭性研究方法.岩性油气藏,23(5):101-105.

邵雨,汪仁富,张越迁,等.2011.准噶尔盆地西北缘走滑构造与油气勘探.石油学报,32(6):976-984.

沈扬,林会喜,赵乐强,等.2015.准噶尔盆地西北缘超剥带油气运聚特征与成藏模式.新疆石油地质,36(5):505-509.

史仁灯.2005.蛇绿岩研究进展、存在问题及思考.地质论评,51(6):681-693.

隋风贵.2015.准噶尔盆地西北缘构造演化及其与油气成藏的关系.地质学报,89(4):779-793.

孙贺,肖益林.2009.流体包裹体研究:进展、地质应用及展望.地球科学进展,24(10):1105-1121.

孙肇才.1998.中国中西部中—新生代前陆类盆地及其含油气性——兼论准噶尔盆地内部结构单元划分.海相油气地质,3(4):16-30.

孙自明,洪太元,张涛.2008.新疆北部哈拉阿拉特山走滑—冲断复合构造特征与油气勘探方向.地质科学,43(2):309-320.

汤良杰.1992.塔里木盆地走滑断裂带与油气聚集关系的探讨.地球科学,17(4):403-410.

陶国亮,胡文瑄,张义杰,等.2006.准噶尔盆地西北缘北西向横断裂与油气成藏.石油学报,27(4):23-28.

田辉,查明,石新璞,等.2003.断层紧闭指数的计算及其地质意义.新疆石油地质,24(6):530-532.

涂光炽.1993.新疆北部固体地球科学新进展.北京:科学出版社.

万天丰.1996.郯庐断裂带的延伸与切割深度.现代地质,10(4):94-101.

汪仁富.2012.准噶尔盆地西北缘克拉玛依—夏子街走滑构造.浙江大学,1-146.

王鹤华,吴孔友,裴仰文,等.2015.扎伊尔山冲断—走滑构造演化特征与物理模拟.地质力学学报,21(1):56-65.

王鸿祯,刘本培,李思田.1990.中国及邻区大地构造划分和构造发展阶段.见王鸿祯等编著.中国及邻区构造古地理和生物古地理.武汉:中国地质大学出版社,1-347.

王珂,戴俊生.2012.地应力与断层封闭性之间的定量关系.石油学报,33(1):74-81.

王平在,何登发,雷振宇,等.2002.中国中西部前陆冲断带构造特征.石油学报,23(3):11-17.

王琪,史基安,薛莲花,等.1999.碎屑储集岩成岩演化过程中流体—岩石相互作用特征——以塔里木盆地西南坳陷地区为例.沉积学报,17(4):87-93.

王盛鹏,林潼,孙平,等.2012.两种不同沉积环境下火山岩储层成岩作用研究.石油实验地质,34(2):145-152.

王伟锋,王毅,陆诗阔,等.1999.准噶尔盆地构造分区和变形样式.地震地质,21(4):324-333.
王希斌,鲍佩声,戎合.1995.中国蛇绿岩中变质橄榄岩的稀土元素地球化学.岩石学报,11(S1):24-41.
王燮培,费琪,张家骅.1991.石油勘探构造分析.武汉:中国地质大学出版社,1-274.
王绪龙,康素芳.1999.准噶尔盆地腹部及西北缘斜坡区原油成因分析.新疆石油地质,20(2):32-36.
王绪龙,康素芳.2001.准噶尔盆地西北缘玛北油田油源分析.西南石油学院学报,23(6):6-8.
王延欣,侯贵廷,刘世良,等.2011.准噶尔盆地古生代末大地构造动力学数值模拟.地球物理学报,54(2):441-448.
王懿圣,张金声,王来生.1982.达拉布特蛇绿岩带基本地质特征及成因模式讨论.西北地质科学,(4):42-55.
蔚远江,李德生,胡素云,等.2007.准噶尔盆地西北缘扇体形成演化与扇体油气藏勘探.地球学报,28(1):62-71.
吴孔友,查明,王绪龙,等.2005.准噶尔盆地构造演化与动力学背景再认识.地球学报,26(3):217-222.
吴孔友,查明.2010.多期叠合盆地成藏动力学系统及其控藏作用——以准噶尔盆地为例.东营:中国石油大学出版社,1-188.
吴孔友,李继岩,崔世凌,等.2011.断层成岩封闭及其应用.地质力学学报,17(4):350-360.
吴孔友,瞿建华,王鹤华.2014.准噶尔盆地大侏罗沟断层走滑特征、形成机制及控藏作用.中国石油大学学报(自然科学版),38(5):41-47.
吴孔友,王绪龙,崔殿.2012.南白碱滩断裂带结构特征及流体作用.煤田地质与勘探,40(4):5-11.
吴庆福.1985.哈萨克斯坦板块准噶尔板片演化探讨.新疆石油地质,(1):11-22.
吴庆福.1987.论准噶尔中间地块的存在及其在哈萨克斯坦板块演化中的位置.北京:地质出版社.
吴智平,陈伟,薛雁,等.2010.断裂带的结构特征及其对油气的输导和封堵性.地质学报,84(4):570-578.
夏义平,刘万辉,徐礼贵,等.2007.走滑断层的识别标志及其石油地质意义.中国石油勘探,12(1):17-23.
肖芳锋,侯贵廷,王延欣,等.2010.准噶尔盆地及周缘二叠纪以来构造应力场解析.北京大学学报(自然科学版),46(2):224-230.
肖序常.1992.新疆北部及其邻区大地构造.北京:地质出版社,1-13.
谢宏,赵白,林隆栋,等.1984.准噶尔盆地西北缘逆掩断裂区带的含油特点.新疆石油地质,4(3):1-15.
徐朝晖,徐怀民,林军,等.2008.准噶尔盆地西北缘256走滑断裂带特征及地质意义.新疆石油地质,29(3):309-310.
徐海霞,赵万优,王长生,等.2008.断层封闭性演化史研究方法及应用.断块油气田,15(3):40-42.
徐怀民,徐朝晖,李震华,等.2008.准噶尔盆地西北缘走滑断层特征及油气地质意义.高校地质学报,14(2):217-222.
徐嘉炜.1995.走滑断层作用的几个主要问题.地学前缘,2(2):125-136.
徐新,何国琦,李华芹,等.2006.克拉玛依蛇绿混杂岩带的基本特征和锆石SHRIMP年龄信息.中国地质,33(3):470-475.
阎福礼,卢华复,等.1999.东营凹陷油气运移的地震泵作用.石油与天然气地质,20(4):295-298.
杨庚,王晓波,李本亮,等.2009.准噶尔盆地西北缘斜向挤压构造与油气分布规律.石油与天然气地质,30(1):26-32.
杨庚,王晓波,李本亮,等.2011.准噶尔西北缘斜向挤压构造与走滑断裂.地质科学,46(3):696-708.
杨宗仁,顾焕明.1987.准噶尔盆地基底性质及演化——航磁资料初步处理结果讨论.新疆石油地质,(2):37-45.
尹继元,陈文,肖文交,等.2015.中天山地块暗色岩墙LA-ICP-MS锆石U-Pb年龄和岩石地球化学特征.地质通报,34(8).
尤绮妹.1983.准噶尔盆地西北缘推覆构造的研究.新疆石油地质,4(1):19-22.
于翠玲,曾溅辉,林承焰,等.2005.断裂带流体活动证据的确定——以东营凹陷胜北断裂带为例.石油学报,

26(4):34-38.

袁静,张善文,乔俊,等.2007.东营凹陷深层溶蚀孔隙的多重介质成因机理和动力机制.沉积学报,25(6):840-846.

袁静,赵澄林.2000.水介质的化学性质和流动方式对深部碎屑岩储层成岩作用的影响.石油大学学报(自然科学版),24(1):60-63.

张朝军,何登发,吴晓智,等.2006.准噶尔多旋回叠合盆地的形成与演化.中国石油勘探,11(1):47-58.

张弛,黄萱.1992.新疆西准噶尔蛇绿岩形成时代和环境的探讨.地质论评,38(6):509-524.

张传绩.1983.准噶尔盆地西北缘大逆掩断裂带的地震地质依据及地震资料解释中的几个问题.新疆石油地质,(3):1-12.

张功成,刘楼军,陈新发,等.1998.准噶尔盆地结构及其圈闭类型.新疆地质,16(3):221-230.

张国俊,杨文孝.1983.克拉玛依大逆掩断裂带构造特征及找油领域.新疆石油地质,(1):1-5.

张厚福.1989.石油地质学.北京:石油工业出版社,1-374.

张吉,张烈辉,杨辉廷,等.2003.断层封闭机理及其封闭性识别方法.河南石油,17(3):7-9.

张进,张庆龙,任文军,等.1999.断层相关褶皱——鄂尔多斯盆地中的新构造样式.石油实验地质,21(1):61-65.

张恺.1989.新疆三大盆地边缘古推覆体的形成演化与油气远景.新疆石油地质,(1):7-15.

张琴华,魏洲龄,孙少华.1989.西准噶尔达尔布特断裂带的形成时代.新疆石油地质,(1):35-38.

张善文,张林晔,张守春,等.2009.东营凹陷古近系异常高压的形成与岩性油藏的含油性研究.科学通报,54(11):1570-1578.

张耀荣.1988.准噶尔盆地中深层区域构造再认识.新疆石油地质,9(4):1-13.

张义杰,曹剑,胡文瑄.2010.准噶尔盆地油气成藏期次确定与成藏组合划分.石油勘探与开发,37(3):257-262.

张越迁,汪新,刘继山,等.2011.准噶尔盆地西北缘乌夏走滑构造及油气勘探意义.新疆石油地质,32(5):447-450.

赵白.1992.准噶尔盆地的形成与演化.新疆石油地质,13(3):191-196.

赵澄林,朱筱敏.2001.沉积岩石学.北京:石油工业出版社,1-407.

赵密福,李阳,李东旭.2005.泥岩涂抹定量研究.石油学报,26(1):60-64.

赵密福.2004.断层封闭性研究现状.新疆石油地质,25(3):333-336.

赵兴齐,陈践发,程锐,等.2015.开鲁盆地奈曼凹陷奈1区块九佛堂组地层水地球化学特征与油气保存条件.中国石油大学学报(自然科学版),(3):47-56.

赵玉婷,单玄龙,王璞珺,等.2007.松辽盆地白垩系营城组火山岩脱玻化作用及其储层意义——以盆缘剖面为例.吉林大学学报(地球科学版),(6):1152-1158.

赵志长,周良仁,黄廷弼,等.1983.新疆拉巴—达拉布特弧形断裂带特征.中国地质科学院西安地质矿产研究所所刊,(8):41-49.

中科院地学部.1989.准噶尔盆地形成演化与油气形成.北京:科学出版社.

周建勋,魏春光,朱战军.2002.基底收缩对挤压构造变形特征影响——来自砂箱实验的启示.地学前缘,9(4):377-382.

周晶,季建清,韩宝福,等.2008.新疆北部基性岩脉~(40)Ar/~(39)Ar年代学研究.岩石学报,24(5):997-1010.

朱宝清,王来生,王连晓.1987.西准噶尔西南地区古生代蛇绿岩.西北地质科学,(3):3-64.

朱国华.1985.陕甘宁盆地西南部上三叠系延长统低渗透砂体和次生孔隙砂体的形成.沉积学报,3(2):1-17.

朱世发,朱筱敏,刘振宇,等.2008.准噶尔盆地西北缘克百地区侏罗系成岩作用及其对储层质量的影响.高校地质学报,14(2):172-180.

参考文献

朱夏. 1983. 中国中新生代盆地构造和演化. 北京:科学出版社,1-230.

朱志澄,宋鸿林. 1990. 构造地质学. 武汉:中国地质大学出版社,1-331.

朱志澄,徐开礼. 1984. 构造地质学. 北京:地质出版社,1-243.

Allan U S. 1989. Model for hydrocarbon migration and entrapment within faulted structures. AAPG Bulletin,73(7):803-811.

Allen M B,Engör A M C,Natal IN B A. 1995. Junggar,Turfan and Alakol basins as Late Permian to Early Triassic extensional structures in a sinistral shear zone in the Altaid orogenic collage,Central Asia. Journal of the Geological Society,152(2):327-338.

Allen M B,Vincent S J. 1997. Fault reactivation in the Junggar region,northwest China:the role of basement structures during Mesozoic-Cenozoic compression. Journal of the Geological Society,154(1):151-155.

Anderson E M. 1905. The dynamics of faulting. Transactions of the Edinburgh Geological Society,8(3):387-402.

Antonellini M,Aydin A. 1994. Effect of faulting on fluid flow in porous sandstones:petrophysical properties. AAPG Bulletin,78(3):355-377.

Bates R L,Jackson J A. 1987. Glossary of geology(3rd edition). 1-788

Brogi A. 2008. Fault zone architecture and permeability features in siliceous sedimentary rocks:Insights from the Rapolano geothermal area(Northern Apennines,Italy). Journal of Structural Geology,30(2):237-256.

Buckman S,Aitchison J C. 2004. Tectonic evolution of Palaeozoic terranes in West Junggar,Xinjiang,NW China. Geological Society,London,Special Publications,226(1):101-129.

Caine J S,Evans J P,Forster C B. 1996. Fault zone architecture and permeability structure. Geology,24(11):1025-1028.

Cox S F. 1995. Faulting processes at high fluid pressures:An example of fault valve behavior from the Wattle Gully Fault,Victoria,Australia. Journal of Geophysical Research:Solid Earth,100(B7):12841-12859.

Crampton S L,Allen P A. 1995. Recognition of forebulge unconformities associated with early stage foreland basin development:example from the North Alpine foreland basin. AAPG Bulletin,79(10):1495-1514.

Crawford B R. 1998. Experimental fault sealing:shear band permeability dependency on cataclastic fault gouge characteristics. Geological Society,London,Special Publications,127(1):27-47.

Deer W A,Howie R A,Iussman J. 1962. Rock-Forming Minerals:Sheet Silicates. 1-270.

Deer W A,Howie R A,Zussman J. 1992. An introduction to the rock-forming minerals. 696.

Dickinson W. 1976. Plate tectonic evolution of sedimentary basins.

Downey M W. 1984. Evaluating seals for hydrocarbon accumulations. AAPG Bulletin,68(11):1752-1763.

Erslev E A. 1991. Trishear fault-propagation folding. Geology,19(6):617-620.

Feng Y,Coleman R G,Tilton G,et al. 1989. Tectonic evolution of the West Junggar Region,Xinjiang,China. Tectonics,8(4):729-752.

Fulljames J R,Zijerveld L J J,Franssen R C M W. 1997. Fault seal processes:systematic analysis of fault seals over geological and production time scales. Volume 7,51-59

Gibson R G. 1998. Physical character and fluid-flow properties of sandstone-derived fault zones. Geological Society,London,Special Publications,127(1):83-97.

Goldstein R H,Reynolds T J. 1994. Systematics of fluid inclusions in diagenetic minerals. Society of Economic. Paleontologists and Mineralogists Short Course,31(1). 99.

Graham I T,Franklin B J,Marshall B,et al. 1996. Tectonic significance of 400 Ma zircon ages for ophiolitic rocks from the Lachlan fold belt,eastern Australia. Geology,24(12):1111-1114.

Groshong R H,Epard J. 1994. The role of strain in area-constant detachment folding. Journal of Structural Geology,16(5):613-618.

Harding T P,Lowell J D. 1979. Structural styles,their plate-tectonic habitats,and hydrocarbon traps in petroleum provinces. AAPG Bulletin,63(7):1016-1058.

Harding T P. 1983. Divergent wrench fault and negative flower structure, Andamen Sea. 421-428

Harding T P. 1990. Identification of wrench faults using subsurface structural dta:criteria and pitfalls. AAPG Bulletin,74(10):1590-1609.

Harding T P. 1974. Petroleum Traps Associated with Wrench Faults. AAPG Bulletin,58(7):1290-1304.

Harding T P. 1985. Seismic characteristics and identification of negative flower structures, positive flower structures, and positive structural inversion. AAPG Bulletin,69(4):582-600.

Hardy S,Ford M. 1997. Numerical modeling of trishear fault propagation folding. Tectonics,16(5):841-854.

Hardy S,Poblet J. 1994. Geometric and numerical model of progressive limb rotation indetachment folds. Geology,22(4):371-374.

Hay R L. 1978. Geologic occurrence of zeolites. Natural Zeolites:Occurrence,Properties,Use,135-143.

Hooper E C D. 1991. Fluid migration along growth faults in compacting sediments. Journal of Petroleum Geology,14. 161-180.

Knipe R J. 1992. Faulting processes and fault seal. 325-342.

Knipe R J. 1997. Juxtaposition and seal diagrams to help analyze fault seals in hydrocarbon reservoirs. AAPG Bulletin,81(2):187-195.

Mitra S. 1990. Fault-Propagation Folds Geometry Kinematic Evolution, and Hydrocarbon Traps. AAPG Bull,74(6).

Rich J L. 1934. Mechanics of low-angle overthrust faulting as illustrated by Cumberland thrust block, Virginia, Kentucky,and Tennessee. AAPG Bulletin,18(12):1584-1596.

Sengor A M C,Natal'In B A,Burtman V S. 1993. Evolution of the Altaid tectonic collage and Palaeozoic crustal growth in Eurasia. 364(6435):299-307.

Sengor A M C,Natal'In B A,Burtman V S. 1993. Evolution of the Altaid tectonic collage and Palaeozoic crustal growth in Eurasia. 364(6435):299-307.

Suppe J,Medwedeff D A. 1990. Geometry and Kinematics of fault-propagation folding. Eclogae Geol. Helv,83(Laubscher vol.):409-454.

Suppe J. 1985. Principles of structural geology.

Suppe J. 1983. Geometry and kinematics of fault-bend folding. American Journal of Science,283(7):684-721.

Sylvester A G. 1988. Strike-slip faults. Geological Society of America Bulletin,100(11):1666-1703.

Watts N L. 1987. Theoretical aspects of cap-rock and fault seals for single- and two-phase hydrocarbon columns. Marine and Petroleum Geology,4(4):274-307.

Wu K,Paton D,Zha M. 2013. Unconformity structures controlling stratigraphic reservoirs in the north-west margin of Junggar basin,North-west China. Frontiers of Earth Science,7(1):55-64.

Xiao W,Han C,Yuan C,et al. 2008. Middle Cambrian to Permian subduction-related accretionary orogenesis of Northern Xinjiang,NW China:Implications for thetectonic evolution of central Asia. Journal of Asian Earth Sciences,32(2-4):102-117.

Yielding G,Freeman B,Needham D T. 1997. Quantitative fault seal prediction. AAPG Bulletin,81(6):897-917.

Zhu L. 2000. Crustal structure across the San Andreas Fault, southern California from teleseismic converted waves. Earth and Planetary Science Letters,179(1):183-190.